U0159800

建设各方主体
事故责任及
风险规避

组织编写　中元方工程咨询有限公司

主　　编　赵普成　侯兴才　任春芝　李济亮　郭振华　贺松林

副主编　杨　军　段传银　陈建武　孙光辉　李超杰　李　杰
　　　　　王郑平

主　　审　孙惠民　邱海泉　耿　春　蒋晓东　刘二领　张存钦

中国建筑工业出版社

图书在版编目（CIP）数据

建设各方主体事故责任及风险规避 / 中元方工程咨
询有限公司组织编写；赵普成等主编 . —北京：中国
建筑工业出版社，2020.9（2021.11重印）
ISBN 978-7-112-25346-3

Ⅰ.①建… Ⅱ.①中…②赵… Ⅲ.①建筑工程－工
程事故－事故分析 Ⅳ.①TU714

中国版本图书馆 CIP 数据核字（2020）第 137339 号

责任编辑：宋　凯　陈小娟　张智芊
责任校对：李美娜

建设各方主体事故责任及风险规避

组织编写　中元方工程咨询有限公司

主编　赵普成　侯兴才　任春芝　李济亮　郭振华　贺松林

副主编　杨军　段传银　陈建武　孙光辉　李超杰　李杰　王郑平

主审　孙惠民　邱海泉　耿春　蒋晓东　刘二领　张存钦

*

中国建筑工业出版社出版、发行（北京海淀三里河路9号）

各地新华书店、建筑书店经销

逸品书装设计制版

北京建筑工业印刷厂印刷

*

开本：787×1092毫米　1/16　印张：25½　字数：470千字
2020年9月第一版　2021年11月第二次印刷
定价：**65.00** 元
ISBN 978-7-112-25346-3
（36326）

版权所有　翻印必究
如有印装质量问题，可寄本社退换
（邮政编码 100037）

安全生产监督

责任重于泰山

庚子夏日 王早生 书

中国建设监理协会会长王早生为本书题字

《建设各方主体事故责任及风险规避》
编 写 人 员

组织编写：中元方工程咨询有限公司

主　　编：	赵普成	侯兴才	任春芝	李济亮	郭振华	贺松林
副主编：	杨　军	段传银	陈建武	孙光辉	李超杰	李　杰
	王郑平					
主　　审：	孙惠民	邱海泉	耿　春	蒋晓东	刘二领	张存钦
编　　委：	马　艳	杜亚兰	杨　露	李素梅	关春霞	孙全利
	李慧霞	任艳辉	许东华	李雪梅	张　杰	陈卫星
	顾鸿峰	黄舒蕾	张　清	杨春爱	张　洋	

序 言

————

　　《论语》记载，孔子的弟子子路要去卫国做大司马，可是卫国国君昏聩，太子无德，国内权力斗争复杂交错。孔子不赞成子路去卫国入仕，对子路说："危邦不入，乱邦不居。"子路说他有信心治理好卫国。孔子便说："防祸于先而不致于后伤情。知而慎行，君子不立于危墙之下，焉可等闲视之。"孔子告诫子路，君子要远离危险的地方。我的理解，这包括两方面：一是防患于未然，预先觉察潜在的危险，并采取防范措施；二是一旦发现自己处于危险境地，要及时离开危境。生活在农耕文明时代的古代圣人对于安全尚且有着深刻的洞察和理解，在工业文明时代的我们，理应安全底线越来越高，责任体系越来越密，风控手段越来越多，预防能力越来越强，无论政府、企业还是个人，都应始终保有安全生产意识、担负起应有的预防责任，共同守护好安全生产的发展环境。

　　当前，我国依然处于大规模的固定资产投资和建设阶段，建筑业的规模逐年增加，施工技术、装备水平和管理能力也在不断进步，但安全生产事故的起数和伤亡人数并没有显著的下降，部分地区的建筑安全生产形势依然十分严峻，成为社会公众关注和热议的问题。党的十八大以来，习近平总书记对安全生产工作空前重视。曾在不同场合对安全生产工作发表重要讲话，多次作出重要批示，深刻论述安全生产红线、安全发展战略、安全生产责任制等重大理论和实践问题，"要始终把人民生命安全放在首位"，正如习近平总书记所说，安全生产为人民群众筑牢安全屏障、撑起生命绿荫，公共安全是社会安定、社会秩序良好的重要体现，是人民安居乐业的重要保障。安全生产必须警钟长鸣、常抓不懈。

　　"祸患常积于忽微"，安全与风险仅一步之遥，安全生产的弦，绝不能放松。现实中，很多生产单位并非不注重安全建设，而是着眼于大体系多，着手于小层面少，大到机械设备、小到防护装备，管理混乱、管控薄弱等问题不容小觑。比如，一些施工机械没有牌照，"裸奔"在工地；一些二手设备缺少维护和淘汰机制，用到不能用；一些租赁机器的权属责任不清，发生事故后往往"个人担不起、国家来兜底"，一些关键操作环节的操作人员无证上岗，安全意识不强，措施防护不到位，经常在施工过程中因操作不当而造成事故……凡此等等，人的不安全行为和物的不安全状态合力提升了事故发生的概率。

事故从来不相信漂亮话，安全生产管理，要用实践和行动来作答。《建设各方主体事故责任及风险规避》一书，以案为鉴，仔细收集了 2019 年发生在建筑施工现场的事故案例，对事故发生前的蛛丝马迹进行专业追踪，全面、客观、冷静地分析和研究了事故发生的原因、特点及事故发生的规律，对事故发生的教训进行细致总结，举一反三，为预防和减少事故提出对策。开卷有益，阅读本书，一定能获取专业的知识和有益的启示。

唯有安全，方可久远，方可行稳致远。

河南省建设监理协会会长 孙惠民

2020 年 7 月 27 日

无法忘却的记忆

2020年大年初一，是新的一年的开端，也是一年中最喜庆的日子，我们都梦想着21世纪20年代起始能给我们每个人都带来好运时但是一场突如其来的疫情，打乱了几乎所有人的这一美好愿望。大街上的店铺关门，饭店停业，公交车、出租车停运，很多道路封堵，甚至高速路无特殊证明也进行劝返，哪里来还回哪里去，居住的小区没有证明禁止进入和外出……生活、工作甚至出行全都被打乱。中国大地由幸福安康的平静生活到全民战"疫"，仅仅是一瞬间的事。

惊诧、恐慌、质疑、愤怒……现实的风云突变，工作生活秩序的打乱，使得人们的情绪不断在冰与火之间跌宕起伏。在这种错综复杂的情绪推动下，很多人的心思都乱起来了，甚至到现在都无法平复，当然也就来不及细想这次疫情对我们到底意味着什么？

到底意味着什么？我们必须沉思！

正是这件事的突然发生，让我们萌生编写一本书——《建设各方主体事故责任及风险规避》。2019年已经过去，但在过去的那一年里，发生了很多事故让我们记忆犹新，时刻无法忘却。这些事故的阴影并未完全散去，悲剧极有可能重演。

在我们为《建设各方主体事故责任及风险规避》寻找案例的时候，发现过去的众多事故都有明显的先兆。不幸的是，这些先兆都没有引起我们应有的和足够的重视。

就是在此时此刻，预示危机的先兆仍然显而易见，但是我们没有当作一回事，仍然熟视无睹。在收集整理这些事故案例的过程中，我们看到的问题令人触目惊心。许多风险的存在已经被发现，但没有得到积极的防范和应对。

我们为什么对迫在眉睫的风险危机不能先知先觉，提早预防呢？实际上，每个事故发生之前，已经有事故发生的蛛丝马迹，事故发生的预警信号早就已经清清楚楚了。

所有事故的发生，不是因为发生之前的征兆过于隐蔽，而是因为我们平时的疏忽大意和应对措施不力。这些事前征兆早就明白无误地呈现在我们绝大多数人的面前，但我们不仅视而不见，而且没有适时采取应对措施加以防范。

我们大多数人都有这样的毛病，往往会明知风险的存在，却积习难改；而且，事故发生之后，我们也不能采取有效行动，防止下一次灾难的发生。

如果我们认知和预防事故的能力很是欠缺，那么当事故发生的时候，就会惊慌失措、束手无策。如果我们不改变自己，那么一切努力和行动都将是徒劳无益的。即使无法改变自己，但至少要清楚我们自己在做什么和为什么这样做？

很多时候，往往经历一次沉重的打击才能使我们清醒，让我们警惕事故的发生。

但这不是最悲哀的事，最悲哀的是在遭受打击之后，我们很快遗忘了从事故灾难中吸取的血与泪的教训。

怎么以最小的痛苦和代价去防患于未然？让我们从《建设各方主体事故责任及风险规避》这本书开始吧！

本书将从高处坠落、物体打击、机械伤害、触电、坍塌五个方面来展开论述。

2019 年度高处坠落事故的统计（不完全统计）结果可见下表。

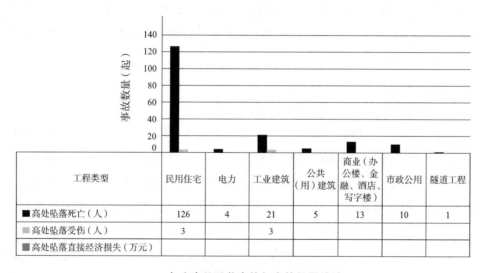

工程类型	民用住宅	电力	工业建筑	公共（用）建筑	商业（办公楼、金融、酒店、写字楼）	市政公用	隧道工程
■高处坠落死亡（人）	126	4	21	5	13	10	1
▨高处坠落受伤（人）	3		3				
■高处坠落直接经济损失（万元）							

2019 年度高处坠落事故与事故数量统计

2019 年度物体打击事故的统计（不完全统计）结果可见下表。

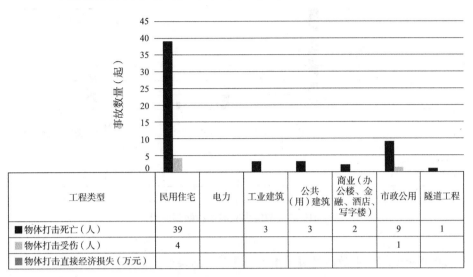

工程类型	民用住宅	电力	工业建筑	公共（用）建筑	商业（办公楼、金融、酒店、写字楼）	市政公用	隧道工程
■ 物体打击死亡（人）	39		3	3	2	9	1
▨ 物体打击受伤（人）	4					1	
▧ 物体打击直接经济损失（万元）							

2019 年度物体打击事故与事故数量统计

2019 年度机械伤害事故的统计（不完全统计）结果可见下表。

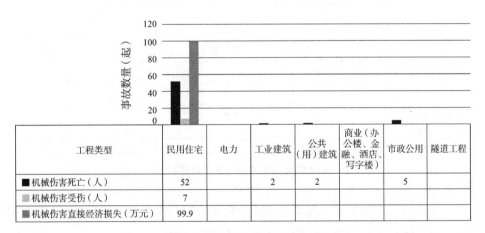

工程类型	民用住宅	电力	工业建筑	公共（用）建筑	商业（办公楼、金融、酒店、写字楼）	市政公用	隧道工程
■ 机械伤害死亡（人）	52		2	2		5	
▨ 机械伤害受伤（人）	7						
▧ 机械伤害直接经济损失（万元）	99.9						

2019 年度机械伤害事故与事故数量统计

2019 年度触电事故的统计（不完全统计）结果可见下表。

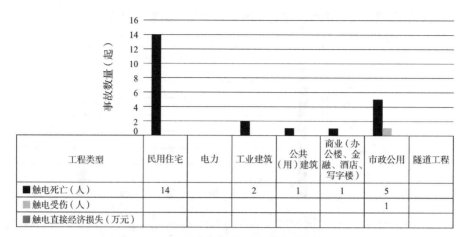

工程类型	民用住宅	电力	工业建筑	公共（用）建筑	商业（办公楼、金融、酒店、写字楼）	市政公用	隧道工程
■ 触电死亡（人）	14		2	1	1	5	
■ 触电受伤（人）						1	
■ 触电直接经济损失（万元）							

2019 年度触电事故与事故数量统计

2019 年度坍塌事故的统计（不完全统计）结果可见下表。

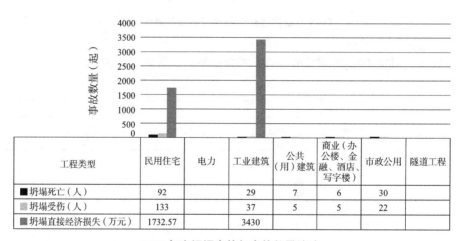

工程类型	民用住宅	电力	工业建筑	公共（用）建筑	商业（办公楼、金融、酒店、写字楼）	市政公用	隧道工程
■ 坍塌死亡（人）	92		29	7	6	30	
■ 坍塌受伤（人）	133		37	5	5	22	
■ 坍塌直接经济损失（万元）	1732.57		3430				

2019 年度坍塌事故与事故数量统计

本书的编写得到专家、兄弟单位及协会领导的大力支持，并且引用了很多典型的事故案例与调查报告，在此一并表示感谢。

但由于编者水平有限，部分内容可能不太完整、详细，需要日后继续补充完善，请专家、老师以及同行们发现问题及时反馈以便于后期校正完善，衷心感谢！

我们做的也许微乎其微，但是我们一直在努力改变着自己，同时也在改变着这个世界。

中元方工程咨询有限公司

编审委员会

2020 年 9 月 15 日

目 录
CONTENTS

第1章　建筑安全基础知识及安全管理理念 ················· **001**

1.1 安全生产的基本概念 ·················· 001

1.2 安全生产的三级教育 ·················· 002

1.3 施工现场杜绝"三违"现象 ············· 002

1.4 施工现场"三不伤害" ················ 003

1.5 施工安全生产纪律 ··················· 003

1.6 安全日志记录 ······················ 004

1.7 易发生事故的一些心理 ··············· 006

1.8 高处作业安全防护用品使用常识 ········ 009

1.9 现代安全管理十大理念 ··············· 010

第2章　高处坠落 ······················ **016**

2.1 高处作业定义 ······················ 016

2.2 高处作业的级别 ···················· 016

2.3 高处作业的类别 ···················· 016

2.4 常见高处作业安全隐患及要求 ·········· 018

2.5 西双版纳一在建小区"1·9"高处坠落事故 ··· 024

2.6 潜山县乔公馆"6·17"高处坠落事故 ······ 027

2.7 河南郑州航空港区"8·3"高处坠落事故 ···· 030

2.8 高处坠落事故原因分析 ———————————————— 039

2.9 高处坠落事故预防措施 ———————————————— 042

2.10 2019年度高处坠落事故（不完全统计） ———— 046

2.11 高处坠落事故带来的启示及防范对策 ———— 052

第3章 物体打击 ———————————————————————— **056**

3.1 物体打击的定义及事故类别 —————————————— 056

3.2 常见物体打击事故隐患及要求 ————————————— 057

3.3 西双版纳滨江俊园一期"1·2"物体打击事故 —— 058

3.4 安徽新厂房建设"2·22"物体打击事故 ————— 063

3.5 泉州市区中心粮库一期工程"5·13"物体打击事故 —— 066

3.6 物体打击事故原因分析 ———————————————— 070

3.7 物体打击事故预防措施 ———————————————— 071

3.8 2019年度物体打击事故（不完全统计） ———— 072

3.9 物体打击事故带来的启示及对策 ———————— 075

第4章 机械伤害 ———————————————————————— **078**

4.1 机械伤害的定义及类别 ———————————————— 078

4.2 常见机械伤害安全隐患及要求 ————————————— 079

4.3 衡水市"4·25"施工升降机坠落事故 ————— 080

4.4 岳阳华容县"1·23"塔吊坍塌事故 —————— 092

4.5 枣庄市"8·28"吊篮坠落事故 ———————————— 100

4.6 机械伤害事故原因分析 ———————————————— 109

4.7 机械伤害事故预防措施 ———————————————— 110

4.8 2019年度部分机械伤害事故 ————————————— 111

4.9 机械伤害事故带来的启示及防范对策 ———— 113

第5章 触 电 ———————————————————————— **115**

5.1 触电事故的定义及类别 ———————————————— 115

5.2 常见临时用电安全隐患及要求 ———————————— 116

5.3 安徽滁州"4·22"触电事故 ———————————————— 116

5.4 触电事故原因分析 —————————————————————— 122

5.5 触电事故防范措施 —————————————————————— 123

5.6 2019 年度触电事故（不完全统计） ———————————— 125

5.7 触电事故带来的启示及防范对策 ————————————— 126

第 6 章　坍　塌 ———————————————————————————— **129**

6.1 坍塌的定义及事故类别 ——————————————————— 129

6.2 常见坍塌事故隐患及要求 ————————————————— 129

6.3 浙江东阳市"1·25"混凝土浇筑坍塌事故 ———————— 131

6.4 江苏扬州"4·10"基坑坍塌事故 —————————————— 136

6.5 江苏扬州经济开发区"3·21"脚手架坍塌事故 ————— 144

6.6 深圳市体育中心改造提升拆除工程"7·8"坍塌事故 —— 152

6.7 坍塌事故原因分析 —————————————————————— 163

6.8 坍塌事故防范措施 —————————————————————— 164

6.9 2019 年度坍塌事故（不完全统计） ———————————— 169

6.10 坍塌事故带来的启示和对策 ——————————————— 172

第 7 章　常见危险源安全控制要点 —————————————— **176**

7.1 危险源定义 ————————————————————————————— 176

7.2 危险源类别 ————————————————————————————— 176

7.3 危险源辨识 ————————————————————————————— 177

7.4 危险源的辨识方法 —————————————————————— 177

7.5 危险源的评价与分级 ———————————————————— 180

7.6 建筑行业危险源清单 ———————————————————— 182

7.7 基坑工程安全控制要点 ——————————————————— 182

7.8 脚手架工程安全控制要点 ————————————————— 200

7.9 高处作业安全控制要点 ——————————————————— 228

7.10 临时用电安全控制要点 —————————————————— 245

7.11 机械设备类安全控制要点 ⋯⋯⋯⋯⋯⋯⋯⋯⋯ 256

7.12 拆除工程安全要点 ⋯⋯⋯⋯⋯⋯⋯⋯⋯⋯⋯⋯ 285

7.13 其他工程类强制性条文 ⋯⋯⋯⋯⋯⋯⋯⋯⋯⋯ 288

第8章　新冠疫情防控 ⋯⋯⋯⋯⋯⋯⋯⋯⋯⋯ **294**

8.1 新型冠状病毒 ⋯⋯⋯⋯⋯⋯⋯⋯⋯⋯⋯⋯⋯⋯ 294

8.2 密切接触者 ⋯⋯⋯⋯⋯⋯⋯⋯⋯⋯⋯⋯⋯⋯⋯ 295

8.3 预防措施 ⋯⋯⋯⋯⋯⋯⋯⋯⋯⋯⋯⋯⋯⋯⋯⋯ 296

8.4 正确佩戴口罩 ⋯⋯⋯⋯⋯⋯⋯⋯⋯⋯⋯⋯⋯⋯ 297

8.5 开复工需要提前完善的工作 ⋯⋯⋯⋯⋯⋯⋯⋯ 299

8.6 疫情后复工安全教育培训记录及技术交底 ⋯⋯ 300

8.7 工地疫情防控工作方案 ⋯⋯⋯⋯⋯⋯⋯⋯⋯⋯ 303

附录　建筑工地各类危险源汇总 ⋯⋯⋯⋯⋯⋯⋯ 313

建设各方主体事故责任及风险规避

第1章

建筑安全基础知识及安全管理理念

1.1 安全生产的基本概念

1.1.1 安全相关概念

（1）安全

安全，顾名思义，"无危则安，无缺则全"，即安全意味着没有危险且尽善尽美。

（2）安全生产

安全生产就是在生产的过程中对劳动者的安全与健康进行保护，同时还要保护设备、设施的安全，保障生产正常进行。

（3）安全隐患

生产经营单位违反安全生产法律、法规、规章、标准、规程、安全生产管理制度的规定，或者其他因素在生产经营活动中存在的可能导致不安全事件或事故发生物的不安全状态、人的不安全行为和管理上的缺陷。

（4）事故

事故是在人们生产、生活活动过程中突然发生的、违背人们意志的、迫使活动暂时或永久停止，可能造成人员伤害、财产损失或环境污染的意外事件。

1.1.2 安全生产的方针

施工安全生产必须坚持"安全第一、预防为主"的方针。"安全第一"是原则和目标，是从保护和发展生产力的角度，确立了生产与安全的关系，肯定了安全在建设工程生产活动中的重要地位。"安全第一"的方针，就是要求所有参与工程建设的人员，包括管理者和从业人员以及对工程建设活动进行监督管理的人员都必须树立安全的观念，不能为了经济的发展而牺牲安全。

当安全与生产发生矛盾时，必须先解决安全问题，在保证安全的前提下从事生产活动，也只有这样，才能使生产正常进行，才能充分发挥员工的积极性，提高劳动生产率，促进经济的发展，保持社会的稳定。

"预防为主"是手段和途径，是指在生产活动中，根据生产活动的特点，对不同的生产要素采取相应的管理措施，有效地控制不安全因素的发展和扩大，把可能发生的事故消灭在萌芽状态，以保证生产活动中人的安全与健康。

对于施工活动而言，"预防为主"就是必须预先分析危险点、危险源、危险场地等，预测和评估危害程度，发现和掌握危险出现的规律，制定事故应急预案，采取相应措施，将危险消灭在萌芽状态。

总之，"安全第一、预防为主"的方针体现了国家在建设工程安全生产过程中"以人为本"，保护劳动者权利、保障社会生产力、促进社会全面进步的指导思想，是建设工程安全生产的基本方针。

1.2 安全生产的三级教育

工人上岗前必须进行公司、工程项目部和作业班组三级教育。

1.2.1 施工企业的安全教育

安全培训教育的主要内容有：国家和地方有关安全生产的方针、政策、法规、标准、规范、规程和企业的安全规章制度。

1.2.2 工程项目部的安全教育

安全培训教育的主要内容有：工地安全制度、施工现场环境、工程施工特点及可能存在的不安全因素等。

1.2.3 作业班组的安全教育

安全培训教育的主要内容有：本工种的安全操作规程、事故安全剖析、劳动纪律和岗位讲评等。

1.3 施工现场杜绝"三违"现象

1.3.1 违章指挥

企业负责人和有关管理人员指挥员工冒险蛮干，思想上存有侥幸心理，法治观念淡薄，缺乏安全知识，对国家、集体财产和员工的生命安全不负责任，劳动保护措施不落实，安全检查人员工作不扎实，事故隐患整改不及时等。

1.3.2 违章作业

违章操作，无章可循。没有形成一套完善的安全管理制度和操作规程，有的把其他企业安全管理制度和操作规程拿来照搬照抄，内容严重缺乏针对性和适应性。

1.3.3 违反劳动纪律

在班时脱岗、串岗，班前酗酒、熬夜，上班时体力不支；员工遇到过节、农忙和婚丧嫁娶，在班期间精力不集中；闲杂人员进入施工区等。

1.4 施工现场"三不伤害"

三不伤害就是"不伤害自己，不伤害别人，不被别人伤害"。

自己不违章，只能保证自己不伤害自己，不伤害别人。要做到不被别人伤害，这就要求我们要及时制止他人违章。制止他人违章既可保护自己，也保护了他人。

1.5 施工安全生产纪律

（1）进入施工现场必须戴好安全帽，系好帽带，并正确使用个人劳动防护用品。

（2）凡 2m 及以上的悬空、高处作业无安全设施的必须系好安全带，扣好保险钩。

（3）高处作业时不得向上或向下乱抛材料和工具等物件。

（4）各种电动机械设备，必须有漏电保护装置和可靠的保护接零方能使用。

（5）未经有关人员批准不准随意拆除安全设施和安全装置。

（6）未经教育培训不得上岗，无证不得操作，非操作者严禁进入危险区域。

（7）严禁井字架、吊篮、料斗乘人。

（8）严禁酒后上岗操作。

（9）严禁穿拖鞋、高跟鞋、赤脚或赤膊进入施工现场。

（10）严禁穿硬底鞋进行登高作业。

1.6 安全日志记录

1.6.1 安全日志的理解

施工安全日志是从工程开始到竣工，由专职安全员对整个施工过程中重要生产和技术活动进行的连续不断的翔实记录。是项目每天安全施工的真实写照，也是工程施工安全事故原因分析的依据，施工安全日志在整个工程档案中具有非常重要的作用。

"志"的本义是指记载的文字。施工安全日志就是从开工至竣工，每天进行书面记录所形成的一本资料，它记载着施工过程中每天发生的与施工安全有关的有记述价值的事情。只有对施工安全日志的理解有一个准确的定位，才能准确地把握施工安全日志的编写思路。

施工安全日志在理解上的定位是：

（1）施工安全日志是一种记录。它主要记录的是在施工现场已经发生的违章操作、违章指挥、安全问题和隐患，并对发现的问题进行处理的记录。

（2）施工安全日志是一种证据。它是设备设施是否进行了进场验收、安检人员是否对现场安全隐患进行检查的证明。

（3）施工安全日志是工程的记事本，是反映施工安全生产过程最详尽的第一手资料。它可以准确、真实、细微地反映出施工安全情况。

（4）施工安全日志可以起到文件接口的作用，并可以用于追溯一些其他文件中未发现的事情。

（5）施工安全日志作为施工企业自留的施工资料，它所记录的因各种原因未能在其他工程文件中显露出来的信息，将来有可能成为判别事情真相的依据。

1.6.2 日志记载内容

施工安全日志的内容可分为三个方面：基本内容、施工内容、主要记事。

（1）基本内容包括了日期、星期、天气的填写。

（2）施工内容包括了施工的分项名称、层段位置、工作班组、工作人数及进度情况。

（3）主要记事包括：

1）巡检（发现安全事故隐患、违章指挥、违章操作等）情况；

2）设施用品进场记录（数量、产地、标号、牌号、合格证份数等）；

3）设施验收情况；

4）设备设施、施工用电、"三宝四口"防护情况；

5）违章操作、事故隐患（或未遂事故）发生的原因、处理意见和处理方法；

6）其他特殊情况。

1.6.3 填写过程中存在主要的问题

（1）未按时填写，为检查而做资料：当天发生的事情没有在当天的日志中记载，出现后补现象。有记录人员平时不及时填写安全日志，为了迎接公司或者其他上级部门的检查，把自己关在办公室里写"回忆录"。在以往某些项目的施工安全日志中不难发现，明明已经是 6 月，但施工安全日志的填写还停留在 5 月中旬，更甚者出现三四月份的都没有填写。

（2）记录简单：没有把当天的天气情况、施工的分项工程名称和简单的施工情况等写清楚，工作班组、工作人数和进度等均没有进行详尽记录。试想一下，连工作的班组和人数都不清楚，怎能做好现场的安全生产管理工作？

（3）内容不齐全不真实：根据施工安全其他资料显示，某种设施用品是在某月某日进场的，但日志上找不到记录；捏造不存在的施工内容，由于施工日志未能及时填写，出现大部分内容空缺，记录者就凭空记录与施工现场不相符的内容。

（4）内容有涂改：一般情况下，施工安全日志是不允许有涂改的。

（5）主要工作内容中还应记载：

1）停电、停水、停工情况；

2）施工机械故障及处理情况等。

（6）部分项目的施工安全日志记录用蓝色圆珠笔甚至铅笔填写。作为施工项目重要资料之一，日志填写应统一使用黑色钢笔或黑色中性笔填写。

（7）"现场存在隐患及整改措施"（发现安全事故隐患、违章指挥、违章操作等）一栏记录安全事故隐患，后面应对隐患及时整改消除，填写应闭合。

1.6.4 施工安全日志的填写要求及注意细节

主要有以下几方面：

（1）应抓住事情的关键。例如：发生了什么事、事情的严重程度、何时发生的、谁做的、谁领着做的、谁说的、说什么了、谁决定的、决定了什么、在什么地方（或部位）发生的、要求做什么、要求做多少、要求何时完成、要求谁来完成、怎么做、已经做了多少、做得合格不合格等。只有围绕这些关键意思进行描述，才能记述清楚，才具备可追溯性。

（2）记述要详简得当。该记的事情一定不要漏掉，事情的要点一定要表述清楚，不能写成"大事记"。

（3）当天发生的事情应在当天的日志逐日记载，不得后补。

（4）记录时间要连续：从开工开始到竣工验收时止，逐日记载不许中断。若工程施工期间有间断，应在日志中加以说明，可在停工最后一天或复工第一天里描述。

（5）停水、停电一定要记录清楚起止时间，停水、停电时正在进行什么工作，是否造成经济损失等，是由于哪方面原因造成的，为以后的工期纠纷及变更理赔留有证据。

（6）施工安全日志的记录不应是流水账，要有时间、天气情况、分项部位等记录，其他检查记录一定要具体详细。

1.7 易发生事故的一些心理

1.7.1 侥幸心理

这是许多违章人员在行动前的一种重要心态。把出事的偶然性绝对化，在现实工作中，有侥幸心理的人时有所见。主要表现：

（1）不是不懂安全操作规程，不是缺乏安全知识，也不是技术水平低，而是明知故犯。

（2）认为违章不一定出事，出事不一定伤人，伤人不一定伤己。

1.7.2 惰性心理

惰性心理又称为"节能心理"，是指在作业中尽量减少能量支出，能省力便省力，能将就凑合就将就凑合的一种心理状态，也是懒惰行为的心理依据。主要表现：

（1）干活图省事，嫌麻烦。

（2）节省时间，得过且过。

1.7.3 麻痹心理

有以下几种表现：

（1）高度紧张后精神疲劳，产生麻痹心理。

（2）个性因素，一贯松松垮垮，不求甚解的性格特征。自以为绝对安全。

（3）因循守旧，缺乏创新意识。

1.7.4 逆反心理

这是一种无视社会规范或管理制度的对抗性心理状态，一般在行为上表现出"你让我这样，我偏要那样""越不许干，我越要干"等特征。分为以下两大类：

（1）显现对抗：当面顶撞，不但不改正，反而发脾气，或骂骂咧咧，继续违章。

（2）隐性对抗：表面接受，心理反抗，阳奉阴违，口是心非。

1.7.5 逞能心理

争强好胜本来是一种积极的心理品质，但如果它和炫耀心理结合起来，且发展到不恰当的地步，就会走向反面。

（1）争强好胜，积极表现自己，能力不强但自信心过强，不思后果、蛮干冒险作业。

（2）长时间做相同冒险的事，无任何防护，终有一失。

1.7.6 凑趣心理

凑趣心理也称"凑兴心理"，是在社会群体成员之间人际关系融洽而在个体心理上的反应。

（1）个体为了能获得心理上的满足和温暖，喜欢凑热闹，寻开心忘乎所以。

（2）过火的玩笑，伤害成员之间的感情，产生误会和矛盾。

1.7.7 冒险心理

冒险也是引起违章操作的重要心理原因之一。

（1）理智性冒险，明知山有虎，偏向虎山行。

（2）非理智性冒险，受激情的驱使，有强烈的虚荣心，怕丢面子，硬充大胆。

1.7.8 从众心理

它是指个体在群体中由于实际存在的或头脑中想象到的社会压力与群体压力，而在知觉、判断、信念以及行为上表现出与群体中大多数人一致的现象。

（1）自觉从众，心悦诚服、甘心情愿与大家一致违章。

（2）被迫从众，表面上跟着走，心理反感。

1.7.9 无所谓心理

表现为遵章或违章心不在焉，满不在乎。

（1）本人根本没意识到危险的存在，认为章程是领导用来卡人的。

（2）对安全问题谈起来重要，干起来次要，比起来不要，不把安全规定放眼里。

（3）认为违章是必要的，不违章就干不成活。

1.7.10 好奇心理

好奇心人皆有之，它是对外界新异刺激的一种反应。以前未见过，感觉很新鲜，乱摸乱动，是一些设备处于不安全状态，而影响自身或他人的安全。

（1）因周围发生的事影响正常操作，造成违章事故。

（2）情绪波动思想不集中，情绪是心境变化的一种状态。

（3）顾此失彼、手忙脚乱。

（4）高度兴奋导致不安全行为。

（5）技术不熟练，遇险惊慌，对突如其来的异常情况，惊慌失措，甚至茫然。

（6）无法进行应急处理，难断方向。

1.7.11 工作枯燥、厌倦心理

（1）从事单调、重复工作的人员，容易产生心理疲劳和厌倦感。

（2）重复不断无变化的工作、缺乏自主性、感觉不到有意义和重要性。

1.7.12 错觉下意识心理

（1）这是个别人的特殊心态，一旦出现，后果极为严重。

（2）错觉是有刺激物的情况下发生的，一般不会消失（不同于幻觉）。

（3）心理幻觉近似差错。

（4）莫名其妙的"违章"，其实是人体心理幻觉所致。

（5）环境干扰导致判断失误。

在作业环境中，温度、色彩、声响、照明等因素，超出人们感觉功能的限度时，会干扰人的思维判断，导致判断失误和操作失误。

1.8 高处作业安全防护用品使用常识

由于建筑行业的特殊性，高处作业中发生的高处坠落、物体打击事故的比例最大。许多事故案例都说明，由于正确佩戴了安全帽、安全带或按规定架设了安全网，从而避免了伤亡事故。事实证明，正确使用安全帽、安全带、安全网是减少和防止高处坠落和物体打击这类事故发生的重要措施。由于这三种安全防护用品使用最广泛，作用又明显，人们常称之为"三宝"。

作业人员必须正确使用安全帽，调好帽箍，系好帽带；正确使用安全带，高挂低用。

1.8.1 安全帽（图1-1）

它是对人体头部受外力伤害起防护作用的帽子。使用时要注意：

（1）戴帽前先检查外壳是否破损、有无合格帽衬、帽带是否齐全，若有一项不合格，立即更换。

（2）调整好帽衬间距（约4～5cm）。

（3）调整好帽箍。

（4）戴帽后系好帽带。

图1-1　安全帽

1.8.2 安全带

它是高处作业人员预防坠落伤亡的防护用品。

使用时要注意：

（1）选用经有关部门检验合格的安全带，并保证在使用有效期内。

（2）安全带严禁打结、续接。

（3）使用中，要可靠地挂在牢固的地方，高挂低用，且要防止摆动，避免明火或刺割。

（4）2m及以上的悬空作业，必须使用安全带。

（5）在无法直接挂设安全带的地方，应设置挂安全带的安全拉绳、安全栏杆等。

1.8.3 安全网

它是用来防止人、物坠落或用来避免、减轻坠落及物击伤害的网具。

使用时要注意：

（1）要选用有合格证书的安全网。

（2）安全网若有破损、老化应及时更换。

（3）安全网与架体连接不宜绷得过紧，系结点要沿边分布均匀、绑牢。

（4）立网不得作为平网网体使用。

（5）立网应选用密目式安全立网。

施工现场要做好"四口""五临边"的安全防护。"四口"为：①楼梯口；②电梯井口；③预留洞口；④通道口。"五临边"为：①沟、坑，槽和深基础周边；②楼层周边；③楼梯侧边；④平台或阳台边；⑤屋面周边。

1.9 现代安全管理十大理念

美国著名安全专家 Dan Petersen 先生在其著作中多次提到现代安全管理的十大原理（或称理念）。这十大原理具有代表意义，概括了当今美国等发达国家对安全管理的研究，是比较成熟和系统的认识。

1.9.1 原理1：系统根源

传统安全管理的思维模式是：事故可能是不安全的行为和状态所导致的，找到一个最直接的因素或某种不安全行为、不安全状态，作为事故发生的原因，然后纠正不安全的行为或消除这个不安全的状态，没有进一步寻找导致事故发生的根源。

对于事故发生的原因，我们不仅仅要分析导致事故发生的直接原因，即不安全行为和不安全的状态，更重要的是要找出导致事故发生的根本原因（或系统原因）。

"系统原因"原理认为，不要将获得的所有信息仅归结为某个单独的直接因素，而是要拓宽我们的视野，考虑导致事故的系统原因。因此，每个事故都会为我们打开一个改善安全管理的窗口，通过它我们可以观察、分析整个管理系统和管理程序。

把事故、不安全行为和不安全状态看作系统不正常、系统缺陷的征兆。以识别不安全行为、状态和事故为起点，研究为什么这个行为和事故会发生，为什么这种状态会存在。应用这个原理，我们将要重新确定事故的调查程序，即针对任何一个事故，不管是重大事故，还是小事故，都尽可能地识别出导致事故发生的根本原因，最终消除管理体系的缺陷。消除和整改系统缺陷是为了从根本上改进管理系统，而不仅是为了寻找某个人的错误。

譬如在手指伤害的事故中，如果说直接原因是没有戴防护手套，那么纠正措施就是戴上手套。然而，这种纠正措施仅仅解决了表面的问题，并没有解决真正的问题。其结果是：类似的事情可能在明天还会发生在其他员工身上。事故的根本原因可能是没有安排培训、缺乏安全作业标准或是缺乏有效的监控措施等系统缺陷。只有找到事故的根源所在，才可以长期有效地预防与减少事故的发生。

1.9.2 原理2：风险管理

衡量风险的要素是事故发生的可能性和危害性，以及造成后果的严重程度。通过分析事故的发生频率和事故的严重程度，可以对风险进行评估，制定风险控制措施，进而管理、降低或消除风险。另外，传统的安全管理方法侧重于控制事故发生的频率来减少事故，并取得了一定的成功。然而，事故后果的严重程度在某些方面或某些状况下是可以评估、预测和控制的。这个原理强调，在某些条件下可以通过评估预测可能发生的事故及其严重程度，通过降低事故的严重性来降低风险，预防控制重大恶性事故的发生，而不仅仅是通过减少事故的发生频率来减少损失。例如，在下列作业活动或作业环境中，存在的风险比常规作业的风险要大，必须执行更有效的控制措施来识别危害，控制和降低风险。适用于：

（1）非常规作业。

（2）涉及高能量源的作业。

（3）建筑施工场所。

（4）员工承受心理压力的情况下。

（5）涉及有毒有害化学品的工作环境等。

1.9.3 原理3："安全第一"新概念

该原理是最重要的安全原理之一。它重申了安全与质量、成本和人是同等重要的思想，进一步把企业管理应用到了安全管理的领域。

安全在日常工作中应该和其他的业务职能同等重要，是现代企业管理中必不可少的关键要素之一。企业应该如同对待企业战略、人力资源管理、营销管理、质量管理、生产和员工关系一样重视安全。管理层必须对安全管理作出承诺，并努力实现。

虽然我们习惯使用"安全第一"这个词，但是，有时很难平衡，特别是在日常的作业活动过程中。现场主管们为了实现生产目标或及时完成某个项目，容易忽略安全问题。我们总期望管理人员能权衡好风险与利益之间的关系。如果没有有效的管理机制和切实可行的管理措施来支撑，"安全第一"往往就是一句空话！会议不能保证安全第一，领导的讲话不能保证安全第一，企业必须建立一套可以执行的、可以操作的安全管理机制。"安全和其他业务职能同等重要"的观念可能容易为生产工具监督、维修监督和其他人员所接受。什么时候安全第一？当其他任何事情（如生产进度、质量或费用控制等）与安全出现矛盾时，安全必须放在第一位。

1.9.4 原理4：绩效与责任

几乎所有的管理人员，都会重视上级领导分配的任务与责任，在大多数情况下，如果某个人没有被指定负责某项工作，几乎可以肯定，他不会承担与此项工作相关的责任。但是，他却会关注管理层对其所衡量和强调的工作绩效：生产、质量、成本或管理层近期所施压的任何一项其他的任务。因此，如果企业针对所有管理人员制定了明确的岗位责任、安全绩效标准和绩效管理程序，必须激励各级管理人员努力贯彻实施，以求履行安全职责和实现安全的绩效目标。

"谁主管，谁负责"，安全必须是主管负责人的责任。管理层应该通过设置安全目标、计划、组织和管理机制引导安全工作，明确各级主管人员的安全责任，并且赋予他们相应的权力。在这里"主管"这一词不仅指现场监督的管理人员，而且包括从现场班组长到企业高层的各级管理人员。有些企业在明确绩效与责任、推行安全生产责任制的时候，却将安全责任制变成推卸责任的工具！在推行绩效与责任的时候，就应该明确各级人员的职责和任务，而不是简单地将安全指标分解。企业的安全责任管理机制，可以以多种形式体现出来，例如：

（1）公司管理绩效评估系统中包括安全指标（不仅仅是事故指标，还包括行动指标等）。

（2）制定明确、切合实际、可以衡量的各级安全管理行动目标。

（3）有公司高层安全管理人员参与的安全委员会定期评估管理人员的安全绩效。

1.9.5 原理5：安全管理职能

安全管理专业人员的核心任务是寻找导致事故发生的管理系统出了什么问题？如何寻找？

这个原理引导安全专业管理人员注意安全管理的系统性，而不仅仅是安全行为和状态。通过分析管理系统来确定如何才能有效地控制事故。安全管理专业人员可以通过以下提问，来分析公司的安全管理系统的有效性：

（1）公司的安全管理方针是什么？

（2）公司安全管理部门的职能是什么？

（3）公司是如何管理安全的？

（4）安全生产岗位责任制如何确定？

（5）如何衡量安全管理的绩效？使用什么指标？

（6）怎样选聘员工？

（7）怎样培训？

（8）如何激励？

（9）如何激励管理者？

1.9.6 原理6：起因控制

在 *Human Error Reduction and Safety Management*（《减少人为失误与安全管理》，1982年第一版）书中作者开发并解释了这样一个模型。模型认为，每次事件（事故）都与人为的失误（不安全行为）有关，而且在不安全行为的背后有很多原因。这些原因可以被识别、分类和进行深入地分析。管理者可以采取很多行动来降低不安全行为发生的可能性，来避免事故的发生，而不是仅仅限于对人的教育和强制执行上。

我们知道，事故的结果是对人员的伤害、设备的损坏、环境的破坏或其他形式的经济损失，事故是安全管理系统的缺陷和人为失误的综合结果。

系统缺陷包括了传统安全管理可能包含的因素，例如：

（1）公司有没有明确的安全方针？如果有，是什么？

（2）如何界定岗位安全责任制？

（3）安全管理过程中是否明确谁有什么样的权力？

（4）谁对事故承担责任？如何承担？

（5）如何进行安全绩效考核？

（6）应该以什么样的方法进行安全检查？是否对员工提供足够的培训？

（7）是否制定了明确、具体的操作程序？

（8）应用什么样的安全标准？

（9）保存什么样的记录？如何应用这些记录？

（10）我们的应急响应程序是什么？

1.9.7 原理7：环境与行为

原理7是原理6的拓展和延伸。该原理认为，当人有不安全行为时，他们不是哑巴，不是白痴，不是不小心，不是需要纠正行为的小孩子，不安全行为是由管理系统形成的不良环境所造成的。在这样的文化气氛、行为习惯、设备条件或者管理系统存在缺陷的环境中，出现不安全行为是完全合理和正常的。因此，安全管理工作就是要改变导致不安全行为的环境，从而减少或消除不安全行为。

1.9.8 原理8：三个子系统

随着安全科学的发展，安全管理系统也越来越完善。传统的安全管理只涉及物的条件控制，如给砂轮机安装防护设施。随后，在安全管理中考虑了管理程序，并建立安全管理体系、标准和作业程序，使得事故率进一步降低；但是，无论是物的条件控制，还是安全管理体系，依然不能彻底地降低事故的发生。

现代安全管理在传统安全管理侧重于物的条件控制和管理体系的基础上，更注重员工的安全行为、意识、心理状态以及行为环境。期望从根本上提高员工的安全意识，减少员工的不安全行为，杜绝事故的发生。因此，改善那些使员工产生不安全行为的自然环境和心理环境是现代安全管理的基本任务。

原理8再次强调，我们的任务是改变导致员工不安全行为的自然环境和心理环境。安全管理可以通过4个方面达到这个目标：

（1）分析：分析导致不安全行为的原因。

（2）控制：开发制定控制措施或系统。

（3）沟通：把这些系统要求传达给业务部门和每位人员。

（4）实施和监测：实施控制措施，监测控制效果。

1.9.9 原理9：安全管理与企业文化

社会在不断发展，现代企业管理理论、技术与方法也已经有了巨大的变化，因此，安全管理的理念也必须改变，必须跟上社会发展的步伐，与公司其他职能部门（质量、生产、技术等）相协调，与公司的企业文化与管理理念互相融为一体。企业管理中，应该努力构建一个开放、领导重视、员工积极参与的安全管理文化气氛。如果像过去仅仅依赖安全防护设备、安全程序和强制命令来管理安全，是不能紧跟时代步伐的，更难以实现安全绩效的持续改进。

1.9.10 原理10：系统衡量标准

这些特征通常表现为：

（1）最高管理层公开的安全承诺。

（2）强调安全绩效考评。

（3）拥有公司中层管理的支持，并依赖其发挥影响作用。

（4）明确的安全方针与安全理念。

（5）员工积极参与。

（6）管理系统具有必要的灵活性，如变更管理。

（7）安全管理的作用与成效得到员工的广泛认同。

第 2 章

高处坠落

2.1 高处作业定义

根据《高处作业分级》GB/T 3608—2008 的规定，凡在坠落高度基准面 2m 以上（含 2m）有可能坠落的高处进行的作业，均称为高处作业。

其含义有两个：一是相对概念，可能坠落的底面高度大于或等于 2m；也就是不论在单层、多层或高层建筑上作业，即使是在平地，只要作业处的侧面有可能导致人员坠落的坑、井、洞或空间，其高度达到 2m 及以上，就属于高处作业。二是高低差距标定为 2m，因为一般情况下，当人在 2m 以上的高度坠落时，就很可能会造成重伤、残废甚至死亡，因此，高处作业须按规定进行安全防护。

2.2 高处作业的级别

一级高处作业：作业高度在 2 ～ 5m。

二级高处作业：作业高度在 5 ～ 15m。

三级高处作业：作业高度在 15 ～ 30m。

特级高处作业：作业高度大于 30m。

2.3 高处作业的类别

2.3.1 高处作业分类

根据高处作业者工作时所处的部位不同，高处作业可分为：

1. 临边作业

临边作业是指：施工现场中，工作面边沿无围护设施或围护设施高度低于

80cm 时的高处作业。

下列作业条件属于临边作业：

（1）在基坑施工时的基坑周边。

（2）框架结构施工的楼层周边。

（3）屋面周边。

（4）尚未安装栏杆的楼梯和斜道的侧边。

（5）尚未安装栏杆的阳台边。还有各种垂直运输卸料平台的侧边，水箱水塔周边等的作业也是临边作业。临边高度越高，危险性越大。

2. 洞口作业

洞口作业是指：孔、洞口旁边的高处作业，包括施工现场及通道旁深度在 2m 及 2m 以上的桩孔、人孔、沟槽与管道孔洞等边沿的作业。

建筑物的楼梯口、电梯口及设备安装预留洞口等，在建筑物建成前，不能安装正式栏杆等围护结构时，还有一些施工需要预留的上料口、通道口、施工口等，这些洞口没有防护时，就有造成作业人员高处坠落的危险。

3. 攀登作业

攀登作业是指：借助登高用具或登高设施在攀登条件下进行的高处作业。

在建筑物周围搭设脚手架、张挂安全网、安装塔吊、井字架、桩架、登高安装钢结构构件等作业都属于这种作业。

4. 悬空作业

悬空作业是指：在周边临空状态下进行的高处作业。其特点是在操作者无立足点或无牢靠立足点条件下进行高处作业。

建筑施工中的构件吊装，利用吊篮架进行外装修，悬挑或悬空架板、雨棚等特殊部位支拆模板、扎筋、浇混凝土等分项作业都属于悬空作业。由于是在不稳定的条件下施工作业，危险性很大。

5. 交叉作业

交叉作业是指：在施工现场的上下不同层次，于空间贯通状态下同时进行的高处作业。

现场施工上部搭设脚手架、吊运物料，地面上的人员搬运材料、制作钢筋，或外墙装修下面打底抹灰、上面进行面层装修等，都是施工现场的交叉作业。

2.3.2 高处作业事故分类

根据高处作业事故的性质和环境不同，高处作业事故可分为：

（1）一般高处作业坠落事故，指正常作业环境下上述的各种坠落事故。

（2）特殊高处作业坠落事故，具体包括：

1）异温高处作业：在高温或低温环境下进行的高处作业。

2）雪天高处作业：降雪时进行的高处作业。

3）雨间高处作业：降雨时进行的高处作业。

4）夜间高处作业：室外完全采用人工照明时进行的高处作业。

5）带电高处作业：在接近或接触带电体条件下进行的高处作业。

6）悬空高处作业：在无立足点或无牢靠立足点的条件下进行的高处作业。

7）抢救高处作业：对突然发生的各种灾害事故进行抢救的高处作业。

8）强风高处作业：阵风风力六级（风速 10.8m/s）以上的情况下进行的高处作业。

2.3.3 高处作业的标记

（1）高处作业的分级，以级别、类别和种类做标记。

（2）一般高处作业做标记时，写明级别和种类。

（3）特殊高处作业做标记时，写明级别和类别，种类可省略不写。

2.4 常见高处作业安全隐患及要求

常见高处作业安全隐患及要求如图 2-1～图 2-17 所示。

脚手架安装 / 拆卸人员未系挂安全带

《建筑施工高处作业安全技术规范》JGJ 80—2016 第 3.0.5 条：高处作业人员应根据作业的实际情况配备相应的高处作业安全防护用品，并应按规定正确佩戴和使用相应的安全防护用品、用具

图 2-1　常见高处作业安全隐患及要求（1）

脚手架护栏立杆未按要求安装

《建筑施工高处作业安全技术规范》JGJ 80—2016 第4.3.4条：防护栏杆的立杆和横杆的设置、固定及连接，应确保防护栏杆在上下横杆和立杆任何部位处，均能承受任何方向1kN的外力作用。当栏杆所处位置有发生人群拥挤、物件碰撞等可能时，应加大横杆截面或加密立杆间距

图 2-2　常见高处作业安全隐患及要求（2）

模板安装人员未系挂安全带

《建筑施工安全检查标准》JGJ 59—2011 第3.13.3.3条：高处作业人员应按规定系挂安全带；安全带的系挂应符合规范要求

图 2-3　常见高处作业安全隐患及要求（3）

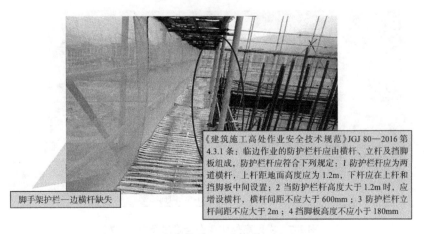

脚手架护栏一边横杆缺失

《建筑施工高处作业安全技术规范》JGJ 80—2016 第4.3.1条：临边作业的防护栏杆应由横杆、立杆及挡脚板组成，防护栏杆应符合下列规定：1 防护栏杆应为两道横杆，上杆距地面高度应为1.2m，下杆应在上杆和挡脚板中间设置；2 当防护栏杆高度大于1.2m时，应增设横杆，横杆间距不应大于600mm；3 防护栏杆立杆间距不应大于2m；4 挡脚板高度不应小于180mm

图 2-4　常见高处作业安全隐患及要求（4）

《坠落防护装备安全使用规范》GB/T 23468—2009 第 4.1.1 条：在距坠落高度基准面 2m 及 2m 以上，有发生坠落危险的场所作业，对个人进行坠落防护时，应使用坠落悬挂安全带或区域限制安全带

钢筋工高处作业未系挂安全带

图 2-5　常见高处作业安全隐患及要求（5）

《建筑施工安全检查标准》JGJ 59—2011 第 3.3.3.2.2 条：架体应在距立杆底端高度不大于 200mm 处设置纵、横向扫地杆，并应用直角扣件固定在立杆上，横向扫地杆应设置在纵向扫地杆的下方

脚手架扫地杆缺失

图 2-6　常见高处作业安全隐患及要求（6）

《建筑施工扣件式钢管脚手架安全技术规范》JGJ 130—2011 第 6.3.2 条：脚手架必须设置纵、横向扫地杆。纵向扫地杆应采用直角扣件固定在距底座上皮不大于 200mm 处的立杆上。横向扫地杆应采用直角扣件固定在紧靠纵向扫地杆下方的立杆上

脚手架横向扫地杆缺失

图 2-7　常见高处作业安全隐患及要求（7）

《建筑施工高处作业安全技术规范》JGJ 80—2016 第 4.2.1.4 条：洞口作业时，应采取防坠落措施，并应符合下列规定：1 当竖向洞口短边边长小于 500mm 时，应采取封堵措施；当垂直洞口短边边长大于或大于 500mm 时，应在临空一侧设置高度不小于 1.2m 的防护栏杆，并应采用密目式安全立网或工具式栏板封闭，设置挡脚板；2 当非竖向洞口短边边长为 25～500mm 时，应采用承载力满足使用要求的盖板覆盖，盖板四周搁置应均衡，且应防止盖板移位；3 当非竖向洞口短边边长为 500～1500mm 时，应采用盖板覆盖或防护栏杆等措施，并应固定牢固；4 当非竖向洞口短边边长大于或等于 1500mm 时，应在洞口作业侧设置高度不小于 1.2m 的防护栏杆，洞口应采用安全平网封闭

楼层洞口未做防护

图 2-8　常见高处作业安全隐患及要求（8）

洞口盖板承重能力不足

《建筑施工高处作业安全技术规范》JGJ 80—2016 第 4.2.4 条：洞口盖板应能承受不小于 1kN 的集中荷载和不小于 2kN/m² 的均布荷载，有特殊要求的盖板应另行设计

图 2-9　常见高处作业安全隐患及要求（9）

洞口搭设的栏杆不牢靠

《建筑施工安全检查标准》JGJ 59—2011 第 3.13.3-5 条：洞口防护
1）在建工程的预留洞口、楼梯口、电梯井口等孔洞应采取防护措施；
2）防护措施、设施应符合规范要求；
3）防护设施宜定型化、工具式；
4）电梯井内每隔二层且不大于 10m 应设置安全平网防护

图 2-10　常见高处作业安全隐患及要求（10）

站在立柱模板支撑架上

《建筑施工模板安全技术规范》JGJ 162—2008 第 6.1.4 条：拼装高度为 2m 以上的竖向模板，不得站在下层模板上拼装上层模板。安装过程中应设置临时固定设施

图 2-11　常见高处作业安全隐患及要求（11）

身体侧向使用梯子

《便携式木梯安全要求》GB 7059—2007 第 7.2.6 条：便携梯子不允许用来侧向承载，应保持身体靠近梯子工作

图 2-12　常见高处作业安全隐患及要求（12）

脚手架杆件变形

《建筑施工安全检查标准》JGJ 59—2011 第 3.5.4-2 条：2）钢管不应有严重的弯曲、变形、锈蚀

图 2-13　常见高处作业安全隐患及要求（13）

建设各方主体事故责任及风险规避

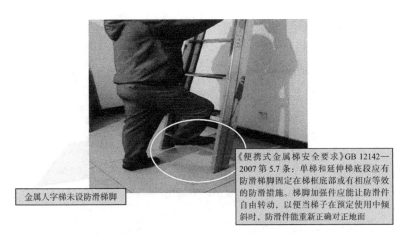

金属人字梯未设防滑梯脚

《便携式金属梯安全要求》GB 12142—2007 第 5.7 条：单梯和延伸梯底段应有防滑梯脚固定在梯框底部或有相应等效的防滑措施。梯脚加强件应能让防滑件自由转动，以便当梯子在预定使用中倾斜时，防滑件能重新正确对正地面

图 2-14　常见高处作业安全隐患及要求（14）

高处作业未搭设可靠作业平台

《建筑施工高处作业安全技术规范》JGJ 80—2016 第 3.0.2 条：高处作业施工前，应按类别对安全防护设施进行检查、验收，验收合格后方可进行作业，并应做验收记录。验收可分层或分阶段进行

图 2-15　常见高处作业安全隐患及要求（15）

活动脚手架未搭设防护栏杆

《建筑施工安全检查标准》JGJ 59—2011 第 3.3.3-5 条：3）作业层应按规范要求设置防护栏杆

图 2-16　常见高处作业安全隐患及要求（16）

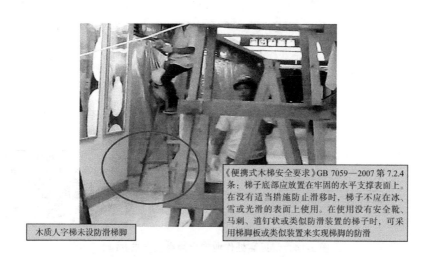

《便携式木梯安全要求》GB 7059—2007 第 7.2.4 条：梯子底部应放置在牢固的水平支撑表面上。在没有适当措施防止滑移时，梯子不应在冰、雪或光滑的表面上使用。在使用没有安全靴、马刺、道钉状或类似防滑装置的梯子时，可采用梯脚板或类似装置来实现梯脚的防滑

木质人字梯未设防滑梯脚

图 2-17　常见高处作业安全隐患及要求（17）

2.5　西双版纳一在建小区"1·9"高处坠落事故

2019 年 1 月 9 日 9 时 45 分许，西双版纳一在建项目发生一起高处坠落事故，事故导致 2 人死亡，1 人受伤，造成直接经济损失 268.4 万元。

经认定，这是一起一般生产安全责任事故。

2.5.1　项目概况

该项目建设规模 77062.22m²，总投资 19839.38 万元，框剪结构，地下 2 层、地上 26 层，桩筏基础。

2.5.2　事故发生经过

2019 年 1 月 9 日 10 时 5 分许，施工单位架子工带班组长刘某（伤者）带领两名工人对 9 号楼 13 层 9-B、9-C 单元夹缝之间进行脚手架拆除作业，在进行脚手架拆除作业时刘某（伤者）及其他两名工人直接先行拆除与主体固定连接点，外脚手架整体未能形成有效搭接，架体下部未进行加固处理且底部部分悬空，致使外脚手架整体发生失稳，导致脚手架倾倒，三名作业人员从作业处坠落，一人坠落至 5 楼挑檐处，另外两人坠落至地面 1 层，高处散落的脚手架钢管掉落至地面，其中四根钢管击中施工围墙外停放的一辆轿车，导致该车受损，事故发生后现场工人立即拨打了 120 急救电话，120 急救中心医务人员赶到后立即对三名工人进行了急救，刘某重伤，其他两名工人经抢救无效死亡。

2.5.3 事故的直接原因

架子工刘某等三名工人在对 9 号楼 13 层 9-B、9-C 单元夹缝之间进行脚手架拆除作业时，未按脚手架拆除规范进行拆除作业，拆除顺序不合理，违规先行拆除与主体固定连接点，脚手架整体未能形成有效搭接，架体下部未进行加固处理且底部部分悬空，从而使外脚手架整体失稳导致脚手架倾倒，三名作业人员从作业处坠落，一人坠落至 5 楼挑檐处，另外两人坠落至地面 1 层，导致事故发生。

2.5.4 事故的间接原因

（1）施工单位，未严格履行项目安全管理职责，安全生产主体责任落实不到位，负有安全监管职责人员尽职不到位，现场管理混乱，未对从业人员进行全面的安全生产教育培训，外脚手架方案编制及审核不符合规范要求，施工现场外脚手架拆除作业时未进行安全技术交底。

（2）监理单位，未按照监理规范强制要求认真审核施工单位脚手架专项施工方案，施工单位脚手架专项施工方案编制不具有指导性；在施工单位未按照脚手架专项施工方案进行脚手架拆除作业时，未按照监理规范及监理规划要求及时制止施工单位违规行为，督促施工单位停工进行整改；在施工现场进入新的施工阶段时，监理单位未及时督促施工单位按照规范及行业主管部门文件要求开展安全生产教育、安全技术交底工作。

2.5.5 施工单位责任认定及处理意见

（1）施工单位，未严格履行项目安全管理职责，安全生产主体责任落实不到位，负有安全监管职责人员尽职不到位，现场管理混乱，未对从业人员进行全面的安全生产教育培训，外脚手架方案编制及审核不符合规范要求，施工现场外脚手架拆除作业时未进行安全技术交底。对事故发生负有直接管理责任。违反《中华人民共和国安全生产法》第二十二条第二项、第三项、第五项、第六项、第七项规定，建议依据《中华人民共和国安全生产法》第一百零九条第一项，给予施工单位 40 万元人民币行政处罚。

（2）施工单位项目负责人，在公司经营活动中未履行企业安全生产主体责任，未严格落实安全生产管理职责、任务、措施和督促、检查、消除生产安全事故隐患，对事故发生负有领导和监督不到位的主要管理责任。违反了《中华人民共和国安全生产法》第十八条第一项、第二项、第五项、第六项、第七项规定，建议依据《中华人民共和国安全生产法》第一百零九条第一项规定，给予施工单位项目负责人 3.6 万元人民币行政处罚。

（3）工人刘某等三名工人在对 9 号楼 13 层 9-B、9-C 单元夹缝之间进行脚手架拆除作业时，未按脚手架拆除规范进行拆除作业，拆除顺序不合理，违规先行拆除与主体固定连接点，脚手架整体未能形成有效搭接，架体下部未进行加固处理且底部部分悬空，从而使外脚手架整体失稳导致脚手架倾倒。刘某等三名工人对事故的发生负有直接责任。违反《中华人民共和国安全生产法》第五十四条的相关规定。依据《中华人民共和国安全生产法》第一百零四条规定，由生产经营单位给予工人刘某批评教育，依照有关规章制度给予处罚。其他两名工人已经死亡，免于责任追究。

2.5.6 监理单位责任认定及处理意见

（1）监理单位，未按照监理规范强制要求认真审核施工单位脚手架专项施工方案，施工单位脚手架专项施工方案编制不具有指导性；在施工单位未按照脚手架专项施工方案进行脚手架拆除作业时，未按照监理规范及监理规划要求及时制止施工单位违规行为，督促施工单位停工进行整改；在施工现场进入新的施工阶段时，监理单位未及时督促施工单位按照规范及行业主管部门文件要求开展安全生产教育、安全技术交底工作。对事故发生负有主要管理责任，违反《中华人民共和国安全生产法》第四条规定。建议依据《中华人民共和国安全生产法》第一百零九条第一项，给予监理单位 40 万元人民币行政处罚。

（2）总监理工程师，组织开展安全生产学习教育不经常，履行安全生产工作职责缺位，落实有关安全生产法律法规、政策制度不力，督促、检查安全生产工作不到位，未履行企业安全生产管理第一责任人职责，对事故发生负有领导责任，违反了《中华人民共和国安全生产法》第十八条第一项、第二项、第五项、第六项、第七项规定，建议依据《中华人民共和国安全生产法》第九十二条第一项规定，给予总监理工程师 1.8 万元人民币的行政处罚。

2.5.7 防范建议

（1）严格遵守操作规程。同时建立健全安全管理规章制度和操作规程，完善内部管理体系，每个作业岗位都要有相应的安全防范措施；组织制定生产安全事故报告制度和编制应急救援预案；建立健全事故隐患排查治理和建档监控制度，并落实到主要负责人和每个从业人员中。

（2）加强现场安全监管力度。生产经营单位及相关主管部门应当定期组织安全生产管理人员、工程技术人员及相关人员对施工现场的安全监管力度，及时有效地制止和纠正违反操作规程的行为，认真检查和排查，消除各类事故隐患，为生产经营提供安全的作业环境。在有高空障碍物时，必须有熟练的操作人员谨慎操作，同时不得在有高空危险物体（如高压电线等）的附近操作臂架，防止安全事故的发生。加强对从业人员的安全生产教育和培训。要制定员工安全教育、培训计划，严格遵守特种作业人员、安全管理人员持证上岗的规定，落实安全培训规定，保证从业人员具备必需的安全生产知识，熟悉有关的安全生产规章制度和安全操作规程，掌握本岗位的安全操作技能，正确佩戴劳动防护用品，增强自身的事故预防和应急处理能力。

2.6 潜山县乔公馆"6·17"高处坠落事故

2019 年 6 月 17 日 15 时 59 分，潜山县乔公馆建设工地现场发生一起高坠事故，造成 1 人死亡。

经认定：这是一起因卸料平台搭设不规范，安全防护不到位，操作人员安全意识不强，施工现场安全管理不到位，行业主管部门监管不力而引发的一般性建筑施工安全责任事故。

2.6.1 工程概况

该工程总占地面积 8739.75m²，总建筑面积为 21363.58m²，地下 1 层、地上 16 层，框剪结构。该工程于 2018 年 9 月 20 日从潜山县住房和城乡建设局取得施工许可证。

2.6.2 事故发生经过

2019 年 6 月 17 日下午，木工班组进行该工程 2 号楼 15 层拆除模板后的水平运输工作。16 时左右，木工工人在位于 A-C 轴和 ⑯ – ⑲ 轴区域将楼层模板运至框架外的卸料平台后返回楼层，当行至楼层框架边梁与卸料平台间时，在宽 80cm 左右的洞口搁置木楞和模板上打滑踩翘模板，该木工从 42m 高洞口坠落至地下室钢筋混凝土顶板，经抢救无效死亡。

2.6.3 事故直接原因

（1）安全通道存在隐患，楼层框架边梁与卸料平台间搁置木楞和模板未固定。

（2）安全防护措施不到位，洞口下方未挂安全平网。

（3）木工安全意识不强，在料台洞口未固定的木楞和模板上运模板返回行走，打滑踩翘模板，从 42m 高洞口坠落至地下室钢筋混凝土顶板死亡。

2.6.4 事故间接原因

（1）施工安全管理不到位，"三宝、四口、五临边"施工方案未得到落实。安全设施的检查和验收不到位，隐患检查不全面，现场存在隐患整改落实不到位。安全教育和技术交底无洞口防护具体措施和岗位作业安全设施条件确认内容，安全教育记录未见死者林某签字。施工项目的安全教育和隐患排查整改流于形式。

（2）监理针对性监督检查整改不力，安全设施的验收不到位。监理对卸料平台搭设不规范、卸料平台下方安全网缺失的现象未及时发现和督促整改，监理的隐患排查整改流于形式。

（3）建设单位对项目安全生产管理不足，对安全设施的检查和整改督促存在缺失，未体现项目总组织者安全管理有效作用。建设单位的安全管理主体责任落实流于形式。

（4）行业监管责任履行不力。潜山县住建局未能有效督促下属单位履行安全生产监督管理职责，潜山县建设工程安全监督管理站未及时组织对事故工地隐患整改情况进行现场验收，隐患整改闭环管理制度流于形式。

2.6.5 施工单位责任认定及处理意见

（1）施工单位，该公司对项目施工现场安全管理不到位。其行为违反了《建设工程安全生产管理条例》第二十四条规定，对该起事故的发生负有管理责任。依据《中华人民共和国安全生产法》第一百零九条第一项规定，建议应急局对其处以 30 万元罚款。

（2）施工单位总经理，履行生产经营单位主要负责人安全生产责任不到位，其行为违反了《中华人民共和国安全生产法》第十八条第五项规定，对事故发生负有管理责任。依据《中华人民共和国安全生产法》第九十二条第一项规定，建议应急局对其处以 2018 年其本人年收入 30% 的罚款。

（3）项目经理，该项目安全生产主要负责人，履行安全生产管理责任不到位，对现场安全管理不到位，特别是对 5 月 28 日、6 月 4 日有关部门下发的《安全隐患排查告知书》《检查整改通知书》涉及隐患及同类隐患督促整改不力，对事故发生负有重要管理责任。涉嫌刑事犯罪，建议移送司法机关依法追究刑事责任。

（4）施工单位安全员，对施工现场安全隐患未能及时发现和处理，其行为违反了《建设工程安全生产管理条例》第二十三条第二项规定，对事故发生负有一定的管理责任。依据《安全生产违法行为行政处罚办法》第四十五条规定，建议应急局对其处以 9000 元罚款。

2.6.6 监理单位责任认定及处理意见

（1）监理单位，该单位在承担该工程施工监理过程中，对施工单位及施工人员违规违章行为检查处理不力，未依照法律、法规和工程建设强制性标准实施监理，其行为违反了《建设工程安全生产管理条例》第十四条规定，对该起事故的发生负有监理责任。依据《中华人民共和国安全生产法》第一百零九条第一项规定，建议应急局对其处以 25 万元罚款。

（2）总监理工程师，对该项目日常安全监管不力，未能认真履行总监职责，其行为违反了《建设工程安全生产管理条例》第十四条第二项规定，对事故的发生负有监理责任，依据《安全生产违法行为行政处罚办法》第四十五条规定，建议应急局对其处以 9000 元罚款。

（3）现场监理员，未能认真履行监理职责，对施工现场存在的安全隐患督促整改不力，特别是对 5 月 28 日、6 月 4 日有关部门下发的《安全隐患排查告知书》《检查整改通知书》涉及隐患及同类隐患督促整改不力，对事故的发生负有监理责任。涉嫌刑事犯罪，建议移送司法机关依法追究刑事责任。

2.6.7 建设单位责任认定及处理意见

建设单位，该公司对总包单位和监理单位履行职责统一协调管理不到位，其行为违反了《中华人民共和国安全生产法》第三十八条规定，对该起事故的发生负有管理责任，依据《中华人民共和国安全生产法》第一百零九条第一项规定，建议应急局对其处以 30 万元罚款。

2.6.8 政府相关部门责任认定及处理意见

（1）要深刻汲取本次事故教训，认真履行属地安全管理责任。积极督促住建等建设工程领域行业主管部门履行安全监管职责，开展建设工程领域安全生产大检查和隐患排查治理专项行动，从源头上遏制建设工程领域事故多发频发的势头。

（2）市住建局要认真履行行业安全监管责任，依法监督建筑施工单位按照《中华人民共和国安全生产法》《建设工程安全生产管理条例》等法律法规，落实企业主体责任，加强施工现场安全管理，加强对从业人员的安全教育培训，建立健全各项安全生产制度。加大建筑施工安全生产执法检查力度，严肃查处未批先建、违章指挥、违规操作、违反劳动纪律等行为。

（3）各建设工程领域主管部门要以"6·17"事故为鉴，深入查找本行业领域内形式主义官僚主义问题，杜绝安全生产履行职责不担当、隐患排查治理不彻底、专项整治走过场、执法处罚不严格等问题。

2.7 河南郑州航空港区"8·3"高处坠落事故

2019年8月3日21时40分左右，在郑州航空港区城际应急工程D4双线特大桥9号门式墩发生一起高处坠落事故，造成3人死亡。

经调查认定，"8·3"高处坠落事故是一起生产安全责任较大事故。

2.7.1 项目概况

D4双线特大桥在郑州南城际动车基地动车走行线设计范围内，包含1～57号墩及桥台，总长度1956.56km。

2.7.2 事故发生经过

2019年8月3日下午，在郑州南站城际铁路应急工程双线特大桥9号门式墩施工作业现场，现场劳务负责人刘某组织班组长周某和农民工赵某甲，赵某乙，在司机姜某、丁某分别操作的两台汽车起重机的配合下，进行9号门式墩预应力筋锚固端封锚施工作业。

2019年8月3日下午，现场劳务负责人刘某和班组长周某，打电话临时从工地外面找来农民工赵某甲，赵某乙，同时找来汽车起重机司机姜某和丁某，安排他们到9号门式墩进行施工作业。16时许，姜某驾驶汽车起重机到达9号门式墩北侧。不久，丁某驾驶汽车起重机到达9号门式墩南侧。周某依次指挥两车车头朝西、车尾朝东停好并支车，安排赵某甲、赵某乙进入一个由钢管、扣件和木模板临时组装成的简易吊篮，同时在简易吊篮内放入振动棒及电机、灰桶、灰铲等施工工具。周某指挥姜某用汽车起重机副钩通过四根吊带将简易吊篮吊运至9号门式墩东侧上部约22m高处，进行预应力筋锚固端混凝土封锚施工作业，随后，刘某和周某安排丁某操作汽车起重机用料筒把周某吊运至9号门式墩盖梁顶部，开始作业。此时运送混凝土的罐车已到达现场。刘某操作混凝土罐车卸料手柄往料筒中卸放混凝土，然后丁某操作汽车起重机用料斗吊运混凝土至9号门式墩盖梁顶部，周某用铁锹把混凝土铲送至简易吊篮内的灰桶中，赵某甲、赵某乙进行封锚作业。作业持续到21时许，刘某指挥丁某收车，而后丁某开始清理散落在汽车起重机玻璃上的灰浆。21时40分许，周某指挥姜某准备落钩，姜某启动汽车起重机，在尚未进行下一步操作时，周某从9号门式墩盖梁顶部跳入简易吊篮中，致使简易吊篮受冲击载荷破坏散架坠落。周某、赵某甲、赵某乙三人随之坠落至地面，周某当场死亡，赵某甲在送医途中死亡，赵某乙在医院经抢救无效于当日死亡。

2.7.3 事故直接原因

（1）劳务班组长周某从9号门式墩盖梁顶部跳入临时简易吊篮，致使简易吊篮受冲击载荷破坏散架坠落。

（2）现场劳务负责人刘某、班组长周某违规指挥汽车起重机司机和作业工人冒险作业。

（3）司机姜某违章操作汽车起重机吊挂临时简易吊篮载人作业。作业工人赵某甲、赵某乙违规使用临时简易吊篮从事高空作业，且未正确使用安全带。

2.7.4 事故间接原因

（1）现场施工人员使用钢管、扣件临时组装的简易吊篮，无任何安全防护装置，存在结构性缺陷，未验算吊篮的承载能力和稳定性，不具备高空乘人作业的基本安全要求；吊带穿绕在简易吊篮上部立杆钢管上，处于不利的受力状况；作业部位下方无任何防坠落安全防护设施；施工作业至夜间，现场无充足照明、视线严重不良，不具备高空作业条件。

（2）施工单位，执行安全生产责任制度不严格，对施工项目部安全生产责任制落实、安全生产保证体系运行缺乏有效管理；未检查发现施工项目部安全生产保证体系运行存在严重漏洞和安全生产管理制度未能严格执行问题；对封锚施工作业管理不严；作业工人赵某甲、赵某乙于事发当天进场，未进行安全教育和安全技术交底；汽车起重机司机姜某、丁某，未进行安全交底；对进场汽车起重机、钢管和扣件材料缺乏有效验收管理；未严格审查、发现劳务公司违法出借劳务资质和现场劳务负责人违法挂靠资质承揽工程施工问题。

危大工程未严格按专项施工方案要求施工，拆除支架后进行封锚施工作业未采取安全技术措施；施工项目部未实施危大工程封锚施工高空作业现场指导，盯控、检查，监督；未及时发现制止汽车起重机吊挂简易吊篮载人作业和吊运人员及施工人员未正确使用安全带、夜间冒险高空作业等严重违章行为。

（3）劳务公司和现场劳务负责人，劳务公司违法出借劳务资质，对施工项目现场未进行实质管理。现场劳务负责人违法挂靠资质承揽工程施工，不具备安全生产管理能力，未建立安全生产管理体系；未配备技术、质量、安全相关管理人员，对作业人员安全管理不到位未进行安全教育、培训和交底；对已知的安全风险认识不足，未按相关专项方案、技术交底、安全交底实施危大工程高空施工作业；当作业方法、施工措施改变后未履行相关审批手续，在无法保证安全的情况下擅自冒险指挥工人进行高空作业；用工不规范，未按要求与从业人员签订劳动合同；作业现场未配备持证指挥、司索特种作业人员。

（4）监理单位，安全监理职责未严格落实。对劳务公司违法出借劳务资质和现场劳务负责人违法挂靠资质承揽工程施工行为未严格监理；当发现施工单位未按照专项施工方案施工时，未按相关规定落实监理职责；对施工单位安全生产教育、安全技术交底、特种作业人员作业审查不严格；对进场材料，设备验收审查不严格；对施工单位安全生产责任制落实、安全生产保证体系运行未尽职监理；在已知门式墩施工支架和防护拆除情况下未要求施工单位编制封锚施工专项方案和安全防护措施。

（5）建设单位工程建设指挥部，工程发承包未依法实施招投标，对项目部、监理部施工管理中出现的多处安全漏洞未引起足够重视，对施工单位未严格执行安全生产管理制度问题失察，对施工单位改变危大工程施工方案施工监管缺失。

（6）铁路质量监督站，在工程监督过程中，未发现劳务公司违法出借劳务资质和现场劳务负责人违法挂靠资质承揽工程施工的行为；未发现施工单位擅自改变危大工程施工方案进行施工的行为；未督促施工单位、监理单位严格执行安全生产责任制度；未要求施工单位做好安全技术交底和安全教育工作。

（7）施工单位，公司安全生产保证体系运行存在漏洞，项目部安全生产管理制度未严格执行，未按法规和公司制度对下属公司和施工项目严格管理，对施工项目安全施工检查和管理不力，对危大工程施工管理和安全管理混乱问题失察。

（8）建设单位，未严格执行安全生产管理办法，对施工单位安全生产管理和违规违章施工问题监督检查不力，对监理单位履职疏于管理，对代建单位工程管理监督不力。

2.7.5 施工单位责任认定及处理意见

（1）施工单位，未依法履行施工单位安全生产主体责任；未严格执行安全生产责任制度，对项目部安全生产责任制落实、安全生产保证体系运行缺乏有效监管；未检查发现项目部安全生产保证体系运行存在严重漏洞和安全生产管理制度未能严格执行问题；未对进场作业工人进行安全教育和安全技术交底；未在有较大的危险因素的施工现场设置明显的安全警示标志；未严格按危大工程专项施工方案要求施工；未对危大工程封锚施工高空作业实施现场指导、盯控、检查、监督；未严格审查劳务施工队伍资质和相关人员投标真伪，致使出现劳务公司出借资质和现场劳务负责人挂靠资质施工问题，劳务施工安全管理缺失，现场违规指挥、违章操作，导致较大伤亡事故发生，对事故发生负有主要责任。依据《中华人民共和国安全生产法》第一百零九条第二项和《生产安全事故罚款处罚规定》（试行）第十五条第一项规定，建议由应急管理部门对其处以60万元罚款的行政处罚。

（2）刘某，施工单位总经理。未依法履行安全生产管理职责；未严格落实安全生产教育和培训计划；未严格督促检查安全生产工作；未及时消除生产安全事故隐患，对项目部严格执行安全生产规章制度和操作规程督导不力。对事故发生负有主要责任，依据《中华人民共和国安全生产法》第九十条第二项规定，建议由应急管理部门对其处以2018年年收入40%的罚款的行政处罚。

（3）陈某，施工单位副总经理。负责公司施工生产、安全质量管理工作。未依法履行安全生产管理职责；未严格督促检查项目安全生产工作；未及时消除施工现场生产安全事故隐患，对项目部严格执行安全生产规章制度和操作规程督导不力。对事故发生负有重要责任。依据《中国共产党纪律处分条例》第一百二十一条规定，建议由施工单位给予陈某同志党内警告处分，处理结果报应急局备案。

（4）何某，施工单位安质部部长。未依法履行安全生产管理职责，未严格检查项目安全生产状况，未及时排查发现施工现场存在的生产安全事故隐患，未及时发现制止和纠正施工现场存在的违规指挥、违章冒险无证高空作业等行为。对事故发生负有重要责任，依据《中华人民共和国安全生产法》第九十三条和《生产安全事故报告和调查处理条例》第四十条第一项规定，建议由建设行政主管部门责令其改正，撤销其安全生产考核证书。

（5）郭某，施工单位安质部副部长。分管质量安全管理工作。未依法履行安全生产管理职责，未严格检查项目安全生产状况，未及时排查发现施工现场存在的生产安全事故隐患，未及时发现、制止和纠正施工现场存在的违规指挥、违章冒险无证高空作业等行为。对事故发生负有重要责任。依据《中华人民共和国安全生产法》第九十三条和《生产安全事故报告和调查处理条例》第四十条第一项规定，建议由建设行政主管部门责令其改正，撤销其安全生产考核证书。

（6）刘某，施工单位项目部安质部安全员。负责该项目桥梁工区安全管理工作。未依法履行安全生产管理职责，未及时发现施工现场存在的生产安全事故隐患；未严格对危大工程施工实施监督、盯控，未及时发现、制止和纠正施工现场存在的违规指挥、违章冒险无证高空作业等行为。对事故发生负有重要责任，依据《中华人民共和国安全生产法》第九十三条和《生产安全事故报告和调查处理条例》第四十条第一项规定，建议由建设行政主管部门责令其改正，撤销其安全生产考核证书。

（7）邹某，施工单位项目部经理，对项目质量安全负全责。未取得相应的执业资格证书；未依法履行安全生产管理职能；未严格落实项目安全责任制和安全规章制度；未严格审查劳务施工队伍资质和相关人员授权真伪，致使出现劳务公司违法出借劳务资质和现场劳务负责人违法挂靠资质承揽工程施工问题，实质上将工程分包给了不具备安全生产条件的个人；未严格组织实施危大工程专项施工方案，对事故发生负有重要责任。依据《中华人民共和国安全生产法》第一百条第一项规定，建议由应急管理部门责令其改正，对其处于2万元罚款的行政处罚，并责令施工单位撤换项目经理。

（8）王某，施工单位项目部副经理。负责该项目桥梁工区质量安全管理工作。未依法履行安全生产管理职责，未严格落实项目安全责任制、安全规章制度和操作规程，未严格组织实施危大工程专项施工方案，未及时发现、制止和纠正施工现场存在的违规指挥、违章冒险无证高空作业等行为。对事故发生负有重要责任。依据《中华人民共和国安全生产法》第九十三条和《生产安全事故报告和调查处理条例》第四十条第一项规定，建议由建设行政主管部门责令其改正，撤销其安全生产考核证书。

（9）王某，施工单位项目部经理。未依法履行安全生产管理职责；未严格落实项目安全责任制、安全规章制度和操作规程；未督促下属公司项目部严格组织实施危大工程专项施工方案；未及时检查发现、制止和纠正施工现场存在的违规指挥、违章冒险无证高空作业等行为。对事故发生负有重要责任。依据《中华人民共和国安全生产法》第九十三条和《生产安全事故报告和调查处理条例》第四十条第一项规定，建议由建设行政主管部门责令其改正，撤销其安全生产考核证书。

（10）闫某，施工单位项目部工经部副部长。未依法履行安全生产管理职责；未严格审查劳务施工队伍资质和相关人员授权真伪，致使出现劳务公司出借资质和现场劳务负责人挂靠资质承揽工程施工问题。对事故发生负有管理责任，建议由施工单位按照公司相关管理规定进行处理，处理结果报应急局备案。

（11）马某，施工单位项目部工经部部长。未依法履行安全生产管理职责未严格审查劳务施工队伍资质和相关人员授权真伪，致使出现劳务公司出借资质和现场劳务负责人挂靠资质承揽工程施工问题。对事故发生负有管理责任，建议由施工单位按照公司相关管理规定进行处理，处理结果报应急局备案。

2.7.6 劳务分包单位责任认定及处理意见

（1）劳务公司，违法出借劳务资质，对施工项目现场未进行实质管理，致使现场劳务负责人违法挂靠资质承揽工程施工，不具备安全生产管理能力；未建立安全生产管理体系；未配备安全生产管理人员；未对作业工人进行安全教育、培训和交底，在无法保证安全的情况下擅自违规指挥工人冒险高空作业，导致较大伤亡事故发生。对事故发生负有重要责任，依据《中华人民共和国建筑法》第六十六条，《生产安全事故报告和调查处理条例》第四十条第一项和《安全生产许可证条例》第十四条第二项规定，建议由建设行政主管部门给予其吊销劳务资质证书和安全生产许可证的行政处罚。

（2）杨某，劳务公司法定代表人。未依法履行安全生产管理职责，违法出借公司劳务资质，向与公司没有隶属关系的人员实施授权委托，致使不具备安全生产管理能力的现场劳务负责人违法挂靠资质承揽工程施工，在未建立安全生产管理体系和无法保证安全的情况下擅自违规指挥工人冒险高空作业，导致较大伤亡事故发生。对事故发生负有重要责任。依据《建筑施工企业主要负责人项目负责人和专职安全生产管理人员安全生产管理规定》第三十二条第二项规定，建议由建设行政主管部门对其处以2万元罚款的行政处罚，且5年内不得担任建筑施工企业的主要负责人。

（3）刘某，现场劳务负责人。违法挂靠劳务资质承揽工程施工，未依法履行安全生产法定职责，不具备安全生产管理能力；未配备安全生产管理人员，违规指挥工人冒险高空作业，违规指挥汽车起重机司机违章操作吊挂料筒载人登高作业，导致较大伤亡事故发生，对事故的发生负有直接责任。根据《中华人民共和国刑事诉讼法》第八十二条规定，对其执行拘留。根据《中华人民共和国刑事诉讼法》第八十条规定，以涉嫌重大责任事故罪对其执行逮捕。

（4）姜某，汽车起重机司机。违章操作汽车起重机吊挂简易吊篮载人冒险高空作业，导致较大伤亡事故发生。对事故的发生负有直接责任。根据《中华人民共和国刑事诉讼法》第八十二条规定，对其执行拘留。根据《中华人民共和国刑事诉讼法》第八十条规定，以涉嫌重大责任事故罪对其执行逮捕。

2.7.7 监理单位责任认定及处理意见

（1）监理公司，未依法履行监理单位安全生产主体责任；未严格对施工组织设计（方案）和安全技术措施执行情况进行监督检查；未及时检查发现施工现场存在的违规指挥、违章操作重大安全隐患，并要求其停工整改；在已知门式墩施工支架和防护拆除情况下未要求施工单位编制封锚施工专项方案和安全防护措施，且未对封锚施工进行旁站监理；未严格审核劳务公司资质和相关人员资格，未及时发现劳务公司出借资质和现场劳务负责人挂靠资质承揽工程施工问题。对事故发生负有重要责任。依据《建设工程安全生产管理条例》第五十七条规定，建议由建设行政主管部门责令其改正，对其处以 10 万元罚款的行政处罚。

（2）白某，监理单位副总经理。负责经营和安全生产工作。未依法履行安全生产管理职责，未严格督促项目监理部对施工组织设计（方案）和安全技术措施执行情况进行监督检查，未严格督促项目监理部及时检查发现、消除施工现场存在的违规指挥、违章操作重大安全隐患，未严格督促项目监理部对危大工程施工实施旁站监理。对事故发生负有重要责任。依据《中国共产党纪律处分条例》第一百二十条规定，建议由监理公司给予白某同志党内警告处分，处理结果报应急局备案。

（3）徐某，总监理工程师。未依法履行安全生产管理职责；未严格对施工组织设计（方案）和安全技术措施执行情况进行监督检查；未及时巡检，制止施工现场存在的未按专项施工方案施工和违规指挥、违章操作重大安全隐患；在已知门式墩施工支架和防护拆除情况下未要求施工单位编制封锚施工专项方案且未对封锚施工实施旁站监理；未严格审核劳务公司资质和相关人员资格；未及时发现劳务公司出借资质和现场劳务负责人挂靠资质承揽工程施工问题，对事故发生负有主要监理责任，依据《危险性较大的分部分项工程安全管理规定》第三十六条、第三十七条规定，建议由建设行政主管部门对其处以 5000 元罚款的行政处罚。

（4）苗某，安全监理工程师。未依法履行生产管理职责；未严格对施工组织设计（方案）和安全技术措施执行情况进行监督检查；未及时巡检、制止施工现场存在的未按专项施工方案施工和违规指挥、违章操作重大安全隐患；在已知门式墩施工支架和防护拆除情况下未要求施工单位编制封锚施工专项方案，且未对封锚施工实施旁站监理；未严格审核劳务公司资质和相关人员资格；未及时发现劳务公司出借资质和现场劳务负责人挂靠资质承揽工程施工问题。对事故发生负有监理责任。建议由监理公司按照公司相关管理规定进行处理，处理结果报应急局备案。

（5）庞某，专业监理工程师。未依法履行安全生产管理职责；未严格对施工组织设计（方案）和安全技术措施执行情况进行监督检查；未及时巡检、制止施工现场存在的未按专项施工方案施工和违规指挥、违章操作重大安全隐患；在已知门式墩施工支架和防护拆除情况下未要求施工单位编制封锚施工专项方案，且未对封锚施工实施旁站监理；未严格审核劳务公司资质和相关人员资格；未及时发现劳务公司出借资质和现场劳务负责人挂靠资质承揽工程施工问题。对事故发生负有监理责任，建议由监理公司按照公司相关管理规定进行处理，处理结果报应急局备案。

2.7.8 建设单位责任认定及处理意见

建设单位工程建设指挥部，未依法履行代建单位安全生产主体责任，未及时发现、纠正总承包单位、施工单位擅自改变危大工程施工方案进行施工的问题对事故发生负有管理责任。建议由建设单位依据相关规定进行处理，处理结果报应急局备案。

2.7.9 政府单位相关部门责任认定及处理意见

铁路质量监督总站，未依法履行质量监督单位安全生产主体责任；未发现劳务分包违法挂靠资质施工的行为；未发现施工单位改变危大工程施工方案施工问题；未督促施工单位、监理单位严格执行安全生产责任制严密的责任体系、严格的法制措施、有效的体制机制、有力的基础保障以及完善的系统治理，切实增强安全防范治理能力，全面提高安全管理水平。

2.7.10 事故防范措施建议

1. 建设有关各方要进一步增强安全生产红线意识

安全关乎国计民生，关乎国家和地方经济社会发展大局稳定。要牢固树立安全发展理念，坚守发展绝不能以牺牲人的生命为代价这条不可逾越的红线，坚持"安全第一、预防为主、综合治理"的方针，切实履行法定责任，依靠严密的责任体系、严格的法制措施、有效的体制机制、有力的基础保障以及完善的系统治理，切实增强安全防范治理能力，全面提高安全管理水平。

2. 安全重在管理，管理重在现场，现场重在落实

建设各参建主体要深刻吸取"8·3"较大高处坠落事故惨痛教训，强化施工作业现场安全管理职责的落实，切实履行企业安全生产主体责任。要加强对施工现场的安全管控，深入落实建设、代建、总包和施工、质量监督、监理等工程参建单位主体责任。要严格落实《危险性较大的分部分项工程安全管理规定》(住房城乡建设部令第37号)的要求，建立健全危大工程安全管控体系，并认真贯彻执行。要对作业现场各类违章违规行为采取"零容忍"的态度，加强安全管理的执行力，确保安全生产的各项工作落到实处。

（1）总承包和施工单位应建立健全安全生产管理体系，严格落实安全生产责任制、执行安全管理规章制度和安全操作规程，严格审查分包单位资质、人员资格，加强对违章操作行为的纠正查处，加强作业人员的安全教育和培训，切实执行安全技术交底制度，提高作业人员安全意识企业技术管理部门要从本质安全的角度进一步完善对施工方案的编制、审查及执行工作，确保现场具备安全作业条件才能安排作业，严格执行安全生产管理制度，加强危大工程施工管理现场管理人员要督促作业人员严格按照施工方案开展施工作业，对于现场实际施工条件与方案不符合的情况，要及时上报管理部门，坚决杜绝擅自修改施工方案的情况发生。企业管理人员要按照职责规定，认真开展对劳务分包单位的安全生产教育培训工作，并督促劳务分包单位落实对作业人员的安全生产教育培训工作，努力提高作业人员的自我保护意识，分包单位应建立健全施工组织，配备合格人员，做好安全生产教育培训工作，提高作业人员安全意识，严格执行安全技术交底制度。

（2）监理单位要按法规要求，严格监理，及时查处违章作业行为，消除施工存在的安全隐患。对施工单位安全生产责任制落实安全生产保证体系运行尽职监理。严格审查施工单位安全生产教育、安全技术交底、特种作业人员资格。严格

审查进场材料、设备验收。监督施工单位按照专项施工方案施工，在施工条件改变，原专项方案无法施工时，应及时向施工单位提出重新编制施工专项方案和采取可靠安全防护措施。

（3）代建单位要对监督单位、监理单位，施工单位检查中发现的安全隐患切实引起重视，督促施工单位、监理单位严格落实安全生产责任制和执行安全生产管理制度，严格按照施工组织设计和方案施工，特别要加强危大工程施工管理。

（4）质量监督单位要加强对施工、监理、建设方安全生产责任制落实管理体系运行的监管，切实履行质量安全监督职责严格查处不按方案施工、无方案施工和违章作业施工行为。对监管过程中发现的各参建方存在的各类违章违规行为，要及时采取各种有效措施予以制止；对发现的事故隐患，必须要求相关责任方落实整改措施，督促整改到位；对未能及时消除的事故隐患，要严格按照管理规定，及时通知有关责任单位和安全监管部门。

（5）建设单位应严格执行安全生产管理办法，要加大对施工过程的全过程管控，加强对总承包和施工单位安全生产管理工作的监督检查，严格查处违规违章施工。加强对监理单位履职监理的管理。加强对代建单位履职施工质量安全管理的监督问题在现场，原因在管理，根子在领导，这是企业安全生产工作最本源、最致命的问题。企业领导和管理层不作为、虚作为，就会导致安全生产工作在落实这个最关键环节出现问题，这是许多本可防止的事故屡屡发生的主要症结所在。所以，代建、总承包和施工、监理、质量监督等工程参建单位要认真反思，吸取事故教训，制定出可操作的、有针对性的整改措施并认真进行落实，避免类似事故再次发生。

2.8 高处坠落事故原因分析

根据事故致因理论，事故致因因素包括人的因素和物的因素两个主要方面，而人的因素又可细分为人的不安全行为和治理缺陷两个方面，物的因素又可细分为物的不安全状态和环境不良两个方面，故而对建筑施工高处坠落事故的原因分析也可从这几个方面来进行。

2.8.1 人的不安全行为方面的原因

（1）违章指挥、违章作业、违反劳动纪律的"三违"行为，主要表现为：①指派无登高架设作业操作资格的人员从事登高架设作业，比如项目经理指派无架子工操作证的人员搭拆脚手架即属违章指挥；②不具备高处作业资格（条件）的人员擅自从事高处作业，根据《建筑安装工人安全技术操纵规程》有关规定，从事高处作业的人员要定期体检，凡患高血压、心脏病、贫血病、癫痫病以及其他不适合从事高处作业的人员不得从事高处作业。然而在实际工作中，很多单位和个人并未遵守这一规定，造成一些事故的发生；③未经现场安全员同意擅自拆除安全防护设施，比如砌体作业班组在做楼层周边砌体作业时擅自拆除楼层周边防护栏杆即为违章作业；④不按规定的通道上下进出作业面，而是随意攀爬阳台、吊车臂架等非规定通道；⑤拆除脚手架、井字架、塔吊或模板支撑系统时无专人监护且未按规定设置足够的防护措施，很多高处坠落事故都是在这种情况下发生的；⑥高空作业时不按劳动纪律规定穿戴好个人劳动防护用品（安全帽、安全带、防滑鞋）等。

（2）人为操作失误，主要表现为：①在洞口、临边作业时因踩空、踩滑而坠落；②在转移作业地点时因没有及时系好安全带或安全带系挂不牢而坠落；③在安装建筑构件时，因作业人员配合失误而导致相关作业人员坠落。

（3）注意力不集中，主要表现为作业或行动前不留意观察四周的环境是否安全而轻率行动，譬如没有看到脚下的脚手板是探头板或已腐朽的板而踩上坠落造成伤害事故，或者误进危险部位而造成伤害事故。

2.8.2 管理缺陷方面的原因

（1）没有安全生产管理制度、安全生产操作规程或者有但不健全，目前好多改制放小的建筑施工企业存在这方面的问题，高处作业随意性强，没有任何章法可言，对于什么作业属高处作业，哪些人员能够从事高处作业，高处作业需留意哪些事项等都不是很清楚，没有给予高处作业特有的重视。

（2）未按《建筑施工高处作业安全技术规范》的规定在施工组织设计中编制高处作业的安全技术措施或者所编制的高处作业安全技术措施无可操作性，无法指导现场施工，这在一些施工企业中也相当普遍，由于这些施工企业的施工组织设计都是现场施工技术人员编制的，而相当一部分施工技术人员在心理上并没有将高处作业当成是一门技术，故而所编制的高处作业安全技术措施仅仅是一些笼统的、原则性的口号标语之类的东西，没有可操纵性，因其不能指导高处作业施工而流于形式。

（3）未按规范要求对高处作业实行逐级的安全技术教育及交底，且对教育及交底的执行情况不进行检查，造成现场施工人员对高处作业缺乏必要的知识及技

建设各方主体事故责任及风险规避

术手段，只能凭借作业者个人的技术水平来把握，风险较大。施工现场安全生产检查、整改不到位，表现为施工现场安全防护设施已损坏而没有及时修复，高处作业人员不按规定佩戴安全防护用品而无人管，高处作业人员不执行高处作业的措施无人监管治理等。

2.8.3 物的不安全状态方面的原因

（1）高处作业的安全防护设施的材质强度不够、安装不良、磨损老化等，主要表现为用作防护栏杆的钢管、扣件等材料因壁厚不足、腐蚀、扣件不合格而折断、变形失去防护作用。

（2）安全防护设施不合格、装置失灵而导致事故，主要表现为：

1）吊篮脚手架钢丝绳因摩擦、锈蚀而破断导致吊篮倾斜、坠落而引起人员坠落。

2）施工脚手板因强度不够而弯曲变形、折断等导致其上人员坠落。

3）因其他设施设备（手拉葫芦、电动葫芦等）破坏而导致相关人员坠落。

4）临边、洞口、操作平台周边的防护设施不合格。

5）整体提升脚手架、施工电梯等设施设备的防坠装置失灵而导致脚手架、施工电梯坠落。

（3）劳动防护用品缺陷，主要表现为高处作业人员的安全帽、安全带、安全绳、防滑鞋等用品因内在缺陷而破损、断裂、失去防滑功能等引起的高处坠落事故，有的单位贪图便宜，购买劳动防护用品时只认价格高低，而不管产品是否有生产许可证、产品合格证，导致工人所用的劳动防护用品本身质量就存在问题，根本起不到安全防护作用。

2.8.4 作业环境不良方面的原因

（1）露天活动作业使临边、洞口、作业平台等处的安全防护设施的自然腐蚀、人为损坏频率增加，隐患增加。

（2）特殊高处作业的存在使高处坠落的危险性增大，比如强风高处作业、异温高处作业、雪天高处作业、雨天高处作业、夜间高处作业等，都要求施工单位做出精密的组织，具体策划，认真交底，严格监视，这些特殊高处作业对施工企业来说是经常会碰到的，尤其是工程体量较大，施工周期较长的跨年度工程，这几种情况可能都会碰到。

2.9 高处坠落事故预防措施

高处坠落事故的具体控制是依据不同类型高处坠落事故的具体原因，有针对性地提出了对每类高处坠落事故的具体预防措施。

2.9.1 基本要求

（1）在施工组织设计或施工技术方案中应按国家、行业相关规定并结合工程特点编制包括临边与洞口作业、攀登与悬空作业、操作平台、交叉作业及安全网搭设的安全防护技术措施等内容的高处作业安全技术措施。

（2）建筑施工高处作业前，应对安全防护设施进行检查、验收，验收合格后方可进行作业；验收可分层或分阶段进行。

（3）高处作业施工前，应对作业人员进行安全技术教育及交底，并应配备相应的防护用品。

（4）高处作业施工前，应检查高处作业的安全标志、安全设施、工具、仪表、消防设施、电气设施和设备，确认其完好，方可进行施工。

（5）高处作业人员应按规定正确佩戴和使用高处作业安全防护用品、用具，并应经专人检查。

（6）对施工作业现场所有可能坠落的物料，应及时拆除或采取固定措施。高处作业所用的物料应堆放平稳，不得妨碍通行和装卸。工具应随手放入工具袋。

（7）作业中的走道、通道板和登高用具，应随时清理干净；拆卸下的物料及余料和废料应及时清理运走，不得任意放置或向下丢弃。传递物料时不得抛掷。

（8）施工现场应按规定设置消防器材，当进行焊接等动火作业时，应采取防火措施。

（9）在雨、霜、雾、雪等天气进行高处作业时，应采取防滑、防冻措施，并应及时清除作业面上的水、冰、雪、霜。

（10）当遇有6级及以上强风、浓雾、沙尘暴等恶劣气候，不得进行露天攀登与悬空高处作业。暴风雪及台风暴雨后，应对高处作业安全设施进行检查，当发现有松动、变形、损坏或脱落等现象时，应立即修理完善，维修合格后再使用。

（11）需要临时拆除或变动安全防护设施时，应采取能代替原防护设施的可靠措施，作业后应立即恢复。

（12）安全防护设施验收资料应包括下列主要内容：

1）施工组织设计中的安全技术措施或专项方案；

2）安全防护用品用具产品合格证明；

3）安全防护设施验收记录；

4）预埋件隐蔽验收记录；

5）安全防护设施变更记录及签证。

（13）安全防护设施验收应包括下列主要内容：

1）防护栏杆立杆、横杆及挡脚板的设置、固定及其连接方式；

2）攀登与悬空作业时的上下通道、防护栏杆等各类设施的搭设；

3）操作平台及平台防护设施的搭设；

4）防护棚的搭设；

5）安全网的设置情况；

6）安全防护设施构件、设备的性能与质量；

7）防火设施的配备；

8）各类设施所用的材料、配件的规格及材质；

9）设施的节点构造及其与建筑物的固定情况，扣件和连接件的紧固程度。

（14）安全防护设施的验收应按类别逐项检查，验收合格后方可使用，并应作出验收记录。

（15）各类安全防护设施，应建立定期不定期的检查和维修保养制度，发现隐患应及时采取整改措施。

2.9.2 高处作业坠落事故具体预防措施

建筑施工领域的高处作业主要包括临边、洞口、攀登、悬空、交叉作业 5 种基本类型。高处作业坠落事故具体预防措施如下：

1. 洞口作业坠落事故的预防措施

预留洞口、通道口、楼梯口、电梯口、上料平台口等都必须设有牢固、有效的安全防护设施（盖板、围栏、安全网）；洞口防护设施如有损坏必须及时修缮；洞口防护设施严禁擅自移位、拆除；在洞口旁操作要小心，不应背朝洞口作业；不要在洞口旁休息、打闹或跨越洞口及从洞口盖板上行走；同时洞口还必须挂设醒目的安全警示标志等。

2. 临边作业坠落事故的预防措施

（1）凡是临边作业，都要在临边处设置防护栏杆。临边作业的防护栏杆应为两道横杆，上杆距地面高度应为 1.2m，下杆应在上杆和挡脚板中间设置。当防护栏杆高度大于 1.2m 时，应增设横杆，横杆间距不应大于 600mm；防护栏杆立杆间距不应大于 2m。防护栏杆应张挂密目式安全立网。

（2）基坑周边，尚未安装栏杆或栏板的阳台、料台与悬挑平台周边，雨篷与挑檐边，无外脚手架的屋面与楼层周边及水箱与水塔周边等处，都必须设置防护栏杆。

（3）头层墙高度超过 3.2m 的二层楼面周边，以及无外脚手架的高度超过 3.2m 的楼层周边必须在外围架设安全平网一道。

（4）分层施工的楼梯口和梯段边，必须安装临时护栏。顶层楼梯口应随工程结构进度安装正式防护栏杆。

（5）井架与施工电梯和脚手架等与建筑物通道的两侧边，必须设防护栏杆。地面通道上部应装设安全防护棚。双笼井架通道中间，应予分隔封闭。

（6）各种垂直运输接料平台，除两侧设防护栏杆外，平台口还应设置安全门或活动防护栏杆。

3. 悬空作业坠落事故的预防措施

加强施工计划和各施工单位、各工种配合，尽量利用脚手架等安全设施，避免或减少悬空高处作业；操作人员要加倍小心避免用力过猛，身体失稳；悬空高处作业人员必须穿软底防滑鞋，同时要正确使用安全带；身体有病或疲劳过度、精神不振等作业人员不宜从事悬空高处作业。

4. 攀登作业事故的预防措施

（1）进入现场，必须戴好安全帽，扣好帽带，并正确使用个人劳动防护用具。

（2）在施工组织设计中应确定用于现场施工的登高和攀登设施，现场登高应借助建筑结构或脚手架上的登高设施，也可采用载人的垂直运输设备。进行攀登作业时可使用梯子或采用其他攀登设施。

（3）柱、梁和吊车梁等构件吊装所需的直爬梯及其他登高用拉攀件，应在构件施工图或说明内做出规定。

（4）攀登用具，结构构造上必须牢固可靠。供人上下的踏板其使用荷载不应大于 1100N。当梯面上有特殊作业，重量超过上述荷载时，应按实际情况加以验算。

（5）移动式梯子，均应按现行的国家标准验收其质量。

（6）梯脚底部应坚实，不得垫高使用。梯子的上端应有固定措施。立梯工作角度以 75°±5° 为宜。踏板上下间距以 30cm 为宜，不得有缺档。

（7）梯子如需接长使用，必须有可靠的连接措施，且接头不得超过 1 处。连接后梯梁的强度，不应低于单梯梯梁的强度。

（8）折梯使用时上部夹角以 35° ～ 45° 为宜，铰链必须牢固，并应有可靠的拉撑措施。

（9）固定式直爬梯应用金属材料制成。梯宽不应大于 50cm，支撑应采用不小于 ∟70×6 的角钢，埋设与焊接均必须牢固。梯子顶端的踏棍应与攀登的顶面齐平，并加设 1 ～ 1.5m 高的扶手。使用直爬梯进行攀登作业时，攀登高度以 5m 为宜。超过 2m 时，宜加设护笼，超过 8m 时，必须设置梯间平台。

（10）作业人员应从规定的通道上下，不得从阳台之间等非规定通道进行攀登，也不得任意利用吊车臂架等施工设备进行攀登。上下梯子时，必须面向梯子，且不得手持器物。

5. 交叉作业事故的预防措施

（1）双方单位在同一作业区域内进行高处作业、模板安装、脚手架搭设拆除时，应在施工作业前对施工区域采取全封闭、隔离措施，应设置安全警示标识、警戒线或派专人警戒指挥，防止高空落物、施工用具、用电危及下方人员和设备的安全。

（2）在同一作业区域内进行吊装作业时，应充分考虑对方工作的安全影响。指派专业人员负责统一指挥，检查现场安全和措施符合要求后，方可进行塔吊吊装作业。

（3）在同一作业区域内进行焊接（动火）作业时，施工单位必须事先通知对方做好防护，并配备合格的消防灭火器材，消除现场易燃易爆物品。无法清除易燃物品时，应与焊接（动火）作业保持适当的安全距离，并采取隔离和防护措施。上方动火作业（焊接、切割）应注意下方有无人员、易燃、可燃物质，并做好防护措施，遮挡落下焊渣，防止引发火灾。焊接（动火）作业结束后，作业单位必须及时、彻底清理焊接（动火）现场，不留安全隐患，防止焊接火花死灰复燃，酿成火灾。

（4）各方应自觉保障施工道路、消防通道畅通，不得随意占道或故意发难。

（5）同一区域内的施工用电，应各自安装用电线路。施工用电必须做好接地（零）和漏电保护措施，防止触电事故的发生。各方必须做好用电线路隔离和绝缘工作，互不干扰。敷设的线路必须通过对方工作面，应事先征得对方的同意。同时，应经常对用电设备和线路进行检查维护，发现问题及时处理。

（6）施工各方应共同维护好同一区域作业环境，切实加强施工现场消防、保卫、治安，文明施工管理；必须做到施工现场文明整洁，材料堆放整齐、稳固、安全可靠（必须有防垮塌，防滑、滚落措施）。确保设备运行、维修、停放安全；设备维修时，按规定设置警示标志，必要时采取相应的安全措施谨防错误操作引发事故。

2.10 2019 年度高处坠落事故（不完全统计）

不完全统计，2019 年度高处坠落事故如表 2-1～表 2-12 所示。

2019 年 1 月高处坠落事故 　　　　　　　　　　　　　表 2-1

日期	地　点	工程类型	伤亡人数（经济损失）	备注
2 日	四川省自贡市高新区	某民用住宅项目	死亡 1 人	
3 日	广东省汕头市濠江区	某电力项目	死亡 1 人	
4 日	福建省厦门市湖里区	某民用住宅项目	死亡 1 人	
5 日	海南省琼海市	某民用住宅项目	死亡 1 人	
5 日	四川省遂宁市安居区	某民用住宅项目	死亡 1 人	
6 日	四川省乐山市市中区	某民用住宅项目	死亡 1 人	
8 日	四川省绵阳市涪城区	某民用住宅项目	死亡 1 人	
9 日	云南省西双版纳傣族自治州景洪市	某民用住宅项目	死亡 2 人，伤 1 人	共死亡 18 人，伤 1 人
11 日	广东省深圳市宝安区	某商业办公楼项目	死亡 1 人	
11 日	湖北省宜昌市夷陵区	某工业建筑项目	死亡 1 人	
12 日	安徽省安庆市	某民用住宅项目	死亡 1 人	
13 日	湖北省武汉市	某市政公用项目	死亡 1 人	
14 日	四川省成都市温江区	某民用住宅项目	死亡 1 人	
17 日	广东省佛山市顺德区	某民用住宅项目	死亡 1 人	
19 日	江西省赣州市章贡区	某民用住宅项目	死亡 1 人	
21 日	四川省南充市顺庆区	某民用住宅项目	死亡 1 人	
30 日	安徽省六安市	某民用住宅项目	死亡 1 人	

2019 年 2 月高处坠落事故 　　　　　　　　　　　　　表 2-2

日期	地　点	工程类型	伤亡人数（经济损失）	备注
24 日	四川省宜宾市珙县	某民用住宅项目	死亡 3 人	共死亡 4 人
28 日	广东省中山市	某工业建筑项目	死亡 1 人	

2019 年 3 月高处坠落事故 表 2-3

日期	地　点	工程类型	伤亡人数（经济损失）	备注
1 日	重庆市璧山区	某民用住宅项目	死亡 1 人	
2 日	广东省韶关市南雄市	某民用住宅项目	死亡 1 人	
2 日	江苏省苏州市虎丘区	某隧道工程	死亡 1 人	
2 日	广西壮族自治区百色市	某民用住宅项目	死亡 1 人	
3 日	广西壮族自治区桂林市临桂区	某民用住宅项目	死亡 1 人	
4 日	江苏省苏州市相城区	某工业建筑项目	死亡 1 人	
5 日	四川省德阳市广汉市	某民用住宅项目	死亡 1 人	
6 日	陕西省杨凌农业高新技术产业示范区	某民用住宅项目	死亡 1 人	
6 日	四川省内江市东兴区	某民用住宅项目	死亡 1 人	
10 日	辽宁省铁岭市铁岭县	某民用住宅项目	死亡 1 人	共死亡24 人，伤 2 人
10 日	河南省三门峡市湖滨区	某民用住宅项目	死亡 1 人	
11 日	浙江省宁波市北仑区	某民用住宅项目	死亡 1 人	
12 日	安徽省六安市舒城县	某民用住宅项目	死亡 1 人	
12 日	广东省清远市清城区	某民用住宅项目	死亡 1 人	
24 日	辽宁省沈阳市苏家屯区	某电力项目	死亡 3 人	
26 日	浙江省金华市永康市	某民用住宅项目	死亡 1 人	
26 日	山东省济南市济阳县	某民用住宅项目	死亡 1 人	
29 日	福建省龙岩市新罗区	某民用住宅项目	死亡 1 人	
29 日	广东省深圳市南山区	某民用住宅项目	死亡 1 人	
30 日	广西壮族自治区桂林市临桂区	某公共建筑项目	死亡 1 人	
30 日	浙江省杭州市余杭区	某工业建筑项目	死亡 2 人，重伤 2 人	

2019 年 4 月高处坠落事故 表 2-4

日期	地　点	工程类型	伤亡人数（经济损失）	备注
1 日	云南省文山壮族苗族自治州文山县	某民用住宅项目	死亡 1 人	
1 日	云南省昆明市盘龙区	某商业金融项目	死亡 1 人	
1 日	四川省乐山市市中区	某商业写字楼项目	死亡 1 人	
2 日	江西省赣州市南康市	某民用住宅项目	死亡 2 人	共死亡32 人，伤 1 人
2 日	湖南省怀化市芷江侗族自治县	某民用住宅项目	死亡 1 人	
2 日	河南省济源市	某市政公用项目	死亡 1 人	
2 日	广东省汕头市龙湖区	某商业酒店项目	死亡 1 人	

日期	地 点	工程类型	伤亡人数（经济损失）	备注
3 日	四川省遂宁市船山区	某市政公用项目	死亡 1 人	
4 日	广东省深圳市宝安区	某民用住宅项目	死亡 1 人	
6 日	安徽省蚌埠市	某民用住宅项目	死亡 1 人	
6 日	甘肃省酒泉市肃州区	某民用住宅项目	死亡 1 人	
6 日	江苏省无锡市锡山区	某工业建筑项目	死亡 1 人	
7 日	江苏省南通市海门市	某民用住宅项目	死亡 1 人	
8 日	河南省郑州市中原区	某民用住宅项目	死亡 2 人	
8 日	天津市滨海新区	某民用住宅项目	死亡 1 人	
9 日	江苏省常州市武进区	某民用住宅项目	死亡 1 人	
10 日	河南省信阳市平桥区	某民用住宅项目	死亡 1 人	
10 日	江苏省宿迁市宿豫区	某民用住宅项目	死亡 1 人	共死亡
11 日	内蒙古自治区乌兰察布市察哈尔右翼前旗	某民用住宅项目	死亡 2 人	32 人，伤 1 人
13 日	广东省惠州市大亚湾开发区	某民用住宅项目	死亡 1 人	
13 日	江苏省南京市雨花台区	某民用住宅项目	死亡 1 人	
14 日	福建省南平市延平区	某工业建筑项目	死亡 1 人	
15 日	四川省成都市金牛区	某民用住宅项目	死亡 1 人，重伤 1 人	
15 日	辽宁省阜新市太平区	某市政公用工程	死亡 1 人	
17 日	重庆市荣昌区	某民用住宅项目	死亡 1 人	
18 日	福建省漳州市龙文区	某民用住宅项目	死亡 1 人	
24 日	广东省东莞市大岭山镇	某民用住宅项目	死亡 1 人	
25 日	江苏省镇江市润州区	某民用住宅项目	死亡 1 人	
27 日	黑龙江省哈尔滨市五常市	某民用住宅项目	死亡 1 人	

2019 年 5 月高处坠落事故 表 2-5

日期	地 点	工程类型	伤亡人数（经济损失）	备注
1 日	江苏省镇江市句容市	某民用住宅项目	死亡 1 人	
2 日	四川省成都市青羊区	某民用住宅项目	死亡 1 人	共死亡
3 日	吉林省吉林市丰满区	某民用住宅项目	死亡 1 人	21 人，伤 1 人
5 日	江苏省无锡市江阴市	某工业建筑工程	死亡 1 人	
6 日	新疆维吾尔自治区石河子市高新区	某民用住宅项目	死亡 1 人	

日期	地 点	工程类型	伤亡人数（经济损失）	备注
7 日	新疆维吾尔自治区博尔塔拉蒙古自治州	某工业建筑工程	死亡 1 人，重伤 1 人	
7 日	湖南省常德市澧县	某民用住宅项目	死亡 1 人	
8 日	青海省西宁市城西区	某民用住宅项目	死亡 1 人	
9 日	新疆维吾尔自治区乌鲁木齐市水磨沟区	某民用住宅项目	死亡 1 人	
10 日	新疆维吾尔自治区乌鲁木齐市	某民用住宅项目	死亡 1 人	
14 日	江苏省苏州市昆山市高新区	某民用住宅项目	死亡 1 人	共死亡 21 人，伤 1 人
17 日	安徽省芜湖市弋江区	某工业建筑项目	死亡 1 人	
21 日	安徽省宣城市	某民用住宅项目	死亡 1 人	
21 日	宁夏回族自治区吴忠市利通区	某工业建筑项目	死亡 1 人	
21 日	广东省深圳市光明新区	某工业建筑项目	死亡 1 人	
24 日	浙江省宁波市镇海新城南区	某商业办公楼项目	死亡 1 人	
26 日	江西省九江市永修县	某民用住宅项目	死亡 1 人	
28 日	四川省成都市新津县	某民用住宅项目	死亡 1 人	
28 日	云南省昆明市官渡区	某民用住宅项目	死亡 1 人	
30 日	河南省郑州市二七区	某民用住宅项目	死亡 1 人	
31 日	安徽省阜阳市颍东区	某民用住宅项目	死亡 1 人	

2019 年 6 月高处坠落事故　　　　　　　　　　表 2-6

日期	地 点	工程类型	伤亡人数（经济损失）	备注
1 日	福建省莆田市涵江区	某民用住宅项目	死亡 1 人	
3 日	四川省遂宁市河东新区	某民用住宅项目	死亡 1 人	
3 日	山东省济南市长清区	某工业建筑项目	死亡 1 人	
4 日	四川省自贡市富顺县	某民用住宅项目	死亡 1 人	
4 日	湖北省恩施土家族苗族自治州咸丰县	某市政公用工程	死亡 1 人	共死亡 47 人
4 日	四川省自贡市富顺县	某民用住宅项目	死亡 1 人	
5 日	重庆市大渡口区	某民用住宅项目	死亡 1 人	
8 日	安徽省安庆市宿松县	某商业金融项目	死亡 2 人	
9 日	四川省遂宁市蓬溪县	某民用住宅项目	死亡 1 人	
10 日	湖北省恩施土家族苗族自治州建始县红岩寺镇	某工业建筑项目	死亡 1 人	

日期	地　点	工程类型	伤亡人数（经济损失）	备注
10 日	江苏省常州市新北区	某工业建筑项目	死亡 1 人	
12 日	四川省广安市广安区	某民用住宅项目	死亡 1 人	
12 日	四川省成都市温江区	某民用住宅项目	死亡 1 人	
13 日	重庆市巫山县	某民用住宅项目	死亡 1 人	
13 日	黑龙江省大兴安岭地区加格达奇区	某市政公用项目	死亡 1 人	
14 日	江苏省盐城市东台市	某民用住宅项目	死亡 1 人	
16 日	海南省海口市秀英区	某民用住宅项目	死亡 1 人	
16 日	山西省太原市杏花岭区	某民用住宅项目	死亡 1 人	
16 日	黑龙江省哈尔滨市香坊区	某民用住宅项目	死亡 1 人	
17 日	安徽省安庆市潜山县	某民用住宅项目	死亡 1 人	
18 日	贵州省贵阳市花溪区	某民用住宅项目	死亡 1 人	
18 日	吉林省长春市绿园区	某民用住宅项目	死亡 1 人	
19 日	甘肃省白银市白银区	某商业金融项目	死亡 1 人	
19 日	江苏省泰州市姜堰区经济开发区	某商业金融项目	死亡 1 人	
20 日	广东省河源市和平县	某民用住宅项目	死亡 1 人	
20 日	云南省楚雄彝族自治州牟定县	某民用住宅项目	死亡 1 人	共死亡47 人
20 日	江苏省南京市江宁区	某民用住宅项目	死亡 1 人	
20 日	四川省成都市　新都区	某民用住宅项目	死亡 1 人	
21 日	福建省南平市建阳市	某民用住宅项目	死亡 1 人	
21 日	广西壮族自治区钦州市钦南区	某民用住宅项目	死亡 1 人	
23 日	四川省成都市金牛区	某民用住宅项目	死亡 1 人	
23 日	陕西省汉中市汉台区	某民用住宅项目	死亡 1 人	
24 日	陕西省西安市蓝田县	某工业建筑项目	死亡 1 人	
24 日	四川省遂宁市船山区	某民用住宅项目	死亡 1 人	
25 日	四川省宜宾市宜宾县	某民用住宅项目	死亡 1 人	
25 日	广西壮族自治区防城港市港口区	某民用住宅项目	死亡 1 人	
26 日	天津市滨海新区	某民用住宅项目	死亡 1 人	
27 日	四川省广安市广安区	某民用住宅项目	死亡 1 人	
27 日	吉林省白山市	某民用住宅项目	死亡 1 人	
28 日	四川省广安市广安区	某民用住宅项目	死亡 1 人	
28 日	宁夏回族自治区石嘴山市平罗县	某工业建筑项目	死亡 1 人	
28 日	福建省宁德市福安市城区	某公共建筑项目	死亡 1 人	

日期	地　点	工程类型	伤亡人数（经济损失）	备注
29 日	江苏省苏州市吴江区汾湖高新区	某工业建筑项目	死亡 1 人	共死亡 47 人
30 日	内蒙古自治区乌兰察布市集宁区	某民用住宅项目	死亡 1 人	
30 日	四川省遂宁市船山区	某民用住宅项目	死亡 1 人	
30 日	广西壮族自治区玉林市	某民用住宅项目	死亡 1 人	

2019 年 7 月高处坠落事故　　　　　　　　表 2-7

日期	地　点	工程类型	伤亡人数（经济损失）	备注
7 日	吉林省延边朝鲜族自治州延吉市	某民用住宅项目	死亡 1 人	共死亡 15 人，伤 1 人
7 日	宁夏回族自治区银川市兴庆区	某商业金融项目	死亡 1 人	
7 日	辽宁省铁岭市银州区	某民用住宅项目	死亡 1 人，重伤 1 人	
7 日	广西壮族自治区南宁市兴宁区	某民用住宅项目	死亡 1 人	
7 日	安徽省宣城市	某民用住宅项目	死亡 1 人	
11 日	四川省宜宾市翠屏区	某商业金融项目	死亡 1 人	
12 日	江苏省盐城市经济技术开发区	某民用住宅项目	死亡 2 人	
12 日	天津市滨海新区	某工业建筑项目	死亡 1 人	
15 日	江苏省镇江市镇江新区	某民用住宅项目	死亡 1 人	
16 日	安徽省六安市金寨县	某公共建筑项目	死亡 1 人	
19 日	陕西省延安市延安新区	某商业金融项目	死亡 1 人	
22 日	江苏省苏州市昆山市花桥经济开发区	某民用住宅项目	死亡 1 人	
22 日	广东省惠州市惠城区	某民用住宅项目	死亡 1 人	
24 日	云南省昆明市经济技术开发区	某民用住宅项目	死亡 1 人	

2019 年 8 月高处坠落事故　　　　　　　　表 2-8

日期	地　点	工程类型	伤亡人数（经济损失）	备注
1 日	安徽省马鞍山市和县	某民用住宅项目	死亡 1 人	共死亡 7 人
3 日	河南省郑州航空港区	某市政公用项目	死亡 3 人	
9 日	河南省郑州市管城区	某民用住宅项目	死亡 1 人	
20 日	江苏省常州市金坛区	某民用住宅项目	死亡 1 人	
26 日	江苏省南京市建邺区	某公用建筑项目	死亡 1 人	

2019 年 9 月高处坠落事故　　　　　　　　　　表 2-9

日　期	地　　　点	工程类型	伤亡人数（经济损失）	备注
8 日	安徽省合肥市肥东县	某民用住宅项目	死亡 1 人	死亡 6 人
11 日	湖北省恩施土家族苗族自治州利川市	某民用住宅项目	死亡 1 人	
19 日	安徽省合肥市滨湖新区	某公共建筑项目	死亡 1 人	
20 日	安徽省滁州市	某商业金融项目	死亡 1 人	
26 日	安徽省淮南市凤台县	某民用住宅项目	死亡 1 人	
28 日	安徽省合肥市滨湖新区	某工业建筑项目	死亡 1 人	

2019 年 10 月高处坠落事故　　　　　　　　　表 2-10

日　期	地　　　点	工程类型	伤亡人数（经济损失）	备注
13 日	安徽省庐江县	某市政公用项目	死亡 1 人	死亡 1 人

2019 年 11 月高处坠落事故　　　　　　　　　表 2-11

日　期	地　　　点	工程类型	伤亡人数（经济损失）	备注
1 日	安徽省庐江县	某民用住宅项目	死亡 1 人	共死亡 2 人
16 日	安徽省合肥市庐阳区	某民用住宅项目	死亡 1 人	

2019 年 12 月高处坠落事故　　　　　　　　　表 2-12

日　期	地　　　点	工程类型	伤亡人数（经济损失）	备注
1 日	湖北省仙桃市	某民用住宅项目	死亡 1 人	共死亡 5 人
1 日	江苏省泰州市姜堰区	某民用住宅项目	死亡 1 人	
3 日	江苏省常州市金坛经济开发区	某工业建筑项目	死亡 1 人	
11 日	江苏省镇江扬中市	某民用住宅项目	死亡 1 人	
14 日	江苏省南通如皋市	某民用住宅项目	死亡 1 人	

2.11 高处坠落事故带来的启示及防范对策

通过对 2019 年度高处坠落事故的统计（不完全统计）结果可见，2019 年 1～12 月高处坠落事故共造成 182 死 6 伤，从死亡人数来看，高处坠落依然是建筑业事故伤害类型"五大伤害"中的第一大伤害。高处坠落事故的发生主要是预留洞口与临边、脚手架、模板以及塔吊和施工机具等，尽管各施工企业从安全管理、规章制度等方面加大了防治力度和措施，但坠落事故的隐患，一直没有彻底根除。施工现场高处作业前，没有足够的安全防护措施和安全教育，忽视高处作业的安全注意事项、交底等，有麻痹大意、侥幸心理，为了争时间、抢进度，盲目冒险、野蛮施工等，都是导致高处坠落事故发生的原因。

2.11.1 高处坠落事故的规律

高处坠落事故的规律，是指人们在从事高处作业中，人与相关物体结合时违背客观事物规律而产生的异常运动失去了控制，经过量变积累发生到灾变的普遍性表现形式。掌握了规律，就能有效地予以预防和控制。高处坠落事故易发生的时间及可能原因有：

（1）9时～11时和13时～16时，其中10时～11时是事故发生最多的时间，主要原因是10时30分～11时、19时～21时、3时～4时工人在收工前交接班时，安全思想放松了（图2-18）。

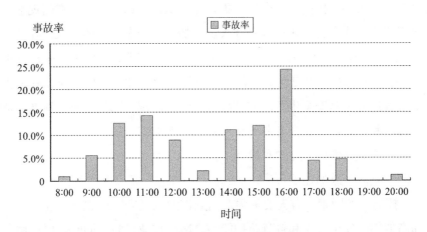

图2-18　事故产生与时间的关系

（2）节假日前后，为了欢庆节假日，思想上分散于其他事情，而忽视了安全生产，特别是"五一"劳动节、"十一"国庆节、元旦、春节等节假日期间，有很多员工因返家及返回工地等，而放松了安全警惕意识。

（3）导致事故发生的原因有许多，譬如家庭中有不愉快的事情或者某一工序结束前的准备工作，例如：家庭发生重大事情等，身在工地工作，不能集中思想搞好工程质量和安全工作。

（4）高处坠落受害者，很大一部分是年轻人，年龄在22～26岁之间，原因是年轻人缺乏现场安全知识，仗着自己有力气，当有安全知识和经验的人，向他们提醒和阻止时,他们只当是耳边风,听不进忠告,天不怕,地不怕,冒险蛮干的现象较多。

(5)高处坠落的地段和环境多数为预留洞口、阳台边、电梯井、楼梯口等建筑物的临边和垂直运输的机械、设备的安装,拆卸、维修、保养等"四口"危险地段。

(6)在"四口""五临边"等高处作业前和操作过程中,有违章指挥,违章作业,冒险蛮干盲目施工,怀着侥幸心理,这都是导致事故发生的重要原因。

2.11.2 高处坠落事故的防治对策和建议

1. 高处坠落事故的防治对策

在防治高处坠落事故时,首先要坚持对从业人员特别是新入场人员、特种作业人员和劳务分包企业人员进行三级安全教育,安全教育不能走过场,要使操作人员自觉遵守安全技术操作规程,杜绝违章作业和冒险行为。同时,各级安全生产的第一责任人必须提高对安全生产重要性的认识,树立以人为本的观念,并设置安全管理机构或配备专职安全管理人员,加大对安全生产的投入,要认真贯彻《中华人民共和国安全生产法》《建设工程安全生产管理条例》《安全生产许可证条例》。此外,应增强专职安全生产管理人员的事业心和责任感,应抓好施工企业安全生产管理人员对安全生产的方针政策、法律法规、部门规章、标准规范的教育培训,不断提高自身安全专业的技术素质,增加安全生产工作的主动性和自觉性,同时,要做好督促、监护和检查工作。

2. 高处坠落事故的建议

(1)控制人的因素。首先要加强对高处作业人员安全思想教育和安全法制教育,提高他们的安全意识和自身防护能力,减少作业风险。同时,要运用科学理论对违章行为进行纠正,对遵章守纪行为进行强化,以提高作业人员遵章守纪的自觉性。此外,还要经常对从事高处作业人员进行健康检查,一旦发现有不安全状态,应及时进行心理疏导,消除心理压力,或调离岗位。禁止患有高血压、心脏病、癫痫病等妨碍高处作业疾病或生理缺陷的人员进行高处作业,并且要定期给从事高处作业人员进行体格检查,发现有妨碍高处作业疾病或生理缺陷的人员,应当及时调离岗位。

(2)控制物的因素。项目部要加大对安全防护的投入,安全措施经费要专款专用,用到实处,废旧物资应及早报废。例如,安全网作为安全防护的"三宝"之一,是建筑工人高处坠落事故的"生命网",但是,现在好多工地对安全网的重视不足，认为只要拉网就可以了，并且对安全网本身的要求不高，旧网、破网、不合格网几乎存在于每一个施工现场，一旦发生施工人员高处坠落事故，那么安全网将起不到应有的作用。同时，施工中所搭设的脚手架必须坚固、可靠，满足有关规定的要求。总之，为做好高空坠落事故的预防工作，严禁不合格的劳动用品及防护用品进入施工现场。

（3）控制环境因素。在环境方面，首先要改良作业环境，同时严禁在大雨、大雪或超过6级（含6级）大风的恶劣天气从事露天悬空作业，夜间施工，禁止在照明光线不足的情况下从事悬空作业。此外，在脚手架上进行撬、拔、推拉、冲击等危险性较大的作业时，必须采取可靠的安全技术措施，在恶劣天气过后，应当对脚手架进行认真的检查和清理，以确保施工安全。

（4）控制组织管理因素。在组织管理方面，应坚持"四勤"，即勤教育、勤检查、勤深入作业现场进行指导、勤发动群众进行合理化建议。同时，要避免违章指挥，并严格高处作业的检查、教育制度，及时发现身边的事故隐患，并将隐患消除在萌芽状态。

第 3 章

物体打击

3.1 物体打击的定义及事故类别

3.1.1 物体打击的定义及危害

物体打击是指失控的物体在惯性力或重力等其他外力的作用下产生运动，打击人体而造成人身伤亡事故，但不包括主体机械设备、车辆、起重机械、坍塌等引发的物体打击。

近些年来，高层建筑不断增加，施工的复杂性也不断增加，建筑施工中的高处作业不仅造成大量的高处坠落事故，而且也容易造成物体打击事故，许多物体打击事故都是由于高处落物造成的。物体打击不但能直接导致人身伤亡，而且还会对建筑物、构筑物、管线设备、设施等造成损害。为了预防物体打击事故的发生，国家制定并颁布了不少法规，许多建筑施工企业也采取了积极的防范措施，这对于预防物体打击事故的发生起到了重要的作用。但是，在目前的建筑施工中，由于各种原因还不能完全杜绝物体打击事故的发生，物体打击事故仍然是危害建筑施工作业人员安全的危险因素之一。

3.1.2 物体打击事故类别

建筑行业发生物体打击伤害的事故相对比较高，尤其是现场操作人员。建筑业经常出现的物体打击事故类别可概括为以下几种：

（1）交叉作业组织不合理。

（2）起吊重物时，吊物悬挂不稳，起吊零散物料未捆绑牢固，索具、索绳突然断裂等。

（3）从高处往下抛掷建筑材料、杂物、垃圾或向上递工具、小材料。

（4）高处作业未设置警示，作业平台未设置护栏和搭设防护隔离。

（5）机械设备旋转部位机械强度不够。

（6）材料堆放不稳、过多或过高。

3.2 常见物体打击事故隐患及要求

常见物体打击事故隐患及要求如图 3-1～图 3-7 所示。

层站平台侧面防护没有踢脚板

根据《建筑施工安全检查标准》JGJ 59—2011 第 3.16.3 条：停层平台两侧应设置防护栏杆、挡脚板，平台脚手板应铺满、铺平

图 3-1　常见物体打击事故隐患及要求（1）

脚手架和主体之间缺少层间防护

根据《建筑施工安全检查标准》JGJ 59—2011 第 3.3.4 条：作业层里排架与建筑物之间应采用脚手板或安全平网封闭

图 3-2　常见物体打击事故隐患及要求（2）

根据《建筑工程高处作业规范》JGJ
80—2016 第 4.1.1 条：坠落高度基准
面 2m 及以上进行临边作业时，应在
临空一侧设置防护栏杆，并应采用密
目式安全立网或工具式栏板封闭

临边防护缺少

图 3-3　常见物体打击事故隐患及要求（3）

根据《建筑施工塔式起重机安装、使
用、拆卸安全技术规程》JGJ 196—
2010 第 6.3.5 条：滑轮、卷筒均应设
有钢丝绳防脱装置；吊钩应设有防脱
钩装置

塔吊钩头保险缺失

图 3-4　常见物体打击事故隐患及要求（4）

3.3　西双版纳滨江俊园一期"1·2"物体打击事故

2019 年 1 月 2 日 9 时 40 分许，西双版纳滨江俊园一期建设工程三号楼发生
一起物体打击事故，造成 1 人死亡，1 人受伤。直接经济损失 203.4 万元。根据
调查取证，调查组认定，该物体打击事故是一起一般生产安全责任事故。

通道口不设防护

根据《建筑工程高处作业规范》JGJ 80—2016 第 7.0.2 施工现场人员进出的通道口应搭设防护棚

图 3-5　常见物体打击事故隐患及要求（5）

卸料平台端部防护高度不够

根据《建筑工程高处作业规范》JGJ 80—2016 第 6.4.8 条：悬挑式操作平台的外侧应略高于内侧；外侧应安装固定的防护栏杆并应设置防护挡板完全封闭

图 3-6　常见物体打击事故隐患及要求（6）

3.3.1 事故发生经过

2019 年 1 月 2 日 9 时 40 分许，施工单位木工组工人黎某、吴某在西双版纳滨江俊园一期建设工程三号楼，在未向项目部提出拆模申请的情况下，擅自在三号楼 33 层楼顶屋面机房新增挑板进行拆模作业，在拆除模板过程中未按操作规程进行支撑架拆除，违规先将扫地杆全部拆除，同时该模板支撑体系还违规连接

根据《建筑工程高处作业规范》JGJ 80—2016 第 7.0.1 条：施工现场立体交叉作业时，下层作业的位置，应处于坠落半径之外。当达不到规定时，应设置安全防护棚，下方应设置警戒隔离区

钢筋加工区没有防护棚

图 3-7　常见物体打击事故隐患及要求（7）

着一个临时卸料平台，卸料平台上堆放着需要吊运的建筑材料，在无扫地杆作为拉结的情况下拆除顶模致使悬挑板支撑架受力不稳，导致屋面机房部位悬挑板支撑架坍塌，模板、支撑体系及卸料平台上的建筑材料掉落砸中模板工人黎某、吴某，经抢救吴某无生命危险，黎某经抢救无效死亡。

3.3.2　事故的直接原因

工人黎某、吴某安全意识淡薄，在未向项目部提出拆模申请的情况下，擅自进行拆模作业，在拆除模板过程中未按操作规程进行支撑架拆除，违规先将扫地杆全部拆除，同时该模板支撑体系还违规连接着一个临时卸料平台，卸料平台上堆放着需要吊运的建筑材料，在无扫地杆作为拉结的情况下拆除顶模致使悬挑板支撑架受力不稳，导致屋面机房部位悬挑板支撑架坍塌，模板、支撑体系及卸料平台上的建筑材料掉落砸中模板工人黎某、吴某。

3.3.3　事故的间接原因

（1）施工单位主体责任落实不到位，未对从业人员进行节前、岗前安全教育培训；未对施工现场进行有效管理，未及时检查施工现场的安全生产状况；未按照模板工程专项施工方案搭设模板支撑，模板工人黎某、吴某擅自进行拆模作业时，施工单位项目部未及时发现及制止工人的违章违规行为。

（2）监理单位主体责任落实不到位，未对从业人员进行节前、岗前安全教育培训；未对施工现场进行有效管理，安全监理人员未认真履行岗位职责，对安全生产工作巡视监管不到位，对工人违反规定擅自作业的行为未及时发现和制止，

建设各方主体事故责任及风险规避

对施工现场没有尽到监理职责。

3.3.4　施工单位责任认定及处理意见

（1）施工单位主体责任落实不到位，未对从业人员进行节前、岗前安全教育培训；未对施工现场进行有效管理，未及时检查施工现场的安全生产状况；未按照模板工程专项施工方案搭设模板支撑，工人黎某、吴某擅自进行拆模作业，施工单位未及时发现及制止工人的违章违规行为。对事故发生负有直接管理责任。违反《中华人民共和国安全生产法》第二十二条第五项、第六项规定，建议依据《中华人民共和国安全生产法》第一百零九条第一项规定，依法给予施工单位40万元人民币的行政处罚。

（2）项目经理，主体责任落实不到位，未对从业人员进行节前、岗前安全教育培训；未对施工现场进行有效管理，未及时检查施工现场的安全生产状况，工人黎某、吴某擅自进行拆模作业，未及时发现及制止工人的违章违规行为。对事故发生负有领导和监督不到位的主要管理责任。建议依据《中华人民共和国安全生产法》第九十二条第一项规定，依法给予施工单位项目经理处人民币3.6万元人民币的行政处罚。

（3）黎某安全意识淡薄，无视安全，未严格遵守本单位的安全生产规章制度和操作规程。对事故负有直接责任，违反《中华人民共和国安全生产法》第五十四条的规定，鉴于黎某已经死亡，免于责任追究。

（4）吴某安全意识淡薄，无视安全，未严格遵守本单位的安全生产规章制度和操作规程。违反《中华人民共和国安全生产法》第五十四条的规定，对事故负有直接责任，建议施工单位依据《中华人民共和国安全生产法》第一百零四条规定，对吴某给予处理。

3.3.5　监理单位责任认定及处理意见

（1）监理单位主体责任落实不到位，未对从业人员进行节前、岗前安全教育培训；未对施工现场进行有效管理，安全监理人员未认真履行岗位职责，对安全生产工作巡视监管不到位，对工人违反规定擅自作业的行为未及时发现和制止，对施工现场没有尽到监理职责。对事故发生负有主要管理责任，违反《中华人民共和国安全生产法》第二十二条第五项、第六项规定，建议依据《中华人民共和国安全生产法》第一百零九条第一项规定，依法给予监理单位40万元人民币的行政处罚。

（2）总监理工程师主体责任落实不到位，未对从业人员进行节前、岗前安全教育培训；未对施工现场进行有效管理，未及时检查施工现场的安全生产状况，工人黎某、吴某擅自进行拆模作业，未及时发现及制止工人的违章违规行为对事故发生负有领导责任。建议依据《中华人民共和国安全生产法》第九十二条第一项规定，依法给予监理单位总监理工程师处人民币1.8万元人民币的行政处罚。

3.3.6 防范建议

（1）加强安全生产法律法规的学习和贯彻。同时建立健全安全管理规章制度和操作规程，完善内部管理体系，做到制度上墙，每个作业岗位都要有相应的安全防范措施；组织制定生产安全事故报告制度和应急救援预案；建立健全事故隐患排查治理和建档监控制度，并落实到主要负责人和每个从业人员中。

（2）进一步落实企业安全生产主体责任。建立和完善以安全生产责任制为重点的安全管理制度，加强对施工现场和高危险性作业的动态管理，把施工项目部的领导带班制度，监理项目部的旁站监理制度和一线班组长的岗位安全责任落到实处，要强化施工总承包方对工程建设和安全生产的全面、全过程管理，严格程序、严格把头，严防类似事故的再次发生。各在建项目要安排专人进行值班值守，严格遵守24小时值班和主要责任人在岗带班制度，切实保障安全生产。

（3）加强安全监理。加大对施工组织设计，专项施工方案和施工管理人员、特种作业人员的资质审查，切实履行施工时监理旁站作用，及时消除安全隐患。

（4）切实提高一线作业人员安全意识和技能，督促施工企业认真履行一线工人安全培训的主体责任，强化对建筑施工现场管理人员，一线作业人员有针对性的安全教育培训，提高安全意识和技能，切实做到员工未经培训或培训不合格不得上岗作业，并加强施工现场督查检查。深化安全专项整治和隐患排查整改，在工程建设领域持续深化起重机械、深基坑、高边坡、脚手架预防坍塌、坠落等事故为重点的专项整治活动，标本兼治，立见成效，强化治本和源头管理。

（5）加强对从业人员的安全生产知识的教育和培训，严格执行安全生产三级教育培训，保证从业人员具备必需的安全生产知识，增强安全意识，熟悉有关的安全生产规章制度和安全操作规程，掌握本岗位的安全操作技能，增强自身的事故预防和应急处理能力。

3.4 安徽新厂房建设"2·22"物体打击事故

2019 年 2 月 22 日 7 时 50 分左右，在安徽一新厂房建设项目工地发生一起物体打击事故，造成 1 人死亡。

经认定，这是一起因驾驶员安全意识淡薄，违规作业，相关方现场管理不严而导致的一般生产安全责任事故。

3.4.1 工程概况

2018 年 11 月 18 日，该工程项目开工建设。2019 年 1 月 25 日，春节停工，尚未复工。目前，该工程项目尚未取得施工许可证。

经调查，2018 年 12 月 6 日，监理公司监理部向施工单位、建设单位下发《监理通知单》及《监理联系单》，要求抓紧时间办理施工许可证。

3.4.2 事故发生经过

2 月 21 日下午，司机驾驶员凌某通过网络，联系到合肥市一家物流公司，承揽钢构件的运输业务。

22 日早上 7 时 30 分左右，苗某、田某分别赶到工地现场，苗某给停在工地附近的货车驾驶员凌某打电话，要求其将货车开进工地现场指定位置。7 时 50 分左右，货车开进工地停稳后，田某开着汽车吊车倒车停在货车后方约 3 ～ 4m 的地方，查看地面情况，准备支腿起吊。倒车过程中，田某通过后视镜看见驾驶员已解开车厢后部一根绑带。随后，田某听到身后传来很大的响声，回头看到货车右侧掉落 3 根钢构件，将驾驶员压在下面，同时货车左侧也掉落 1 根钢构件。这时刚走到吊车旁的苗某听到响声、看到钢构件压倒人，立即喊远在门卫处的 4 个工人过来抬钢构件救人。因钢构件太重，人工无法移动，苗某就让田某支腿，利用吊车起吊钢构件救人。约 10 分钟左右，吊车准备完毕，开始起吊钢构件。很快 3 根钢构件被移走，凌某被救出，随即被抬上工地上的一辆面包车，紧急送往医院抢救。抢救无效死亡。

据现场勘查了解，施工场地内钢构厂房之间路面尚未硬化，道路不平整，现场无安全管理人员。

3.4.3　直接原因

凌某安全意识淡薄，在车厢内装载的钢构件不稳的情况下，违规站到车厢旁解绑带，被滑落的钢构件砸到致死。

3.4.4　间接原因

（1）运输公司安全生产主体责任不落实，对驾驶员的安全教育培训不到位，员工安全防范技能低；车辆配备的安全防护用具绑带陈旧，不能根据载货实际情况，及时提醒驾驶员采取钢丝绳固定保护。

（2）施工单位，安全生产主体责任不落实，现场安全管理缺失，疏于对外来第三方的安全管理。

（3）建设单位未严格落实安全生产主体责任，在未办理施工许可证的情况下擅自开工建设，对承包方未认真履行统一协调、管理的职责。

3.4.5　建设单位责任认定及处理建议

（1）建设单位，无施工许可证擅自开始建设，未认真履行统一协调、管理的职责，对事故的发生负有管理责任。以上行为违反了《中华人民共和国建筑法》第七条、《中华人民共和国安全生产法》第四十六条的规定，依据《安全生产违法行为行政处罚办法》（国家安监总局令第 15 号）第四十五条第一项规定，建议对其处 1 万元罚款。

（2）建设单位现场负责人，未能严格履行法定安全生产管理职责，在未办理施工许可证的情况下擅自施工；未认真履行统一协调、管理的职责，对事故的发生应负管理责任。以上行为违反了《中华人民共和国安全生产法》第二十二条、第二十三条的规定，依据《安全生产违法行为行政处罚办法》（国家安监总局令第 15 号，第 77 号令修改）第四十五条第一项规定，建议对其处 2000 元罚款。

3.4.6　施工单位责任认定及处理建议

（1）施工单位，未认真履行法定安全生产管理责任，在建设项目未取得施工许可证情况下，违法施工；隐患排查治理不到位，施工现场道路未硬化、场地不平整；安全管理缺失，现场无安全管理人员，对外来第三方的安全管理不到位，对驾驶员违规行为未及时制止，对事故的发生负有主要管理责任。以上行为违反了《建设工程安全生产管理条例》第二十三条、第二十四条等规定和《中华人民共和国安全生产法》第四条、第十七条、第三十八条、第四十条的规定，依据《中华人民共和国安全生产法》第一百零九条规定，建议对其处以 30 万元的罚款。

（2）施工单位法定代表人，安全生产第一责任人。未认真履行法定安全生产管理职责，明知建设项目无施工许可证，仍然让项目部违法违规进行施工，对施工现场存在的安全管理职责不清、道路未硬化、场地不平整等安全隐患督促整改不力，对事故的发生应负主要领导责任。以上行为违反了《中华人民共和国安全生产法》第五条、第十八条的规定，依据《中华人民共和国安全生产法》第九十二条规定，建议对其处上一年年收入（48000 元）的 30% 罚款，计 14400 元。

（3）施工单位项目经理，项目部安全生产第一责任人。未认真履行法定安全生产管理职责，明知无施工许可证仍进行施工，现场安全管理不到位，安全风险管控不力，现场道路未硬化、场地不平整，不满足安全文明施工要求，对事故的发生应负直接管理责任。以上行为违反了《中华人民共和国安全生产法》第二十二条、第二十三条的规定，依据《安全生产违法行为行政处罚办法》（国家安监总局令第 15 号，第 77 号令修改）第四十五条第一项，建议对其处 3000 元的罚款。

3.4.7 监理单位责任认定及处理建议

监理公司，内部管理混乱，总监长期未到岗履职；对施工现场道路未硬化、场地不平整等隐患未及时督促整改，对事故的发生负有监理责任。以上行为违反了《中华人民共和国建筑法》第三十二条、《建设工程安全生产管理条例》第十四条的规定，依据《安全生产违法行为行政处罚办法》（国家安监总局令第 15 号，第 77 号令修改）第四十五条第一项规定，建议对其处 2 万元的罚款。

3.4.8 事故防范和整改措施

为有效预防和遏制事故的再次发生，建议应采取以下防范和整改措施：

（1）要严格落实建设方、施工方和监理方安全生产主体责任，督促其依法依规进行建设，切实加强施工现场安全管理，做到先安全，后建设。

（2）要进一步加强建筑施工安全管理。针对建筑施工安全生产管理工作的特点和规律，建立健全安全生产责任制度，进一步完善安全生产监管体制机制，依法依规制定有关部门安全生产权力清单和责任清单，尽职照单免责，失职照单问责。要督促各类施工企业严格落实企业安全生产主体责任和全员安全生产责任制，加大施工现场安全检查督促的力度和频度，始终保持高压态势，严厉打击非法违法、违章违规行为。要认真开展建筑行业"六项机制"建设，深化安全隐患排查整改，及时发现并消除各类安全隐患。

（3）牢固树立"安全第一""红线意识"的理念，正确处理项目建设与安全生产的关系，及时协调解决在安全生产工作中存在的突出矛盾和问题，确保生产安全；要按照"管行业必须管安全、管业务必须管安全、管生产经营必须管安全"的要求，加强对企业的安全监管，督促其落实安全生产责任制，对存在重大安全隐患、达不到基本安全生产条件的企业，要依法责令其停产停业整顿。

3.5 泉州市区中心粮库一期工程"5·13"物体打击事故

2019年5月13日16时25分左右，泉州市一在建中心粮库一期工程的浅圆仓施工现场，发生一起物体打击死亡事故，造成1人死亡，1人重伤，2人轻伤，直接经济损失共计139.3万元。

根据国家有关法律法规的规定，事故调查组认定，该起事故为一般建筑施工生产安全责任事故。

3.5.1 工程项目概况

该工程于2017年7月20日办理工程质量安全监督，2017年9月份办理施工许可证，2017年9月开工。

3.5.2 事故工程概况

事故发生在泉州市区中心粮库一期浅圆仓区2号浅圆仓穹顶锥壳底模板拆除工地（距地面高度约25m），该仓为钢筋混凝土结构，仓体内径25m，建筑高度32.9m。事发时，该浅圆仓主体建设已封顶，并达混凝土凝固期，圆仓穹顶锥壳底部模板（模板的下方是钢托架，钢托架的下方是钢管支撑柱）尚未拆除，部分模板支撑柱（钢管）已被拆除，尚余数根主要支撑柱（钢管）支撑住钢托架，钢托架则顶住模板。

3.5.3 事发经过

2019年5月13日，专业分包单位8名拆模组工人在进行模板的拆除和清理工作，其中，刘某和李某负责拆除支架和模板，其他人负责清理材料。作业至16时25分左右，刘某拆除范围内的环形钢托架突然掉落，砸到正在清理材料的

4名工人。其中1人（刘某）因伤势过重，经抢救无效死亡，3人（张某、刘某甲、刘某乙）分别不同程度受伤。

3.5.4 事故直接原因

（1）模板拆除时，该项目专业分包单位拆模班组大工刘某未持有"建筑施工特种操作资格证"，缺乏基本的安全生产知识和安全操作技能，对工作岗位存在的危险因素、防范措施情况不明，安全防范技能差，违章作业，违反拆模顺序（先支后拆，后支先拆；先拆非承重模板，后拆承重模板），违规拆除支撑钢托架和模板的支撑钢管，包括穹顶上环梁的钢管支撑（即斜钢管的顶部支撑），导致模板钢托架悬空面积过大、自重大、环形钢筋受力变形大而掉落，砸到正在清理材料的工人，违反《建筑施工模板安全技术规范》JGJ 162—2008 第 7.1.8 条的规定，是造成事故的直接原因之一。

（2）该项目专业分包单位拆模班组组长秦某对现场作业人员技术交底不到位，且未按有关规定在施工现场组织指挥，施工现场没有统一协调分工，违反《建筑施工模板安全技术规范》JGJ 162—2008 第 7.1.9 和第 7.1.7 条的规定，对正在施工行为的作业点没有管理监督到位，未能及时发现并制止违规作业行为，是造成事故的直接原因之二。

3.5.5 事故间接原因

（1）专业分包单位，一是未能按照相关规定向总承包单位（甚至监理单位）办理拆模申请及告知等手续，在总承包单位及监理单位均不知情的情况下擅自开工，以致无法获得总承包单位和监理单位的有效监督和管理。二是现场安全管理不到位，未能安排安全员及班组长对施工作业现场进行监督、检查、指导、督促，以致对作业人员严重违章作业行为未能及时发现并制止，未能及时消除存在的安全生产事故隐患。三是对作业人员进行的安全教育和技术交底不到位，造成施工人员安全意识淡薄，不能正确认识到拆模作业存在的危险因素，从而违章作业。

（2）监理单位履行监理职责不够到位（作为监理单位，理应全面掌握该建设项目施工进度及施工现场情况，并适时对整个施工现场进行有效跟踪和监理）。未能对专业分包单位拆模班组作业人员接受安全教育和技术交底情况进行有效监督，对专业分包单位在未办理拆模申请及告知等手续情况下拆模班组擅自开工未能及时发现、制止违章作业行为，从而进行有效监理。

（3）总承包单位对专业分包单位安全管理不够到位，对专业分包单位未能及时给拆模班组作业人员办理劳务用工手续、进行登记备案及接受安全教育等情况未能及时发现，对专业分包单位在未办理拆模申请及告知等手续情况下拆模班组擅自开工未能及时发现、制止违规作业行为。

3.5.6 施工单位责任认定及处理建议

（1）工程总承包单位对专业分包单位安全管理不够到位，对专业分包单位未能及时给拆模班组作业人员办理劳务用工手续、进行登记备案及接受安全教育等情况未能及时发现，对专业分包单位在未办理拆模申请及告知等手续情况下拆模班组擅自开工未能及时发现、制止违规作业行为，对本起事故发生负有一定责任，建议由市住建局依照相关规定处理。

（2）项目经理，对专业分包单位安全管理不够到位，对专业分包单位的安全管理工作不够到位未能及时发现并纠正，对本起事故发生负有责任，建议施工单位依照公司有关规定对其进行处理。

（3）施工单位项目专职安全员，对施工现场安全管理不够到位，对本起事故发生负有一定责任，建议施工单位依照公司有关规定对其进行处理。

3.5.7 专业分包单位责任认定及处理建议

（1）项目专业分包单位未能按照相关规定向总承包单位（甚至监理单位）办理拆模申请及告知等手续擅自开工，造成局部安全管理盲区；未能对施工作业现场进行监督、检查、指导、督促，以致对作业人员严重违规作业行为未能及时发现并制止；对作业人员进行的安全教育和安全技术交底不到位，造成施工人员安全意识淡薄，不能正确认识到拆模作业存在的危险因素，从而违章作业，对事故发生负有管理责任，建议应急局依法对该单位进行行政处罚。

（2）专业分包单位项目拆模班组刘某未持有"建筑施工特种操作资格证"，缺乏基本的安全生产知识和安全操作技能，对工作岗位存在的危险因素、防范措施情况不明，安全防范技能差，存在违章作业，违反拆模顺序，属严重违章行为，应对本起事故发生负主要责任，建议公安局依法进行调查处理。

（3）专业分包单位项目拆模班组组长秦某违反相关规定，相关技术交底不到位，未按相关规定在拆模施工现场组织指挥，擅离职守，应对本起事故发生负主要责任，建议公安局依法进行调查处理。

（4）专业分包单位项目专职安全员郭某，未按法律法规要求履行安全员安全生产职责，有关安全教育及技术交底不到位，未及时发现和消除作业现场存在的工人违章作业等隐患问题，对事故发生负有管理责任，建议专业分包单位依照公司有关规定对其进行处理。

（5）专业分包单位项目负责人黄某，未按照自身工作职责有效督促检查本项目安全管理工作落实情况，造成相关安全教育和技术交底工作及施工现场安全检查督促落实不到位，对事故发生负有管理责任，建议由市住建局依照有关规定进行处理。

3.5.8 监理单位责任认定及处理建议

（1）项目监理单位履行监理职责不够到位，未能对专业分包单位拆模班组作业人员接受安全教育和技术交底情况进行有效监督，对专业分包单位在未办理拆模申请及告知等手续情况下拆模班组擅自开工未能及时发现、制止违章作业行为，从而进行有效监理，对本起事故发生负有监理责任，建议由市住建局依照相关规定处理。

（2）项目总监理工程师，对该项目安全监理不够到位，对本起事故发生负有监理责任，建议由市住建局依照有关规定进行处理。

（3）专业监理工程师，对施工现场安全监理不够到位，对本起事故发生负有监理责任，建议监理单位依照公司有关规定对其进行处理。

3.5.9 事故防范措施建议

（1）专业分包单位要认真吸取事故教训，举一反三，认真贯彻执行国家安全生产法律法规，建立健全企业安全生产管理体系和安全生产规章制度，认真履行安全生产管理职责，加强对一线施工人员的安全教育和安全技术交底，认真开展事故隐患排查和治理，防范生产安全事故发生。

（2）监理单位要认真吸取事故教训，举一反三，严格依照有关法律法规和工程强制性标准实施监理，认真履行监理职责，督促施工单位落实施工现场各项安全防范措施，防范生产安全事故发生。

（3）总承包单位要认真吸取事故教训，举一反三，认真贯彻执行安全生产法律法规和标准规范，严格落实各项安全技术措施，建立健全企业安全生产组织体系和规章制度，强化对专业承包单位的安全管理，认真开展施工现场事故隐患排查和治理，防范生产安全事故。

（4）市、区住建行政主管部门要加强对受监工程施工现场的安全监督管理，督促建设工程各方责任主体认真贯彻执行安全生产法律法规和标准规范，认真开展施工现场事故隐患排查和治理，落实好各项安全技术措施，防范生产安全事故。

（5）镇人民政府应认真贯彻落实安全生产法律法规，在职责范围内对本辖区内的建设工程安全生产情况进行监督检查，发现违法违规行为及时制止，并向区相关职能部门报告，防范生产安全事故。

3.6 物体打击事故原因分析

从大量的物体打击事故来看，造成物体打击事故不断发生的原因主要有：

3.6.1 施工现场管理混乱

主要表现为：施工现场不按规定堆放材料、构件，放置机械设备；施工现场环境脏乱差，管理不善；多支施工队伍同时交叉作业，未按操作规程作业；有的施工现场临边洞口无防护或防护不严密；有的作业人员无个人防护用品或个人防护用品不全、使用不正确等。

3.6.2 安全管理不到位

按照《建筑施工高处作业安全技术规范》JGJ 80—2016 的有关规定，施工作业场所有有坠落可能的物件，应一律先行拆除或加以固定；拆卸下的物体及余料不得任意乱置或向下丢弃；钢模板、脚手架等拆除时，下方不得有其他操作人员等。规定虽然明确，但是在实际作业中存在违章现象，安全管理停留在表面，未能实际落实，因此而发生事故。

3.6.3 机械设备不安全

由于建筑施工主要是露天作业，长期的风吹雨打，造成机械设备的不安全，如有的起重机械制动失灵，钢丝绳、销轴、吊钩断裂，连接松脱，滑轮破损、出轨等，有的起吊物体时绑扎不牢、外溢；有的采用的索具、索绳不符合安全规范的技术要求；从而埋下安全隐患。

3.6.4 施工人员违章操作或者错误操作

这是造成物体打击事故的重要因素。由于安全教育不够，安全管理和安全防护措施不到位，使施工人员在作业中由于人为操作不慎，致使零部件、工具、材料从高处坠落伤人，或者由于违章操作向下抛扔物件伤人。

值得注意的是，物体打击事故的发生具有一定的偶然性，容易被人们所忽视，尤其容易被企业管理者所忽视，以至于这类事故在技术措施的防范上较弱。物体打击事故的起源，一般又多是机械设备故障、施工人员违章操作引起的，需要综合治理，在事故防范上有一定的难度。

3.7 物体打击事故预防措施

为了预防物体打击事故的发生，需要采取积极的预防措施。根据2018年10月1日起实施的《建筑施工易发事故防治安全标准》JGJ/T 429—2018，物体打击事故预防应做到：

（1）交叉作业时，下层作业位置应处于上层作业的坠落半径之外，在坠落半径内时，必须设置安全防护棚或其他隔离措施。

（2）下列部位自建筑物施工至二层起，其上部应设置安全防护棚：

1）人员进出的通道口（包括物料提升机、施工升降机的进出通道口）；

2）上方施工可能坠落物件的影响范围内的通行道路和集中加工场地；

3）起重机的起重臂回转范围之内的通道。

（3）安全防护棚宜采用型钢或钢板搭设或用双层木质板搭设，并能承受高空坠物的冲击。防护棚的覆盖范围应大于上方施工可能坠落物件的影响范围。

（4）短边边长或直径小于或等于500mm的洞口，应采取封堵措施。

（5）进入施工现场的人员必须正确佩戴安全帽。

（6）高处作业现场作业所有可能坠落的物件应预先撤出或固定。所存物料应堆放平稳，随身作业工具应装入工具袋。作业通道应清扫干净。

（7）临边防护栏杆下部挡脚板下边距离底面的空隙不应大于10mm。操作平台或脚手架作业层采用冲压钢脚手板时，板面冲孔直径应小于25mm。

（8）悬挑脚手架、附着式升降脚手架底层应采取可靠封闭措施。

（9）人工挖孔桩孔口第一节护臂井圈顶面应高出底面不小于200mm，孔口四周不得堆积杂物。

（10）临边作业面应在边坡设置阻拦网或覆盖钢丝网进行防护。

（11）拆除作业应符合下列规定：

1）拆除作业下方不得有其他人员；

2）不得上下同时拆除；

3）拆除作业应设置警戒区，并安排专人负责监护警戒；

4）拆卸下的物件不得乱置或向下丢弃。

（12）施工现场人员不得在起重机覆盖范围内和有可能坠物的区域逗留。

3.8 2019 年度物体打击事故（不完全统计）

据不完全统计，2019 年度物体打击事故如表 3-1 ～表 3-11 所示。

2019 年 1 月物体打击事故   表 3-1

日 期	地　　点	工程类型	伤亡人数（经济损失）	备注
2 日	云南省西双版纳	某民用住宅项目	死亡 1 人，伤 1 人	共死亡 4 人，伤 1 人
12 日	云南省保山市隆阳区	某商业金融项目	死亡 1 人	
13 日	湖北省武汉经济技术开发区	某民用住宅项目	死亡 1 人	
15 日	广东省惠州市惠城区	某民用住宅项目	死亡 1 人	

2019 年 3 月物体打击事故   表 3-2

日 期	地　　点	工程类型	伤亡人数（经济损失）	备注
4 日	江苏省南京市	某市政公用项目	死亡 1 人	共死亡 9 人，伤 1 人
12 日	江苏省镇江市丹徒区	某工业建筑项目	死亡 1 人	
16 日	江苏省宿迁市苏宿园区	某民用住宅项目	死亡 1 人	
17 日	四川省成都市高新区	某民用住宅项目	死亡 1 人	
18 日	广东省韶关市曲江区	某民用住宅项目	死亡 1 人	
19 日	河南省开封市	某民用住宅项目	死亡 1 人	
23 日	广东省佛山市禅城区	某市政公用项目	死亡 1 人	
23 日	安徽省淮南市	某市政公用项目	死亡 2 人，伤 1 人	

2019 年 4 月物体打击事故   表 3-3

日 期	地　　点	工程类型	伤亡人数（经济损失）	备注
7 日	海南省文昌市	某民用住宅项目	死亡 1 人	共死亡 13 人
11 日	吉林省长春市	某民用住宅项目	死亡 1 人	
12 日	福建省厦门市湖里区	某民用住宅项目	死亡 1 人	
14 日	江苏省苏州市平江区	某工业建筑项目	死亡 1 人	

日期	地　点	工程类型	伤亡人数（经济损失）	备注
16 日	宁夏回族自治区银川市灵武市	某市政公用项目	死亡 1 人	共死亡 13 人
17 日	江苏省扬州市仪征市	某民用住宅项目	死亡 1 人	
20 日	江苏省苏州市太仓市	某民用住宅项目	死亡 1 人	
23 日	重庆市沙坪坝区	某隧道项目	死亡 1 人	
23 日	安徽省蚌埠市	某民用住宅项目	死亡 1 人	
24 日	青海省西宁市城东区	某市政公用项目	死亡 1 人	
27 日	黑龙江省齐齐哈尔市龙沙区	某民用住宅项目	死亡 2 人	
29 日	湖南省常德市安乡县	某民用住宅项目	死亡 1 人	

2019 年 5 月物体打击事故 表 3-4

日期	地　点	工程类型	伤亡人数（经济损失）	备注
3 日	贵州省遵义市	某公共建筑项目	死亡 1 人	共死亡 8 人，伤 3 人
7 日	江苏省扬州市江都区	某民用住宅项目	死亡 1 人	
13 日	福建省泉州市洛江区	某民用建筑项目	死亡 1 人，重伤 3 人	
13 日	广东省深圳市盐田区	某市政公用项目	死亡 1 人	
16 日	广东省清远市英德市	某民用建筑项目	死亡 1 人	
22 日	江苏省苏州市吴江区	某民用住宅项目	死亡 1 人	
23 日	重庆市两江新区	某民用住宅项目	死亡 1 人	
28 日	广西壮族自治区桂林市临桂区	某公共建筑项目	死亡 1 人	

2019 年 6 月物体打击事故 表 3-5

日期	地　点	工程类型	伤亡人数（经济损失）	备注
2 日	江苏省苏州市常熟市	某工业建筑项目	死亡 1 人	共死亡 10 人
4 日	天津市武清区	某民用住宅项目	死亡 1 人	
11 日	浙江省嘉兴市海盐县	某民用住宅项目	死亡 1 人	
14 日	黑龙江省绥化市庆安县	某民用住宅项目	死亡 1 人	
16 日	安徽省阜阳市颍泉区	某民用住宅项目	死亡 1 人	
20 日	重庆市长寿区	某市政公用项目	死亡 1 人	
22 日	陕西省西安市	某公共建筑项目	死亡 1 人	
24 日	四川省雅安市天全县	某民用住宅项目	死亡 1 人	
27 日	深圳市南山区	某民用住宅项目	死亡 1 人	
27 日	陕西省西安市阎良区	某民用住宅项目	死亡 1 人	

2019 年 7 月物体打击事故　　　　　　　　　　　　表 3-6

日期	地　　点	工程类型	伤亡人数（经济损失）	备注
7 日	福建省漳州市龙文区	某民用住宅项目	死亡 1 人	共死亡6 人
7 日	山西省临汾市翼城县	某民用住宅项目	死亡 1 人	
10 日	广西壮族自治区桂林市临桂区	某民用住宅项目	死亡 1 人	
11 日	甘肃省酒泉市玉门市	某民用住宅项目	死亡 1 人	
14 日	云南省文山壮族苗族自治州	某民用住宅项目	死亡 1 人	
19 日	广东省珠海市高新区	某民用住宅项目	死亡 1 人	

2019 年 8 月物体打击事故　　　　　　　　　　　　表 3-7

日期	地　　点	工程类型	伤亡人数（经济损失）	备注
2 日	无锡市新吴区	某商业金融项目	死亡 1 人	共死亡2 人
3 日	常州市新北区	某民用住宅项目	死亡 1 人	

2019 年 9 月物体打击事故　　　　　　　　　　　　表 3-8

日期	地　　点	工程类型	伤亡人数（经济损失）	备注
18 日	安徽阜阳市颍东区	某民用住宅项目	死亡 1 人	死亡 1 人

2019 年 10 月物体打击事故　　　　　　　　　　　　表 3-9

日期	地　　点	工程类型	伤亡人数（经济损失）	备注
15 日	江苏南通市通州区	某民用住宅项目	死亡 1 人	共死亡2 人
17 日	安徽巢湖市	某民用住宅项目	死亡 1 人	

2019 年 11 月物体打击事故　　　　　　　　　　　　表 3-10

日期	地　　点	工程类型	伤亡人数（经济损失）	备注
18 日	江苏连云港连云区	某市政公用项目	死亡 1 人	死亡 1 人

2019 年 12 月物体打击事故　　　　　　　　　　　　表 3-11

日期	地　　点	工程类型	伤亡人数（经济损失）	备注
16 日	江苏镇江新区	某民用住宅项目	死亡 1 人	死亡 1 人

3.9 物体打击事故带来的启示及对策

通过对 2019 年度物体打击事故的统计（不完全统计）可见，2019 年 1 ~ 12 月物体打击事故造成 57 死 5 伤，从伤亡人数来看，物体打击事故依然是建筑业仅次于高处坠落事故的又一大事故伤害。特别是在施工周期短，劳动力、施工机具、物料投入较多，交叉作业时常有发生。这就要求在施工现场的人员在机械运行、物料传接、工具存放过程中，加强管理并防止物件坠落伤人的事故发生。

为了预防物体打击事故的发生，防范对策主要从施工现场的安全管理、危险作业的安全管理、施工人员的安全教育与管理三个方面进行控制。

3.9.1 施工现场的安全管理

施工现场安全管理是一项复杂的工作，在同一个施工现场需要组织多个工种，甚至多个施工队（如安装、土建等）协同施工；为了保证施工进度和质量，经常是各工种、各施工单位同时作业、交叉作业，这就需要进行严密的计划组织和控制，针对施工现场存在的不安全因素进行预先分析，从技术上和管理控制上采取措施。施工现场防范物体打击事故的安全管理涉及施工方案的制定，设备、材料的摆放，临时辅助设施的布置等。

（1）编制施工方案。施工方案应根据工程项目的规模、结构、环境、承包性质、技术含量和施工风险程度、危险点以及关键环节等因素进行编制。要从工程项目的实际出发，做到突出重点、针对性强。合理安排施工作业，避免上下同时作业，以消除上层作业场所坠落物体伤害下方人员和设备的隐患。因特殊情况不能避免交叉作业时，必须采取严密的安全防护措施。严格遵守有关操作规程，防止上层物体坠落到下层。上下不同层次间，在前后左右方向必须有一段横向的安全距离，此距离应大于可能坠落半径。

（2）制定专项安全技术措施。包括：特殊过程、特殊脚手架、新工艺、新材料、新设备等安全技术措施；改善劳动条件、减轻劳动强度，防止伤亡事故和职业危害的安全技术措施；现场机械、设备等各类防护、保险装置的安全技术措施。

（3）制定地下工程及竖井工程施工时的安全技术措施，确保围岩稳定和提升设施的安全。竖井工程施工时，井下必须按规定设置安全避险棚，以防万一。

（4）制定施工过程的安全技术措施。如上层拆除脚手架、模板及其他物件时，下方不得有其他作业人员；上下立体交叉施工时，不允许在同一垂直方向上作业；在危险区域设置牢固可靠的安全隔离层；施工人员做好自身保护（安全帽、安全带等）等。

（5）施工过程中对洞口、临边、高处作业采取安全防护措施，如规定专人负责搭设与检查，以保证安全可靠；在施工现场内落实负责搭拆、维修、保养这些安全防护设施的班组。

（6）对施工现场的环境进行有效控制，建立良好的作业环境。如围挡封闭施工，减少不必要的夜间施工，现场周围及沿街按照文明、安全要求设置必要可靠的防护设施。

3.9.2 危险作业的安全管理

（1）使用前，必须对施工机械进行检查、验收；塔吊、施工升降机、井架与龙门架等起重机械设备，在组装搭设完毕后，应经企业内部检查、验收，其中塔吊、施工升降机要向行业的机械检测机构申请检测，合格后再投入使用。同时，机械设备部门要负责对机械操作人员进行安全操作技术交底，落实设备的日常检查，督促操作人员做好机械的维修保养工作。

（2）应确定危险部位和过程，落实监控人员。确定监控、措施和方式，实施重点监控，必要时应连续监控，对此要在安全保证计划中作出安排。

（3）应把危险性较大的悬空作业、起重机械安装和拆除等定为危险作业，实施重点监控。对悬空作业、整体式提升脚手架升降时的重点监控，必须落实监控人员。

（4）脚手架应按施工设计方案规定的要求进行搭设。各种脚手架搭设到一定高度时，按安全保证计划规定的要求，由有关部门或人员分步进行检查、验收，合格后方可投入使用。使用中要落实专人负责维护。

（5）在被提升、悬挂或垫起至一定高度的机械设备或其他结构物下部进行检修或其他作业时，必须确保起吊设备的安全。就位后，必须将机体或物体支撑牢固后方可进行作业。

（6）严禁在机械回转半径内及起吊物移动范围内的下部逗留或作业。

（7）对于搭设或拆除的安全防护设施、脚手架、起重机械或其他设施、设备，如当天未能完成时，应做好局部的收尾工作，并设置临时安全设施。

3.9.3 施工人员的安全教育与管理

（1）预防物体打击事故的发生，对施工人员的安全教育十分重要。应提高管

建设各方主体事故责任及风险规避

理人员和施工人员的安全意识，加强安全操作知识的教育，防止因指挥和操作上的失误而造成的各种伤害事故。安全教育包括：对管理者的安全教育，因为安全工作的好坏，管理者是关键；对新工人的三级安全教育；对各工种，尤其是特种作业人员的技术安全培训和考核；多种形式的经常性的安全教育等，从而不断提高施工人员遵章守纪的安全素质。

（2）对施工过程中的各类持证上岗人员资格的控制，包括项目经理、管理人员和施工人员的检查、验证持证的有效性，如是否及时审证及超期、所对应工种与持证是否相符。

（3）落实施工安全管理。施工现场应按规定要求配备持有上岗证的安全员，负责施工安全有关工作。对某些特种作业人员的上岗资格要考虑到行业规定，如电工、安全员，塔吊、施工升降机的装拆工，整体式提升脚手架操作人员等都应经过行业的培训考核，持证上岗；一般施工人员也应经过岗位技能培训，合格后上岗。

（4）施工作业人员操作前，应由项目施工负责人以清楚简洁的方法，对施工人员进行安全技术交底。应分不同工种、不同的施工对象，或是分阶段、分部、分项、分工种进行安全技术交底。

（5）加强施工现场的安全检查。现场安全检查可以发现安全隐患，及时采取相应的措施，防患于未然。建立安全互检制度，监督施工作业人员，做好班后清理工作以及对作业区域的安全防护设施进行检查。对安全管理人员的素质、技能加以培训，并保证安全管理人员正当行使职责与权利不受干扰。

第4章

机械伤害

4.1 机械伤害的定义及类别

4.1.1 机械伤害的定义

机械伤害是指机械设备运动（静止）、部件、工具、加工件直接与人体接触引起的挤压、碰撞、冲击、剪切、卷入、绞绕、甩出、切割、切断、刺扎等伤害，不包括车辆、起重机械引起的伤害。

4.1.2 机械伤害的类别

（1）物体打击：是指物体在重力或其他外力的作用下产生运动，打击人体而造成人身伤亡事故。不包括主体机械设备、车辆、起重机械、坍塌等引发的物体打击。

（2）车辆伤害：是指企业机动车辆在行驶中引起的人体坠落和物体倒塌、飞落、挤压造成的伤亡事故，但不包括起重提升、牵引车辆和车辆停驶时发生的事故。

（3）机械伤害：是指机械设备运动（静止）、部件、工具、加工件直接与人体接触引起的挤压、碰撞、冲击、剪切、卷入、绞绕、甩出、切割、切断、刺扎等伤害。不包括车辆、起重机械引起的伤害。

（4）起重伤害：是指各种超重作业（包括起重机安装、检修、试验）中发生的挤压、坠落、物体（吊具、吊重物）、打击等造成的伤害。

（5）触电：包括各种设备、设施的触电，电工作业的触电，雷击等。

（6）灼烫：是指火焰烧伤、高温物体烫伤、化学灼伤（酸、碱、盐、有机物引起的体内外的灼伤）、物理灼伤（光、放射性物质引起的体内外的灼伤）、不包括电灼伤和火灾引起的烧伤。

（7）火灾伤害：包括火灾造成的烧伤和死亡。

（8）高处坠落：是指在高处作业中发生坠落造成的伤害事故。不包括触电坠落事故。

（9）坍塌：是指物体在外力或重力作用下，超过自身的强度极限或因结构稳定性破坏而造成的事故，如挖沟时的土石塌方、脚手架坍塌、堆置物倒塌、建筑物坍塌等。不包括矿山冒顶片帮和车辆、起重机械、爆破引起的坍塌。

（10）火药爆炸：是指火药、炸药及其制品在生产、加工、运输、贮存中发生的爆炸事故。

（11）化学性爆炸：是指可燃性气体、粉尘等与空气混合形成爆炸混合物，接触引爆物体时发生的爆炸事故（包括气体分解、喷雾、爆炸等）。

（12）物理性爆炸：包括锅炉爆炸、容器超压爆炸等。

（13）中毒和窒息：包括中毒、缺氧窒息、中毒性窒息。

（14）其他伤害：是指除上述以外的伤害，如摔、扭、挫、擦等伤害。

就机械零件而言，对人产生伤害的因素有：

1）形状和表面性能：切割要素、锐边、利角部分、粗糙或过于光滑；

2）相对位置：相对运动，运动与静止物的相对距离小；

3）质量和稳定性：在重力的影响下可能运动的零部件的位能；

4）质量、速度和加速度：可控或不可控运动中的零部件的动能；

5）机械强度不够：零件、构件的断裂或垮塌；

6）弹性元件的位能，在压力或真空下的液体或气体的位能。

4.2 常见机械伤害安全隐患及要求

常见机械伤害安全隐患及要求如图 4-1～图 4-5 所示。

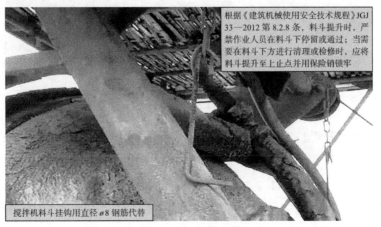

图 4-1　常见物体打击事故隐患及要求（1）

根据《龙门架及井架物料提升机》JGJ 88—2010 第 6.1.3 条：安全停层装置应为刚性结构，吊笼停层时，安全停层装置应能可靠承担吊笼自重、额定荷载及运料人员等全部工作荷载

提升机停层装置损坏

图 4-2　常见物体打击事故隐患及要求（2）

根据《建筑施工塔式起重机安装、使用、拆卸安全技术规程》JGJ 196—2010 第 6.3.5 条：滑轮、卷筒均应设有钢丝绳防脱装置；吊钩应设有防脱钩装置

塔吊钢丝绳缺少防跳绳装置

图 4-3　常见物体打击事故隐患及要求（3）

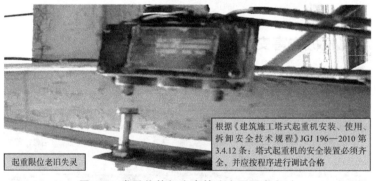

根据《建筑施工塔式起重机安装、使用、拆卸安全技术规程》JGJ 196—2010 第 3.4.12 条：塔式起重机的安全装置必须齐全，并应按程序进行调试合格

起重限位老旧失灵

图 4-4　常见物体打击事故隐患及要求（4）

4.3　衡水市"4·25"施工升降机坠落事故

2019 年 4 月 25 日上午 7 时 20 分左右，河北省衡水市一在建项目，发生一起施工升降机轿厢（吊笼）坠落的重大事故，造成 11 人死亡、2 人受伤，直接经济损失约 1800 万元。

施工吊篮固定放在阳台反坎上

根据《建筑施工工具式脚手架安全技术规范》JGJ 202—2010 第 5.4.7 条：悬挂机构前支架严禁支撑在女儿墙上、女儿墙外或建筑物挑檐边缘

图 4-5　常见物体打击事故隐患及要求（5）

经调查认定，该坠落事故是一起重大生产安全责任事故。

4.3.1 项目概况

该工程为框架—剪力墙结构；地上 31 层，地下 2 层，建筑高度 91.69m，建筑面积 45822.70m²。

事故发生时，1 号住宅楼工程形象进度施工至 16 层。

4.3.2 事故直接原因

调查认定，事故施工升降机第 16 节、17 节标准节连接位置西侧的两条螺栓未安装、加节与附着后未按规定进行自检、未进行验收即违规使用，是造成事故的直接原因。

4.3.3 事故间接原因

1. 塔吊公司

（1）对安全生产工作不重视，安全生产管理混乱。违反《中华人民共和国安全生产法》第四条规定。

（2）编制的事故施工升降机安装专项施工方案内容不完整且与事故施工升降机机型不符，不能指导安装作业，方案审批程序不符合相关规定。公司技术负责人长期空缺（自 2018 年 10 月至事发当天），专项施工方案未经技术负责人审批。违反了《建筑起重机械安全监督管理规定》第十二条第一项、《危险性较大的分部分项工程安全管理规定》第十一条第二项、《建筑施工升降机安装、使用、拆卸安全技术规程》第3.0.8条和3.0.9条规定。

（3）事故施工升降机安装前，未按规定进行方案交底和安全技术交底。事故施工升降机首次安装的人员与安装告知中的"拆装作业人员"不一致。违反了《建筑起重机械安全监督管理规定》第十二条第三项和第五项、《危险性较大的分部分项工程安全管理规定》第十五条规定。

（4）事故施工升降机安装过程中，未安排专职安全生产管理人员进行现场监督。违反了《建筑起重机械安全监督管理规定》第十三条第二项规定。

（5）事故升降机安装完毕后，由于现场技术及安全管理人员缺失，造成未按规定进行自检、调试、试运转，未按要求出具自检验收合格证明。违反了《建筑起重机械安全监督管理规定》第十四条规定。

（6）未建立事故施工升降机安装工程档案。违反了《建筑起重机械安全监督管理规定》第十五条第一项规定。

（7）员工安全生产教育培训不到位，未建立员工安全教育培训档案，未定期组织对员工培训。违反了《中华人民共和国安全生产法》第二十五条第一项和第四项、《建设工程安全生产管理条例》第三十六条第二项规定。

上述问题是导致事故发生的主要原因。

2. 施工单位

（1）该公司对安全生产工作不重视。未落实企业安全生产主体责任，对分公司疏于管理，对项目安全检查缺失。违反了《中华人民共和国安全生产法》第四条、《建设工程安全生产管理条例》第二十三条第二项规定。

（2）未按规定配足专职安全管理人员。违反了《建设工程安全生产管理条例》第二十三条第一项、《建筑施工企业安全生产管理机构设置及专职安全生产管理人员配备办法》(建质〔2008〕91号)第十三条第一项第三目规定。

（3）事故施工升降机的加节、附着作业完成后，重生产轻安全，未组织验收即投入使用。收到停止违规使用的监理通知后，仍继续使用。违反了《建设工程安全生产管理条例》第三十五条第一项、《建筑起重机械安全监督管理规定》第二十条第一项、《河北省安全生产条例》第二十条第一项规定。

（4）项目经理未履行职责。项目经理于某在某建筑公司挂证，实际未履行项目经理职责。违反了《建设工程安全生产管理条例》第二十一条第二项规定。

（5）对事故施工升降机安装专项施工方案的审查不符合相关规定要求，公司技术负责人未签字盖章。违反了《建设工程安全生产管理条例》第二十六条第一

建设各方主体事故责任及风险规避

项、《建筑起重机械安全监督管理规定》第二十一条第四项和《危险性较大的分部分项工程安全管理规定》第十一条第二项规定。

（6）在事故施工升降机安装专项施工方案实施前，未按规定进行方案交底和安全技术交底。违反了《危险性较大的分部分项工程安全管理规定》第十五条规定。

（7）在事故施工升降机安装时，未指定项目专职安全生产管理人员进行现场监督。违反了《建筑起重机械安全监督管理规定》第二十一条第六项规定。

（8）事故施工升降机操作人员解某无证上岗作业。违反了《建筑起重机械安全监督管理规定》第二十五条第一项、《建设工程安全生产管理条例》第二十五条规定。

（9）未建立事故施工升降机安全技术档案。违反了《建筑起重机械安全监督管理规定》第九条第一项规定。

上述问题是导致事故发生的主要原因。

3. 监理单位

（1）安全监理责任落实不到位，未按规定设置项目监理机构人员。于某是该项目总监理工程师，其实际工作单位是市住房和城乡建设局节能办，属于违规兼职；其注册监理工程师证于 2019 年 1 月 29 日被注销后，公司未调整该项目总监理工程师；现场监理人员与备案人员不符；未明确起重设备的安全监理人员。违反了《中华人民共和国建筑法》第十二条第二项、《建设工程安全生产管理条例》第十四条第三项和《河北省关于进一步做好建设工程监理工作的通知》（冀建工〔2017〕62 号）中关于"项目监理机构设置要求"规定。

（2）对事故施工升降机安装专项施工方案的审查流于形式，总监理工程师未加盖执业印章。违反了《危险性较大的分部分项工程安全管理规定》第十一条第一项、《建筑起重机械安全监督管理规定》第二十二条第三项规定。

（3）未对事故施工升降机安装过程进行专项巡视检查。违反了《危险性较大的分部分项工程安全管理规定》第十八条规定。

（4）未对事故施工升降机操作人员的操作资格证书进行审查。违反了《建筑起重机械安全监督管理规定》第二十二条第二项规定。

（5）现场安全生产监理责任落实不到位。针对施工单位违规使用事故施工升降机的问题，虽然在监理例会上提出了停止使用要求，也下发了停止使用的监理通知，但是未能有效制止施工单位违规使用，未按规定向主管部门报告。违反了《建设工程安全生产管理条例》第十四条第二项规定。

上述问题是导致事故发生的重要原因。

4. 建设单位

（1）未对施工单位、监理单位的安全生产工作进行统一协调管理，未定期进行安全检查，未对两个公司存在的问题进行及时纠正。违反了《中华人民共和国安全生产法》第四十六条第二项规定。

（2）收到停止违规使用事故施工升降机的监理通知后，未责令施工单位立即停止使用。违反了《建筑起重机械安全监督管理规定》第二十三条第二项规定。

上述问题是导致事故发生的重要原因。

5. 市建材办

负责区域内建筑起重机械设备日常监督管理工作。对区域内建筑起重机械设备监督组织领导不力，监督检查执行不力，未发现施工单位项目升降机安装申报资料不符合相关规定；未发现升降机安装时，安装单位、施工单位、监理单位的有关人员没有在现场监督；未发现安装单位安装人员与安装告知人员不符，安装后未按有关要求自检并出具自检报告；未发现施工升降机未经验收投入使用，升降机操作人员未取得特种作业操作资格证；未发现安装单位、施工单位施工升降机档案资料管理混乱；贯彻落实上级组织开展的安全生产隐患大排查、大整治工作不到位，致使事故施工升降机安装、使用存在的重大安全隐患未及时得到排查整改。

上述问题是导致事故发生的主要原因。

6. 市建设工程安全监督站

负责全市建设工程安全生产监督管理。对区域内建筑工程安全生产监督不到位，未发现施工单位对项目工地管理不到位，员工安全生产培训不符合规定，项目经理长期不在岗，项目专职安全员不符合要求、未能履行职责，监理人员违规挂证、监理不到位等问题，对项目工地安全生产管理混乱监管不力。

上述问题是导致事故发生的重要原因。

7. 市住房和城乡建设局

作为全市建筑工程安全生产监督管理行业主管部门，对全市建筑工程安全隐患排查、安全生产检查工作组织领导不力，监督检查不到位；对市建材办未认真履行建筑安全生产监管职责、未认真贯彻落实上级安全生产工作等问题管理不力；对涉事企业安全生产管理混乱、隐患排查不彻底等问题监督管理不到位。

上述问题是导致事故发生的重要原因。

8. 市委、市政府

对建筑行业安全生产工作重视程度不够，吸取以往事故教训不深刻，贯彻落实省委、省政府建筑安全生产工作安排部署不到位。

4.3.4 施工单位责任认定及处理建议

（1）施工单位，未落实企业安全生产主体责任，未及时消除生产安全事故隐患，对事故的发生负有责任。依据《中华人民共和国建筑法》第七十一条第一项和《建设工程安全生产管理条例》第六十五条第二项规定，建议由省住房和城乡建设厅报请住房和城乡建设部给予降低资质等级的行政处罚；依据《建筑施工企业安全生产许可证动态监管暂行办法》第十四条第二项第三项规定，建议由省住房和城乡建设厅给予暂扣安全生产许可证120日的行政处罚；依据《中华人民共和国安全生产法》第一百零九条第三项规定，建议由应急局给予其150万元罚款的行政处罚。

（2）于某，项目经理。在建筑公司"挂证"，实际未履行项目经理职责，对事故发生负有责任。依据《建设工程安全生产管理条例》第五十八条，建议由省住建厅报请住建部吊销其执业资格证书、终身不予注册；依据《生产安全事故报告和调查处理条例》第四十条第一项规定，建议由省住建厅吊销其安全生产考核合格证书。

涉嫌重大责任事故罪，已于2019年5月12日被公安机关刑事拘留，2019年5月24日被检察机关批准逮捕。

（3）车某，施工单位法定代表人、总经理。未有效履行主要负责人安全生产工作职责，对事故发生负有责任。依据《生产安全事故报告和调查处理条例》第四十条第一项规定，建议由省住房和城乡建设厅吊销其安全生产考核合格证书；依据《中华人民共和国安全生产法》第九十二条第三项规定，建议由应急局对其处以2018年年收入（109280元）60%的罚款，计人民币65568元。

（4）张某，施工单位副总经理。对公司安全生产规章制度执行不力，未组织对下属公司在建施工项目进行安全检查，未按规定每月召开公司安全生产例会，对施工现场安全管理人员缺失的情况失察，对事故升降机司机解某无证上岗作业情况失察，对事故发生负主要领导责任。建议给予其留党察看一年的党纪处分；依据《生产安全事故报告和调查处理条例》第四十条第一项规定，建议由省住房和城乡建设厅吊销其安全生产考核合格证书；由建筑公司按照内部规定给予其撤职处理，并报市住建局备案。

（5）赵某，施工单位安全科长。对公司安全生产规章制度执行不力，未对下属公司在建施工项目进行安全检查，对施工现场安全管理人员缺失的情况失察，对施工现场安全生产指导不力，对施工现场违规使用事故施工升降机的情况失察，对事故施工升降机司机解某无证上岗作业情况失察。依据《生产安全事故报告和调查处理条例》第四十条第一项规定，建议由省住建厅吊销其安全生产考核合格证书。

涉嫌重大责任事故罪，已于 2019 年 5 月 17 日被公安机关刑事拘留，2019 年 5 月 31 日被检察机关批准逮捕。

（6）张某，施工单位专职安全生产管理人员。在事故施工升降机安装过程中未进行现场监督，对事故发生负有责任。依据《生产安全事故报告和调查处理条例》第四十条第一项，建议由省住房和城乡建设厅吊销其安全生产考核合格证书。

涉嫌重大责任事故罪，已于 2019 年 5 月 1 日被公安机关刑事拘留，2019 年 5 月 14 日被检察机关批准逮捕。

（7）刘某，分公司经理。主持公司全面工作，涉嫌重大责任事故罪，已于 2019 年 5 月 17 日被公安机关刑事拘留，2019 年 5 月 31 日被检察机关批准逮捕。

（8）刘某，分公司副经理、现场实际负责人。涉嫌重大责任事故罪，已于 2019 年 5 月 1 日被公安机关刑事拘留，2019 年 5 月 14 日被检察机关批准逮捕。

（9）刘某，项目工长。现场管理，涉嫌重大责任事故罪，已于 2019 年 5 月 12 日被公安机关刑事拘留，2019 年 5 月 24 日被检察机关批准逮捕。

4.3.5 塔吊公司责任认定及处理建议

（1）塔吊公司，该公司安全生产责任制落实不到位，对事故的发生负有责任。依据《建设工程安全生产管理条例》第六十一条第一项规定，建议由省住房和城乡建设厅给予吊销资质的行政处罚；依据《建筑施工企业安全生产许可证动态监管暂行办法》第十四条第一项规定，建议由省住房和城乡建设厅给予吊销其安全生产许可证的行政处罚；依据《中华人民共和国安全生产法》第一百零九条第三项规定，建议由应急局给予其 150 万元罚款的行政处罚。

（2）程某某，塔吊公司法定代表人、总经理。未认真履行主要负责人安全生产管理职责，对事故发生负有管理责任。依据《生产安全事故报告和调查处理条例》第四十条第一项，建议由省住房和城乡建设厅吊销其安全生产考核合格证书。

涉嫌重大责任事故罪，已于 2019 年 5 月 1 日被公安机关刑事拘留，2019 年 5 月 14 日被检察机关批准逮捕。

（3）程某，塔吊公司安全员、安拆工。事故施工升降机安装现场负责人，未按照事故施工升降机使用说明书、操作规程对事故施工升降机进行安装和紧固螺栓。安装作业完成后，未按照施工升降机安全技术标准、安装使用说明书要求进行自检、调试、试运转，未能发现事故升降机导轨架第 16、第 17 标准节西侧两条连接螺栓漏装的重大安全隐患，未按规定出具自检合格证明。在 2019 年 4 月 17 日事故施工升降机加节安装过程中，违规进行了非安装程序的物料运输。未按规定向使用单位进行交接。依据《生产安全事故报告和调查处理条例》第四十条第一项，建议由省住房和城乡建设厅吊销其安全生产考核合格证书；依据《特种设备安全法》第九十二条规定，建议由省住建厅吊销其特种作业人员操作资格证书。

涉嫌重大责任事故罪，已于 2019 年 5 月 1 日被公安机关刑事拘留，2019 年 5 月 14 日被检察机关批准逮捕。

（4）王某，塔吊公司安拆工。未按照专项施工方案、施工升降机使用说明书、操作规程进行安装和紧固螺栓。安装完成后，未按规定进行自检、调试、试运转，未能发现事故升降机导轨架第 16、第 17 标准节西侧两条连接螺栓漏装的重大安全隐患。依据《特种设备安全法》第九十二条规定，建议由省住房和城乡建设厅吊销其特种作业人员操作资格证书。

涉嫌重大责任事故罪，已于 2019 年 5 月 12 日被公安机关刑事拘留，2019 年 5 月 24 日被检察机关批准逮捕。

（5）胡某，塔吊公司安拆工。未按照专项施工方案、施工升降机使用说明书、操作规程进行安装和紧固螺栓，仅凭经验进行安装作业，未能发现事故升降机导轨架第 16、第 17 标准节西侧两条连接螺栓漏装的重大安全隐患。依据《特种设备安全法》第九十二条规定，建议由省住房和城乡建设厅吊销其特种作业人员操作资格证书。

涉嫌重大责任事故罪，已于 2019 年 5 月 12 日被公安机关刑事拘留，2019 年 5 月 24 日被检察机关批准逮捕。

4.3.6 监理单位责任认定及处理建议

（1）监理单位，该公司未认真履行监理职责，对事故发生负有责任。依据《建设工程安全生产管理条例》第五十七条第三项规定，建议由省住房和城乡建设厅报请住房和城乡建设部给予降低资质等级的行政处罚；依据《中华人民共和国安全生产法》第一百零九条第三项规定，建议由应急局给予其110万元罚款的行政处罚。

（2）王某，监理单位法定代表人、总经理。未有效履行主要负责人安全生产工作职责，对事故发生负有责任。建议给予其留党察看一年的党纪处分；依据《中华人民共和国安全生产法》第九十二条第三项规定，由应急局对其处以2018年年收入（49791.56元）60%的罚款，计人民币29875元。

（3）姜某，项目现场监理员。涉嫌重大责任事故罪，已于2019年5月1日被公安机关刑事拘留，2019年5月14日被检察机关批准逮捕。

（4）姬某，监理单位副总经理（技术负责人）。未按合同委派专业监理工程师到现场监理。按监理合同，项目应派8名监理人员，现场实际只有4名监理人员，在明知项目总监于某注册监理工程师已注销的情况下，未及时安排他人担任项目总监，对事故发生负有责任。建议给予其留党察看一年的党纪处分，由监理单位按照内部规定给予撤职处理，并报市住房和城乡建设局备案。

（5）于某，住房和城乡建设局节能办员工。违规在监理单位兼职，担任项目总监，对事故发生负有责任。建议给予其开除党籍处分、收缴违纪所得。

违规在监理公司兼职，担任项目总监，涉嫌重大责任事故罪，已于2019年5月17日被公安机关刑事拘留，2019年5月31日被检察机关批准逮捕。

4.3.7 建设单位责任认定及处理建议

（1）建设单位，该公司安全生产责任制落实不到位，对事故的发生负有责任。依据《中华人民共和国安全生产法》第一百零九条第三项规定，建议由应急局给予其110万元罚款的行政处罚。

（2）孙某，建设单位法定代表人、董事长，总经理。未有效履行主要负责人安全生产工作职责，对事故发生负有责任。依据《中华人民共和国安全生产法》第九十二条第三项规定，建议由应急局对其处以2018年年收入（296318.81元）60%的罚款，计人民币177791元。

（3）许某，建设单位工程部经理、项目负责人。未对施工单位、监理单位的安全生产工作进行统一协调管理，未定期进行安全检查，未对两个公司存在的问题及时进行纠正。收到停止违规使用事故施工升降机的监理通知后，未责令施工单位立即停止使用。违反了《中华人民共和国安全生产法》第四十六条第二项规定、《建筑起重机械安全监督管理规定》第二十三条第二项规定，对事故发生负有责任。建议建设单位按照内部规定给予其撤职处理，并报市住房和城乡建设局备案。

4.3.8 政府有关部门责任认定及处理建议

（1）王某，市人民政府副市长。作为分管住房和城乡建设工作的副市长，虽然对建筑安全生产工作进行了安排落实，但贯彻落实上级建筑安全生产工作安排部署不到位，对市住房和城乡建设局落实建筑安全生产工作督促检查不到位，对市住房和城乡建设局安全生产监管工作中存在的问题失察，对事故发生负领导责任。建议给予诫勉谈话。

（2）王某，市住房和城乡建设局党组书记、局长。负责市住房和城乡建设局全面工作，虽然对建筑安全生产工作进行了安排落实，但贯彻落实上级建筑安全生产工作安排部署不到位，对本单位履行建筑安全生产监管工作中存在的问题失察，对事故发生负领导责任，建议给予其党内警告处分。

（3）梁某，市住房和城乡建设局党组成员、副局长。分管建设工程管理科、市建材办、市建设工程安全监督站等部门，对建筑起重机械设备的监督管理工作、建筑施工安全工作领导不力，对分管的市建材办、市建设工程安全监督站工作中存在的问题失察，对事故发生负领导责任。建议给予其党内严重警告处分、免职处理。

（4）李某，市住房和城乡建设局建设工程管理科科长。负责房屋建筑施工安全等工作。虽然对全市建设工程安全隐患排除、安全生产检查工作进行了督导落实，但对市建材办没有认真履行职责、贯彻落实上级建筑安全生产工作部署不到位。未发现工地安全生产管理混乱、现场监理管理不规范等问题，对事故发生负有重要领导责任。建议给予其党内严重警告处分。

（5）吴某，市建材办主任。负责建筑起重机械设备的监督管理工作。未认真履行职责，对区域内建筑起重机械设备监督领导不力，安全生产工作落实不力，没有组织开展建筑起重机械设备专项安全生产检查，贯彻落实上级组织开展的安全生产隐患大排查、大整治工作不到位，致使事故施工升降机的安装、使用存在的重大安全隐患未及时得到排查整改，对事故发生负有主要领导责任。建议给予其党内严重警告处分、行政撤职处分。

（6）李某，市建材办副主任。分管监督科等部门，未认真贯彻落实建筑起重机械有关安全生产法律法规，对监督科安全监管工作指导、检查、督促不力，对施工升降机安全检查和隐患排查工作领导、组织、督促不到位，致使事故施工升降机的安装、使用存在的重大安全隐患未及时得到排查整改，对事故发生负有主要领导责任。建议给予其党内严重警告处分、行政撤职处分。

（7）张某，市建材办监督科科长。负责区域内施工现场建筑起重机械设备的日常监督管理工作，未认真履行职责，未发现项目升降机安装资料不符合相关规定；未发现升降机安装时，安装单位、施工单位、监理单位的有关人员没有在场监督；未发现实际安装人员与备案人员名单不符；未发现施工升降机未经验收即投入使用，对事故发生负直接监管责任。建议给予其留党察看一年处分、行政撤职处分。

（8）王某，市建设工程安全监督站站长。负责建设工程安全生产监督管理，对区域内建筑工程安全生产管理、监督不力，未发现项目安全生产管理混乱、现场监理管理不规范的问题，对事故发生负有主要领导责任。建议给予其党内警告处分。

4.3.9 防范措施建议

1.进一步筑牢安全发展理念

党中央、国务院始终高度重视安全生产工作，习近平总书记多次就安全生产工作做出重要指示。各地各部门要认真学习贯彻习近平总书记重要指示精神，牢固树立安全生产红线意识和底线思维。要深刻吸取事故教训，举一反三，坚决落实安全生产属地监管责任和行业监管责任，督促企业严格落实安全生产主体责任，深入开展隐患排查治理，有效防范化解重大安全生产风险，坚决防止发生重特大事故，维护人民群众生命财产安全和社会稳定。

2.深入开展建筑领域专项整治

各级建筑行业主管部门要严格落实《党政领导干部安全生产责任制实施细则》，切实做好建筑行业三年专项整治工作。一要突出起重吊装及安装拆卸工程安全管理，紧抓建筑起重机械产权备案、安装（拆卸）告知、安全档案建立、检验检测、安装验收、使用登记、定期检查维护保养等制度的落实，严格机械类专职安全生产管理人员配备以及相应资质和安全许可证管理，严查起重机械安装拆卸人员、司机、信号司索工等特种作业人员持证上岗情况。二要严格过程监管，督促施工单位按照有关技术规范要求，在工程开工前、单项工程或专项施工方案施工前、交叉作业时以及施工过程中作业环境或施工条件发生变化时等，认真组织相关管理人员及施工作业人员做好安全技术交底工作，严查书面安全技术交底、交底内容针对性及操作性等方面存在的问题。三要强化执法监察，保持建筑行业领域打非治违高压态势，对非法违法行为严厉处罚，推动企业主体责任落实。

3. 严格落实建设单位安全责任

建设单位要加强对施工单位、监理单位的安全生产管理。与施工单位、监理单位签订专门的安全生产管理协议，或者在合同中约定各自的安全生产管理职责。严格督促检查施工单位现场负责人、专职安全管理人员和监理单位项目总监理工程师、专业监理工程师等有关专业人员资格情况，确保具备有资格条件的人员进场施工。认真开展监理单位履约情况考核与评价，对监理公司监理人员不到位等问题及时发现与纠正。切实加强施工现场安全管理，对施工单位、监理单位的安全生产工作要统一协调、管理，定期进行安全检查，发现存在安全问题的要及时督促整改，确保安全施工。

4. 严格落实总承包单位施工现场安全生产总责

按要求配备相应的施工现场安全管理人员，将安全生产责任层层落实到具体岗位、具体人员；与安装等相关分包单位签订的合同中明确双方的安全生产责任，严格按要求对安装单位编制的建筑起重机械等专项施工方案的有效性、适用性进行审核；专项施工方案实施前，按要求和安装单位配合完成方案交底和安全技术交底工作；施工升降机首次安装、后续加节附着作业及拆卸实施中，施工总承包单位项目部应当对施工作业人员进行审核登记，项目负责人应当在施工现场履职，项目专职安全生产管理人员应当对专项施工方案实施情况进行现场监督；建筑起重机械首次安装自检合格后，必须经有相应资质的检验检测机构监督检验合格；建筑起重机械投入使用前（包括后续顶升或加节、附着作业），应当组织出租、安装、监理等有关单位进行验收，验收合格后方可使用；使用单位应当自建筑起重机械安装验收合格之日起 30 日内，将建筑起重机械安装管理制度、特种作业人员名单，向工程所在地建设主管部门办理使用登记，登记标志置于或附着于该设备的显著位置；强化施工升降机使用管理，建筑起重机械司机必须具有特种作业操作资格证书，作业前应对司机进行安全技术交底后方可上岗；建筑起重机械在使用过程中，严格监督检查产权单位对建筑起重机械进行的检查和维护保养，确保设备安全使用。

5. 切实落实监理单位安全监理责任

监理单位要完善相关监理制度，强化对监理人员管理考核。一要严格按要求对建筑起重机械安装单位编制的专项施工方案的有效性、适用性进行审查，签署审核意见，加盖总监理工程师执业印章。二要严格审查安装单位资质证书、人员操作证等；专项施工方案实施前，按要求监督施工总承包单位和安装单位进行方案交底和安全技术交底工作；专项施工方案实施中，应当对作业进行有效的专项巡视检查。三要参加起重机械设备的验收，并签署验收意见；发现施工单位有违规行为应当给予制止，并向建设单位报告；施工单位拒不整改的应当向建设行政主管部门报告。

6. 切实加强建筑起重机械安全管控

建筑起重机械安装单位要按照标准规范，编制安拆专项施工方案，由本单位技术负责人审核，保证专项施工方案内容的完整性、针对性；专项施工方案实施前，按要求组织方案交底和安全技术交底工作；专项施工方案实施中，拆装人员必须取得相应特种作业操作资格证书并持证上岗，专业技术人员、专职安全生产管理人员应当进行现场监督；安装完毕后（包括后续顶升或加节、附着作业），严格按规定进行自检、调试和试运转，经检测验收合格后方可投入使用。

7. 切实抓好安全生产教育培训

要加强员工安全教育培训，科学制定教育培训计划，有效保障安全教育培训资金，依法设置培训课时，切实保证培训效果，不断提高员工的安全意识和防范能力，有效防止"三违"现象，确保建筑施工安全。

8. 夯实政府及部门监管责任

各地党政领导要认真执行《河北省党政领导干部安全生产责任制实施细则》，严格落实"党政同责、一岗双责"安全生产责任制。地方政府要严格落实属地监管责任，督促相关行业部门及有关企业认真落实安全生产职责，要将安全生产工作同其他工作同部署、同检查、同考核，构建齐抓共管的工作格局。建设行业主管部门要按照"三个必须"的要求，严格落实行业监管责任。市住房和城乡建设局要进一步加强对建筑起重机械等危大工程的安全监管，完善建筑起重机械安全监督管理制度，改进当前管理体制，切实提高全市建筑起重机械管理水平，坚决防范类似事故再次发生。

4.4 岳阳华容县"1·23"塔吊坍塌事故

2019 年 1 月 23 日 9 时 15 分，华容县一在建工程项目 10 号楼塔式起重机在进行拆卸作业时发生一起坍塌事故，事故造成 2 人当场死亡，3 人受伤送医院经抢救无效后死亡，事故直接经济损失 580 余万元。

经调查分析认定：该塔式起重机坍塌事故是一起较大生产安全责任事故。

4.4.1 事故发生经过

2019 年 1 月 23 日，经项目劳务分包人吴某联系，塔吊租赁公司谭某派出严某（塔吊司机）、贺某（地面司索指挥）、王某益、王某、田某、张某等 6 名人员对 10 号栋塔式起重机进行拆除作业，7 时 30 分左右施工人员到达拆卸现场后，在未向施工单位和监理单位汇报的情况下，司机严某从 10 号栋楼顶通道进入司机室操作塔式起重机，分两次吊运施工升降机附着架（9 套，共重 935.8kg）、混凝土料斗至附近围墙处，期间又应吴某的要求，分三次吊运竹夹板、钢管至围墙内。完成前期准备工作后（包括于距塔身约 20m 处吊起 9 套施工升降机附着架作为平衡起重臂和平衡臂用），于上午 9 时左右开始实施拆除作业，除司索指挥贺某在地面指挥，其余五人均登上塔吊进行拆除作业。开始拆除作业 15 分钟后，拆卸工人在拆除距离地面 80m 的塔吊第 29 节标准节（事发现场已散体为两个单独主肢及一个两主肢相连片状节）上下高强螺栓后，操作液压顶升机构顶升，由于顶升横梁销轴未可靠放入第 28 节主肢踏步圆弧槽，未将顶升横梁防脱装置推入踏步下方小孔内，同时平衡臂与起重臂未能一直保持平衡，司机操作小车吊运 935.8kg 重的 9 套施工升降机附着架，由距塔身约 20m 处回收至距塔身 4.9m 处。按规定是小车应在距塔身 15m 处吊一节 735kg 标准节保持不动，且其他作业人员同步将第 29 节标准节往引进平台方向推出，导致顶升横梁销轴一端从第 28 节标准节 4 号主肢踏步处滑脱，造成塔机上部载荷由顶升横梁一端承担而失稳，上部结构墩落引发塔式起重机从第 14 节标准节处断裂坍塌。司索指挥贺某听到类似金属炸裂"咔"的一声异响，看到塔式起重机剧烈摇晃，赶忙跑进裙楼内躲避，塔式起重机随后坍塌。

4.4.2 事故直接原因

塔式起重机安拆人员严重违规作业，违反《建筑施工塔式起重机安装、使用、拆卸安全技术规程》JGJ 196—2010 第 5.0.4 条规定是导致本起事故发生的直接原因。

（1）在顶升过程中未保证起重臂与平衡臂配平，同时有移动小车的变幅动作。

（2）未使用顶升防脱装置。

（3）且未将横梁销轴可靠落入踏步圆弧槽内。

（4）在进行找平变幅的同时将拟拆除的标准节外移。

以上违规操作行为引起横梁销轴从西北侧端踏步圆弧槽内滑脱，造成塔式起重机上部荷载由顶升横梁一端承重而失稳，导致塔式起重机上部结构墩落，引发此次塔式起重机坍塌事故。

4.4.3 事故间接原因

（1）塔吊租赁公司：一是作为事故塔吊产权出租单位，无安装拆卸资质擅自进行塔吊拆卸作业；二是安排无特种作业资格的人员进行塔吊拆卸作业，现场塔吊拆卸作业人员 6 人中有 2 人无塔吊拆卸资格证书；三是未将塔吊拆除的有关资料报施工总承包和监理单位审核并通过开工安全生产条件审查，未告知工程所在地施工安全监督机构；四是私刻某建筑机械设备有限公司公章并伪造塔吊安装拆卸的合同及安全协议，安排资料员伪造塔吊工程技术资料和他人签字；五是未落实企业安全生产责任，未对塔吊拆卸作业人员进行安全教育和技术交底，未安排专门人员进行现场安全管理。

（2）建设单位：一是未落实建设单位质量安全首要责任，对施工、监理单位履行安全生产职责不到位的情况未予以纠正，对施工中存在的违法违规行为未予以制止；二是口头指定林某代表公司担任项目施工实际负责人，之后林某擅自将劳务发包给吴某个人，吴某又将塔吊安装拆卸工程违法发包给不具备安装拆卸资质的公司。

（3）施工单位：一是接受建设单位指定的项目施工实际负责人林某在施工过程中的违规指挥；二是未落实安全生产责任，未配齐项目管理人员；三是未及时发现和制止租赁单位拆除塔吊的违法行为，对施工现场安全生产管理存在严重缺失。

（4）监理单位：一是工程派驻的总监理工程师因故辞职后，重新派遣的总监未及时到岗履职；二是对施工单位人员履职不到位、租赁单位违法拆卸塔吊等安全生产违法违规行为监理不力，未及时制止和上报；三是对塔吊进场施工的相关资料审查不严格，未发现租赁公司伪造安装公司合同和协议等情况。

（5）当地人民政府：当地政府安全生产属地管理责任落实不到位。一是督促辖区内建筑施工单位落实安全生产主体责任不到位；二是对辖区内建筑行业生产安全检查和排查组织工作不到位；三是未严格有效督促下设站所认真履行本职工作，未督促安监站对辖区内的建筑项目在建工地进行全覆盖检查，导致生产安全检查存在盲区。

（6）当地住房和城乡建设局：未落实对建筑行业生产安全监督职责，对建工办及安全监督管理站履职情况督促不力，对建设项目相关单位落实风险管控措施指导不力。

1）当地住建局建工办未督促下属安监站对施工单位的生产安全隐患进行有效排查，未采取有效措施落实监管工作；

2）当地建工办安全监督站在对项目工地进行日常监管过程中，未发现该塔式起重机没有办理使用登记证；在发现该项目工地安装拆卸塔式起重机未按规定进行报备的情况后未采取有效措施制止此类行为；未重点督促使用单位、监理单位、安拆单位履行塔式起重机拆除程序，未要求安拆单位及时做好塔式起重机拆除安全技术交底和安全教育工作。

（7）当地人民政府：对辖区内的安全生产工作督促不到位，督促县住建部门认真履行自身职责不力。

4.4.4 施工单位责任认定及处理建议

（1）施工单位对事故发生负有责任。建议：一是责令停业整顿，企业资质由一级总承包资质降为二级总承包资质；二是根据《建筑施工企业安全生产许可证动态监管暂行办法》，由颁发管理机关依法暂扣企业安全生产许可证90日；三是由住建部门记录其企业严重不良行为记录；四是根据《中华人民共和国安全生产法》第一百零九条第二项，由应急局处以100万元罚款。

（2）唐某，施工单位法人。未执行国家有关安全生产政策和法律规定，未认真督促、检查本单位的安全生产工作，未及时消除生产安全事故隐患，履行安全生产职责不到位。对事故发生负有领导责任，建议由应急局对其个人处上一年年收入40%的罚款。

（3）毛某，施工单位总经理。未执行国家有关安全生产政策和法律规定，未认真督促、检查本单位的安全生产工作，未及时消除生产安全事故隐患，履行安全生产职责不到位。对事故发生负有领导责任，建议由应急局对其个人处上一年年收入40%的罚款。

（4）周某，施工单位负责生产安全管理的副总经理。未认真履行法定安全生产管理职责，未对项目部的安全生产进行有效管理，未委派足够的项目管理人员，对项目安全检查不到位，对发现的施工安全隐患和违法行为未及时督促整改。对事故发生负有重要责任，建议由市住建局依法吊销其个人安全生产考核合格证书；责令湖南泰山工程有限公司对其进行给予撤职处理，且5年内不得担任任何施工单位的主要负责人、项目负责人。

（5）张某，施工单位项目经理。未落实项目安全生产责任制，未对项目安全管理制度的执行情况进行有效检查，对施工现场管理不力，对危险性较大的分项工程的管理不到位，未及时发现租赁单位拆除塔式起重机的违法行为。对事故发生负有重要责任，建议由市住建局依法吊销其个人一级注册建造师证书，5 年内不予注册；吊销其个人安全生产考核合格证书，并对其个人处以 5 万元罚款，5 年内不得担任任何施工单位的主要负责人、项目负责人的行政处罚。

（6）张某，施工单位安全员。对施工现场安全检查不到位，未及时排查生产安全事故隐患，对施工现场安全管理不力，未及时发现和报告塔式起重机租赁单位擅自拆除塔吊的违法行为。对事故发生负有重要责任，建议由市住建局依法吊销其个人安全生产考核合格证书，并责令所在公司给予其开除处理。

4.4.5 建筑机械租赁单位责任认定及处理建议

（1）建筑机械租赁有限公司对本起事故发生负有直接责任。建议：一是由工商行政主管部门依法吊销其营业执照；二是将其纳入安全生产领域失信行为联合惩戒黑名单；三是根据《中华人民共和国安全生产法》第一百零九条第二项由应急局处以 100 万元。

（2）谭某，建筑机械租赁有限公司法人。作为企业主要负责人违反国家有关安全生产政策和法律规定，未建立本单位安全生产责任制；未督促、检查本单位的安全生产工作，无资质从事塔式起重机拆除作业，安排无塔式起重机拆卸资质作业人员进行拆卸作业，不履行安全培训教育、技术交底等职责；未安排专职安全人员进行现场安全管理；进入现场拆卸塔吊前，未按规定向施工和监理单位报告；公章并伪造安装拆卸合同和协议，指使公司资料员陈某假冒他人签字，伪造塔式起重机工程技术资料和安拆人员资料，以应付监理单位及行政主管部门检查。对事故发生负有直接责任，建议移送司法机关依法追究其刑事责任。

（3）陈某，建筑机械租赁有限公司资料员。假冒他人签字，伪造塔式起重机工程技术资料，应付监理单位及行政主管部门检查，对事故发生负有直接责任，建议移送司法机关依法追究其刑事责任。

（4）吴某，劳务承包人。无资质从事劳务施工作业，安全生产意识淡薄，未履行安全生产管理职责，联系无拆卸资质的建筑机械租赁有限公司拆除塔式起重机，塔式起重机拆除前，未向施工单位、监理单位报告。对事故发生负有直接责任，建议移送司法机关依法追究其刑事责任。

（5）黄某，某建筑设备安装有限公司驻岳阳区域负责人。涉嫌伙同谭某私刻公司公章伪造塔式起重机安装拆卸合同及安全协议，帮助建筑机械租赁有限公司规避监理单位及行政主管部门的检查，建议由公安机关对其进行刑事调查，锁定其违法事实，依法追究责任。

4.4.6 监理单位责任认定及处理建议

（1）监理单位对事故发生负有责任。建议：一是由建设主管部门根据《建设工程安全生产管理条例》第五十七条，对监理企业进行全市通报批评。二是由住建部门记录其企业严重不良行为记录；三是根据《中华人民共和国安全生产法》第一百零九条第二项，由住建部门依法对其给予五十万元处罚。

（2）袁某，监理单位法人代表。未有效履行安全生产职责，监督检查本单位安全生产工作不力，未及时发现并纠正公司派驻项目监理人员履行安全监理责任不到位的行为，对事故发生负有领导责任，建议由市住建局对其个人处上一年年收入40%的罚款。

（3）兰某，总监理工程师。未认真履行安全生产职责，代表公司检查安全生产工作不到位，对危大工程未进行有效监理，对施工单位关键岗位人员未足够配备和施工现场安全隐患等问题未及时制止和向主管部门报告，未及时发现和制止塔式起重机租赁单位进场拆除塔吊的违法行为。对事故发生负有重要责任，建议由市住建局依法吊销其个人监理资格证书，5年内不予注册；并对其个人处上一年年收入40%的罚款。

（4）杨某，机电专业监理工程师。负责项目机电设备监理，其履行安全生产职责不到位，安全巡查不到位，对塔式起重机拆卸监理不力，未及时发现和报告租赁单位违法拆除塔式起重机的行为。对事故的发生负有重要责任，建议由市住建局依法吊销其个人执业资格注册证书，5年内不予注册。

（5）曹某，现场监理员。负责现场监理，履行自身监理职责不到位，对塔式起重机拆卸监理不力，未及时发现和报告租赁单位违法拆除塔式起重机的行为。对事故的发生负有重要责任，建议由所在公司给予其开除处理。

4.4.7 建设单位责任认定及处理建议

（1）建设单位对本起事故发生负有责任。建议：一是由市住房和城乡建设局对其房地产资质进行处罚；二是将其纳入安全生产领域失信行为联合惩戒黑名单；三是由住建部门记录其企业严重不良行为记录；四是根据《中华人民共和国安全生产法》第一百零九条第二项，由安全生产监督管理部门处以100万元罚款。

（2）陈某，建设单位法人代表。口头指定林某为项目施工实际负责人，对林某将工程劳务违法发包的情况失察，未落实建设单位质量安全首要责任，未对项目进行有效管理。对施工、监理单位履行安全生产职责不到位的情况不予以纠正，对存在的安全违法违规行为不予以制止。对事故的发生负有重要责任，建议由应急局对其个人处上一年年收入 40% 的罚款，将其个人纳入安全生产领域失信行为联合惩戒黑名单。

（3）林某，建设单位项目实际施工负责人。受公司指定负责现场施工，违法将工程劳务发包给无资质的包工头吴某，个人安全生产意识淡薄，未履行安全生产管理职责，未安排专职安全管理人员进行安全管理，在知晓塔式起重机租赁单位无拆除资质的情况下允许实施塔式起重机拆除作业。对事故发生负有直接责任，建议移送司法机关依法追究其刑事责任。

4.4.8 政府部门相关单位责任认定及处理建议

（1）陈某，当地住建局建工办安监站工作人员。作为项目现场监管人员，在对项目进行日常监管过程中，未发现该塔式起重机没有办理登记使用证；在发现该项目工地安装拆卸塔式起重机未按规定进行报备的情况后，并未采取有效措施制止此类行为；未重点督促使用单位、监理单位、安拆单位履行塔式起重机拆除程序，没有要求安拆单位及时做好拆除安全技术交底和安全教育工作。建议由当地纪委监委给予其党内严重警告、政务记过处分。

（2）张某，当地住建局建工办安监站工作人员。作为项目现场监管人员，在检查中发现该塔式起重机没有办理登记使用证并施工使用和未按规定进行报备的情况后未采取有效措施制止此类行为；未重点督促使用单位、监理单位、安拆单位履行塔式起重机拆除程序，没有要求安拆单位及时做好拆除安全技术交底和安全教育工作。建议由当地纪委监委给予其党内严重警告、降低岗位等级处分。

（3）岳某，当地住建局建工办副主任。分管建筑行业生产安全工作，同时也是安监站的分管领导。未督促现场监管人员对塔式起重机的相关资料进行认真核查；对项目未报备进行塔式起重机安装拆卸的行为监管不到位。对该事故发生负直接领导责任。建议由当地纪委监委给予其党内严重警告、降低岗位等级处分。

（4）杨某，当地建工办主任。未督促安监站对施工单位的生产安全隐患进行有效排查，导致施工单位使用无使用登记证的塔式起重机设备进行施工；未采取有效措施落实监管工作，对于项目未报备进行塔式起重机安装拆卸的行为不知情。对该事故发生负领导责任。建议由当地纪委监委给予其党内严重警告处分。

（5）范某，2009 年 11 月至 2019 年 1 月任建设局党委委员。分管安全生产工

建设各方主体事故责任及风险规避

作。未全面落实建筑安全生产监督职责，对安全生产工作部署不够细致，对安全检查工作指导不到位，对建设项目相关单位落实风险管控措施指导不力，对该事故发生负领导责任。事故发生后已被县委先期免职，建议由当地纪委监委给予其党内警告处分。

（6）包某，当地住建局党委书记、局长。未认真督促建工办加强在建工程安全监督管理，对建设项目相关单位落实风险管控措施指导不力，对该事故发生负领导责任。建议由当地纪委监委给予其党内警告处分，并调离现任岗位。

（7）姜某，项目所在地安监办主任。作为项目所在地安全生产工作负责人，未将本应由安监办进行生产安全检查的在建工地纳入检查范围，导致安全生产检查工作存在盲区。对该事故发生负领导责任。建议由当地纪委监委给予其政务警告处分。

（8）叶某，项目所在地党委委员、政协联工办主任。作为分管建筑行业安全生产工作的负责人，未对项目的属地进行认真的核实，未将项目纳入在建工地安全生产检查范围，未能对项目在建工地进行有效的安全生产监管，对该事故发生负领导责任。建议由项目所在地纪委监委给予其政务警告处分。

（9）李某，项目所在地副书记、镇长。作为辖区安全生产第一责任人，对事发地的安全生产工作不够重视，未将项目纳入建筑领域大检查时必须检查的工程项目，导致存在检查盲区；对塔式起重机等重大危险源安全生产隐患强调不够，未组织专项检查；对下属职能部门及村场的日常检查、巡察没有进行有效的督促落实。对该事故发生负领导责任。事故发生后已被县委先期免职，建议由当地纪委监委给予其诫勉谈话。

（10）黎某，项目所在地镇党委书记。作为辖区安全生产第一责任人，履行安全生产职责落实不到位，对项目的生产安全监督工作重视不够，对下属职能部门的安全生产监督工作未进行较好的督促落实，对该事故发生负领导责任。事故发生后已被县委先期免职，建议由当地纪委监委给予其诫勉谈话。

（11）张某，当地人民政府副县长。分管住建等工作，对县住建局开展建筑施工安全监督工作不力，对该事故发生负领导责任。建议由市纪委监委对其予以提醒谈话。

4.4.9 事故防范和整改措施建议

为了深刻吸取本次事故教训，强化落实生产经营单位的安全生产主体责任，防止各类事故，特提出如下防范措施建议：

（1）坚守不可逾越的安全意识红线，落实"生命至上、安全发展"的理念。县委、县人民政府要认真贯彻落实《地方党政领导干部安全生产责任制规定》，充分认清当前安全生产形势，紧绷安全生产这根弦，层层压实安全生产责任，把安全生产各项工作落到实处；县各级各部门要认真履行安全生产职责，强化安全监管和专项整治，以有效的措施坚决防范和杜绝较大及以上事故的发生；县各乡镇、街道办事处要切实建立健全安全生产责任体系和"横向到边、纵向到底"对辖区内在建项目全覆盖监管的安全监管机制，确保安全生产基层基础的夯实。

（2）切实强化建筑施工行业的安全监管力度。一是市住建局按"三个必须"的要求严格督促辖区内各级住建部门按照国家相关法律、法规的规定，深入开展建筑施工行业专项整治，全面排查在建工地的各类安全隐患和违法行为，严格整治标准，坚决防止走过场、搞形式，严防建筑施工行业机械设备再次发生事故。二是县政府、乡镇和园区要按照分级负责和谁主管、谁负责的原则，推动建筑行业领域在建项目全面做实大排查、大管控、大整治行动，杜绝各类建筑行业事故发生。

（3）要切实落实建筑施工企业安全生产主体责任。一是强化建筑施工企业落实安全主体责任，要深刻吸取这次事故教训，举一反三，依照相关法律法规，建立、健全建筑行业安全生产责任制，制定完善安全生产管理制度及规程；坚决遏制建筑施工作业现场的安全管理失控行为。二是强化建筑施工现场安全管理，要按照安全管理规定和操作规程，强化建筑施工现场安全管理，实现生产安全。三是强化施工人员安全教育培训，要强化对施工人员安全教育培训及应急专项安全培训，使从业人员掌握必要的安全知识，增强自我保护能力。

4.5 枣庄市"8·28"吊篮坠落事故

2019年8月28日上午9时，枣庄市一建筑工地发生施工吊篮坠落事故，致2死1伤，直接经济损失248.3万余元。

通过调查，认定该高处坠落事故是一起一般生产安全责任事故。

4.5.1 事故现场情况

（1）事发当天的天气情况：晴转多云，温度21～31℃，偏北风3～4级。

（2）该建筑工地共有高处作业吊篮20台，事发的吊篮位于综合楼第6层半西北角位置，距地约27.5m。该吊篮长4m，宽0.75m，护栏高1.2m，出厂日期为 2015 年 11 月 8 日。

4.5.2 事故发生经过

8 月 28 日上午，高处作业吊篮安装拆卸工马某、刘某、张某，对建筑工地吊篮进行移位作业。9 时 06 分，吊篮在下降过程中，吊篮的悬吊平台左侧突然下坠，悬吊平台倾覆，悬吊平台靠其右侧工作钢丝绳悬挂至距地面约 27.5m 处的位置，马某、刘某直接高空坠落，经抢救无效死亡。张某双手抓住安全绳滑落一定距离后坠落，重伤。悬吊平台倾覆时，3 人均未系安全带、未佩戴安全帽。

该三名工人均无高处作业吊篮安装拆卸作业操作证。

4.5.3 事故直接原因

建筑工地第 14 号高处作业吊篮的悬吊平台两侧工作钢丝绳长短不一，其中左侧工作钢丝绳未垂落到地面，造成该侧提升机下降过程中，因无工作钢丝绳缠绕致使吊篮的悬吊平台左侧突然下坠、悬吊平台倾覆，导致马某、刘某两人从悬吊平台上高空坠落死亡，张某从悬吊平台上高空坠落后由于双手抓住安全绳滑落一定距离坠落受伤。

4.5.4 事故间接原因

1. 技术方面

一是事发的高处作业吊篮的悬吊平台两侧均未设置安全钢丝绳；二是三名操作工均未系安全带、未佩戴安全帽；三是该三名操作工人均无建筑施工高处作业吊篮安装拆卸作业资格，属无证作业；四是建筑工地多个高处作业吊篮的悬吊平台均未设置安全钢丝绳，相邻的悬吊平台违规共用一个悬挂机构。

2. 管理方面

（1）房地产开发公司安全生产主体责任不落实。未建立本单位安全生产责任制；未组织制定本单位安全生产管理制度；未依法设置安全生产管理机构并配备安全生产管理人员，未设置本单位技术管理机构并配备安全技术人员；未确定符合条件的分管安全生产的负责人、技术负责人；未组织建立安全生产风险管控机制，未及时督促、检查安全生产工作，未及时消除生产安全事故隐患；未组织开展安全生产教育培训工作；未依法开展安全生产标准化建设、安全文化建设和班组安全建设工作；未组织制定事故应急救援预案；主要负责人未进行专门的安全生产教育培训并取得相应资格证书；在未办理相关施工许可等手续的情况下，擅自开工建设；违规将项目外墙装饰工程发包给装饰公司，双方未签订书面施工合同，未签订专门的安全管理协议；未对施工项目实施安全管理，存在以包代管行为；对发现的安全隐患拒不整改；未按照有关规定聘请监理机构进行安全监理。

（2）施工单位安全生产主体责任不落实。未健全本单位安全生产责任制；未健全本单位安全生产管理制度；未组织建立安全生产风险管控机制，未及时督促、检查安全生产工作，未及时消除生产安全事故隐患；未按规定组织开展安全生产教育培训工作；未依法开展安全生产标准化建设、安全文化建设和班组安全建设工作；未按规定组织制定并实施事故应急救援预案；主要负责人未进行专门的安全生产教育培训并取得相应资格证书；违规承包该项目外墙装饰工程，未与房地产开发有限公司签订书面施工合同，未签订专门的安全管理协议；未与安装单位在合同中约定双方安全管理职责或签订专门的安全管理协议；未严格履行项目安全管理职责，存在对吊篮施工人员资质把关不严，未及时发现并制止吊篮作业违规行为，日常检查不严不细。

（3）安装公司安全生产主体责任不落实。未建立本单位安全生产责任制；未组织制定本单位安全生产管理制度；未依法设置安全生产管理机构并配备安全生产管理人员，未设置本单位技术管理机构并配备安全技术人员；未确定符合条件的分管安全生产的负责人、技术负责人；未组织建立安全生产风险管控机制，未及时督促、检查安全生产工作，未及时消除生产安全事故隐患；未组织开展安全生产教育培训工作；未依法开展安全生产标准化建设、安全文化建设和班组安全建设工作；未组织制定并实施事故应急救援预案；主要负责人未进行专门的安全生产教育培训并取得相应资格证书；未与施工单位在合同中约定双方安全管理职责或签订专门的安全管理协议；施工现场安全管理不力，安排不具备吊篮作业资格的人员进行高处吊篮作业，未对吊篮作业人员进行岗前培训，未进行安全技术交底，未制定作业方案，未给吊篮作业人员配备劳动防护用品并监督正确佩戴；吊篮高空作业期间未安排专人现场监护。

（4）该项目政府主管部门履职尽责不到位，安全监管存在盲区。贯彻落实省、市、区各类专项整治活动不严不细，打非治违工作开展不力，对非法建设项目打击整治不到位，属地监管责任不明确，事发项目自2019年3月份开工以来，始终未对其进行监督检查，未及时发现并制止该项目违法建设行为。

4.5.5 施工单位责任认定及处理建议

（1）施工单位，安全生产主体责任不落实，对该起事故发生负有主要责任，是该起事故的主体责任单位之一。建议依据《中华人民共和国安全生产法》第一百零九条第一项的规定，应急局对其处以人民币49万元整的罚款的行政处罚，并对其2019年度安全生产工作"一票否决"。

（2）赵某，施工单位法定代表人、总经理。未认真履行主要负责人安全生产管理职责，未健全本单位安全生产责任制；未健全本单位安全生产管理制度；未组织建立安全生产风险管控机制，未及时督促、检查安全生产工作，未及时消除生产安全事故隐患；未按规定组织开展安全生产教育培训工作；未依法开展安全生产标准化建设、安全文化建设和班组安全建设工作；未按规定组织制定并实施事故应急救援预案；本人未进行专门的安全生产教育培训并取得相应资格证书；违规承包该项目外墙装饰工程，未与房地产开发有限公司签订书面施工合同，未签订专门的安全管理协议；未与安装单位在合同中约定双方安全管理职责或签订专门的安全管理协议；未严格履行项目安全管理职责，存在对吊篮施工人员资质把关不严，未及时发现并制止吊篮作业违规行为，日常检查不严不细，对事故的发生负有重要领导责任。建议依据《中华人民共和国安全生产法》第九十二条第一项的规定，由应急局对其处以2018年年收入30%的罚款的行政处罚。

（3）庄某，施工单位副总经理。分管公司安全生产工作，未认真履行分管负责人安全生产管理职责，未与安装单位在合同中约定双方安全管理职责或签订专门的安全管理协议；对吊篮作业人员资质把关不严，对吊篮作业人员安全生产教育培训不力，对吊篮施工现场安全监管不到位，未及时发现并制止吊篮作业人员违规行为，日常安全检查不严不细，对事故的发生负有主要管理责任。建议依据《山东省安全生产条例》第四十五条第二项规定，并结合《山东省安全生产行政处罚自由裁量基准》，由应急局对其处以罚款1.9万元整的行政处罚。

（4）甘某，施工单位现场项目经理。未认真履行项目经理安全生产管理职责，对吊篮作业人员资质把关不严，对吊篮作业人员安全生产教育培训不力，对吊篮施工现场安全监管不到位，未及时发现并制止吊篮作业人员违规行为，日常安全检查不严不细，对事故的发生负有重要管理责任。建议依据《山东省安全生产条例》第四十五条第二项规定，并结合《山东省安全生产行政处罚自由裁量基准》，由应急局对其处以罚款1.9万元整的行政处罚。

（5）樊某，施工单位现场项目安全员。未认真履行安全员安全生产管理职责，对吊篮作业人员资质把关不严，对吊篮作业人员安全生产教育培训不力，对吊篮施工现场安全监管不到位，未及时发现并制止吊篮作业人员违规行为，日常安全检查不严不细，对事故的发生负有直接管理责任。建议依据《山东省安全生产条例》第四十五条第二项规定，并结合《山东省安全生产行政处罚自由裁量基准》，由应急局对其处以罚款 1.9 万元整的行政处罚。

（6）孟某，业务承揽人员。未对承揽业务履行安全生产管理职责，安排不具备建筑施工高处吊篮安装拆卸作业资格的人员进行高处吊篮作业，未制定吊篮作业方案，未进行安全生产教育培训，未进行安全技术交底，未给吊篮作业人员提供劳动防护用品并监督正确佩戴，吊篮高空作业期间未安排专人现场监护，施工人员安全意识薄弱，现场安全管理混乱，且事故调查期间提供虚假伪造的安全生产许可证，对事故的发生负有主要责任。建议依据《关于办理危害生产安全刑事案件适用法律若干问题的解释》，移交司法机关依法追究其刑事责任。

4.5.6 安装公司责任认定及处理建议

（1）安装公司，安全主体责任不落实，对该起事故发生负有主要责任，是该起事故的主体责任单位之一。建议依据《中华人民共和国安全生产法》第一百零九条第一项的规定，结合《山东省安全生产行政处罚自由裁量基准》，由应急局对其处以人民币 49 万元整的罚款的行政处罚，并对其 2019 年度安全生产工作"一票否决"。

（2）张某，安装公司总经理。未履行主要负责人安全生产管理职责，未建立本单位安全生产责任制；未组织制定本单位安全生产管理制度；未依法设置安全生产管理机构并配备安全生产管理人员，未设置本单位技术管理机构并配备安全技术人员；未确定符合条件的分管安全生产的负责人、技术负责人；未组织建立安全生产风险管控机制，未及时督促、检查安全生产工作，未及时消除生产安全事故隐患；未组织开展安全生产教育培训工作；未依法开展安全生产标准化建设、安全文化建设和班组安全建设工作；未组织制定并实施事故应急救援预案；本人未进行专门的安全生产教育培训并取得相应资格证书；未与施工单位在合同中约定双方安全管理职责或签订专门的安全管理协议；对施工现场安全管理不力，安排不具备吊篮作业资格的人员进行高处吊篮作业，未对吊篮作业人员进行岗前培训，未进行安全技术交底，未制定吊篮作业方案，未给吊篮作业人员配备劳动防护用品并监督正确佩戴，吊篮高空作业期间未安排专人现场监护，对事故的发生负有重要领导责任。建议依据《中华人民共和国安全生产法》第九十二条第一项的规定，由应急局对其处以 2018 年年收入 30% 的罚款的行政处罚。

4.5.7 监理单位责任认定及处理建议

未按照有关规定委托监理机构进行工程监理。

4.5.8 房地产开发公司责任认定及处理建议

（1）房地产开发公司，安全生产主体责任不落实，对该起事故发生负有主要责任，是该起事故的主体责任单位之一。建议依据《中华人民共和国安全生产法》第一百零九条第一项的规定，结合《山东省安全生产行政处罚自由裁量基准》，由应急局对其处以人民币 49 万元整的罚款的行政处罚，并对其 2019 年度安全生产工作"一票否决"。

（2）殷某，房地产开发公司法定代表人、董事长。未履行主要负责人安全生产管理职责，未建立本单位安全生产责任制；未组织制定本单位安全生产管理制度；未依法设置安全生产管理机构并配备安全生产管理人员，未设置本单位技术管理机构并配备安全技术人员；未确定符合条件的分管安全生产的负责人、技术负责人；未组织建立安全生产风险管控机制，未及时督促、检查安全生产工作，未及时消除生产安全事故隐患；未组织开展安全生产教育培训工作；未依法开展安全生产标准化建设、安全文化建设和班组安全建设工作；未组织制定事故应急救援预案；本人未进行专门的安全生产教育培训并取得相应资格证书；在未办理相关施工许可等手续的情况下，擅自开工建设；违规将外墙装饰工程发包给施工单位，双方未签订书面施工合同，未签订专门的安全管理协议；未对施工项目实施安全管理，存在以包代管行为；对发现的安全隐患拒不整改；未按照有关规定聘请监理机构进行安全监理，对事故的发生负有主要领导责任。建议依据《中华人民共和国安全生产法》第九十二条第一项的规定，由应急局对其处以 2018 年年收入 30% 的罚款的行政处罚。

（3）殷某，房地产开发公司总经理。未履行主要负责人安全生产管理职责，未建立本单位安全生产责任制；未组织制定本单位安全生产管理制度；未依法设置安全生产管理机构并配备安全生产管理人员，未设置本单位技术管理机构并配备安全技术人员；未确定符合条件的分管安全生产的负责人、技术负责人；未组织建立安全生产风险管控机制，未及时督促、检查安全生产工作，未及时消除生产安全事故隐患；未组织开展安全生产教育培训工作；未依法开展安全生产标准化建设、安全文化建设和班组安全建设工作；未组织制定事故应急救援预案；本人未进行专门的安全生产教育培训并取得相应资格证书；在未办理相关施工许可等手续的情况下，擅自开工建设；违规将项目外墙装饰工程发包，双方未签订书面施工合同，未签订专门的安全管理协议；未对施工项目实施安全管理，存在以包代管行为；对发现的安全隐患拒不整改；未按照有关规定聘请监理机构进行安全监理，对事故的发生负有重要领导责任。建议依据《中华人民共和国安全生产法》第九十二条第一项的规定，由应急局对其处以2018年年收入30%的罚款的行政处罚。

（4）高某，房地产开发公司项目现场负责人。未认真履行项目现场负责人安全生产管理职责，对施工项目安全管理职责落实不力，对项目施工现场发现的安全隐患拒不整改，对事故的发生负有主要管理责任。建议依据《山东省安全生产条例》第四十五条第二项规定，并结合《山东省安全生产行政处罚自由裁量基准》，由应急局对其处以罚款1.9万元整的行政处罚。

（5）殷某某，房地产开发公司现场项目现场管理人员。未认真履行项目现场管理人员安全生产管理职责，对施工项目安全管理职责落实不力，对发现的安全隐患拒不整改，对事故的发生负有直接管理责任。建议依据《山东省安全生产条例》第四十五条第二项规定，并结合《山东省安全生产行政处罚自由裁量基准》，由应急局对其处以罚款1.9万元整的行政处罚；同时，建议依据《中国共产党纪律处分条例》有关的规定，给予党纪处分。

4.5.9 政府部门相关单位责任认定及处理建议

（1）相关行政主管部门，对该起事故的发生负有安全监管责任，是该起事故的相关责任单位。建议作出书面检查，并对其2019年度安全生产工作"一票否决"。

（2）张某，行政主管部门服务中心副主任。未认真履行安全监管职责，抓建筑行业安全生产工作不严不细，落实省、市、区各类专项整治活动不到位，打非治违工作开展不力，对非法建设项目打击整治不到位，属地监管责任不明确，安全监管存在盲区，始终未发现并制止该项目违法建设行为，对事故的发生负有直接监管责任。建议依据《中国共产党纪律处分条例》《安全生产领域违法违纪行为政纪处分暂行规定》等有关规定，给予党纪、政务处分。

（3）王某，行政主管部门服务中心主任。未认真履行安全监管职责，组织贯彻落实省、市、区各类专项整治活动不严不细，打非治违工作开展不力，对非法建设项目打击整治不到位，安全监管存在盲区，对事故的发生负有重要监管责任。建议依据《中国共产党纪律处分条例》《安全生产领域违法违纪行为政纪处分暂行规定》等有关规定，给予党纪、政务处分。

（4）颜某，公共事业保障中心主任。分管城乡建设服务中心，未认真履行安全监管职责，安排部署省、市、区各类专项整治活动不到位，打非治违工作开展不力，对非法建设项目打击整治不到位，造成安全监管存在盲区，始终未发现并制止该项目违法建设行为，对事故的发生负有主要领导责任。建议依据有关规定，给予政务处分。

对以上事故有关责任人，其中属于中共党员的，建议由有管理权限的党组织给予党纪处分；属于国家工作人员的，建议由有管理权限的监察机关给予政务处分，并将处分结果于该事故批复后30日内，书面报送市纪委监委、应急局。

4.5.10 事故防范和整改措施建议

该起事故损失惨痛，教训深刻，暴露出当前建筑领域部分企业安全生产主体责任和个别住房城乡建设部门安全监管责任落实不到位等诸多方面的问题。为深刻吸取该起事故教训，有效防范各类事故发生，特提出以下防范和整改措施建议：

（1）安装单位。一是要建立健全本单位安全生产责任制，组织制定本单位安全生产管理制度和操作规程，依法设置安全生产管理机构并配备安全生产管理人员，落实本单位技术管理机构的安全职能并配备安全技术人员，确定符合条件的分管安全生产的负责人、技术负责人，组织建立安全生产风险管控机制，及时督促、检查安全生产工作，及时消除生产安全事故隐患，组织开展安全生产教育培训工作，从事特种作业人员应取得特种作业操作资格证书方可上岗作业，依法开展安全生产标准化建设、安全文化建设和班组安全建设工作，组织制定并实施事故应急救援预案，主要负责人进行专门的安全生产教育培训并取得相应资格证书；二是要加强危险作业管理，吊篮安装前要编制专项施工方案，由施工现场安全管理人员向作业人员进行安全技术交底，并严格按照专项施工方案组织施工，为从业人员提供符合要求的劳动防护用品并指导监督正确佩戴；三是要依法依规进行租赁行为，坚决杜绝非法租赁行为。

（2）施工单位。一是要健全本单位安全生产责任制，组织制定本单位安全生产管理制度和操作规程，依法设置安全生产管理机构并配备安全生产管理人员，落实本单位技术管理机构的安全职能并配备安全技术人员，确定符合条件的分管安全生产的负责人、技术负责人，组织建立安全生产风险管控机制，及时督促、检查安全生产工作，及时消除生产安全事故隐患，组织开展安全生产教育培训工作，从事特种作业人员应取得特种作业操作资格证书方可上岗作业，依法开展安全生产标准化建设、安全文化建设和班组安全建设工作，组织制定并实施事故应急救援预案，主要负责人要进行专门的安全生产教育培训并取得相应资格证书；二是要规范工程发包管理，与分包单位在合同中约定各自的安全生产管理职责，或者签订专门的安全生产管理协议，严禁以包代管；三是要落实施工现场安全生产主体责任，对进入施工现场作业的特种作业人员严格进行资格审查，加强对工人的安全生产教育培训，未经安全生产教育培训的人员，不得上岗作业，要配备专职的安全管理人员，加强日常安全检查，确保施工安全。

（3）房地产开发公司。一是要建立健全本单位安全生产责任制，组织制定本单位安全生产管理制度和操作规程，依法设置安全生产管理机构并配备安全生产管理人员，落实本单位技术管理机构的安全职能并配备安全技术人员，确定符合条件的分管安全生产的负责人、技术负责人，组织建立安全生产风险管控机制，及时督促、检查安全生产工作，及时消除生产安全事故隐患，组织开展安全生产教育培训工作，从事特种作业人员应取得特种作业操作资格证书方可上岗作业，依法开展安全生产标准化建设、安全文化建设和班组安全建设工作，组织制定并实施事故应急救援预案，主要负责人要进行专门的安全生产教育培训并取得相应资格证书；二是要完善各项施工手续，按照国家、省、市有关规定取得施工许可证，经有关部门验收合格后，方可恢复施工建设；三是要落实项目安全生产主体责任，规范工程发包管理，与承包单位依法订立书面合同，明确双方的权利和义务，约定各自的安全生产管理职责，或者签订专门的安全生产管理协议，在施工过程中，要对承包单位的安全生产工作统一协调、管理，严禁以包代管，加强施工过程安全监管，建议委托具有相应资质条件的工程监理单位，及时发现并制止建设单位及施工单位在工程建设过程中的非法违法行为；四是要在全公司所有施工项目中立即开展全面的安全生产大检查，彻底排查整治各类安全隐患。

（4）相关行政主管部门。一是要进一步强化网格化监管工作，立即对辖区内的所有建设项目进行全面排查，摸清底数，明确责任人，建立网格化台账，杜绝监管盲区；二是要进一步加大"打非治违"力度，对辖区内的建设项目进行拉网式的排查，严厉查处、打击无证从事生产经营活动、未落实安全生产主体责任等各项违反安全生产法律、法规和规章的生产经营建设行为；三是要进一步加强安全监管，彻底排查建筑施工领域的各类安全隐患，全面实现不安全不开工，做到规范一批、整改一批、关停一批，实现全区建筑领域安全生产。

4.6 机械伤害事故原因分析

机械伤害事故主要是由人的不安全行为、机械本身的不安全状态、环境的不利因素及管理不善所造成的。

4.6.1 人的不安全行为

1. 操作失误的主要原因

（1）机械产生的噪声使操作者的知觉和听觉麻痹，导致不易判断或判断错误；

（2）依据错误或不完整信息操纵、控制机械造成的失误；

（3）机械的显示器、指示信号等显示错误，使操作者误操作；

（4）准备不充分，安排不合理而导致的操作失误；

（5）时间紧迫致使没有充分考虑就去处理问题；

（6）缺乏对动机械危险性的认识而产生操作失误；

（7）技术不熟练，操作方法不当；

（8）控制与操纵系统的识别性不良、标准化程度不高而使操作者产生操作失误；

（9）作业程序不合理，导致操作失误。

2. 误入危险区域的主要原因

（1）机械设备运转过程中的状态改变。

（2）抱着图省事、走捷径的心理，对熟悉的机器，会有意省掉某些程序而误入危险区。

（3）条件反射下忘记危险区。

（4）单调的操作使操作者疲劳而误入危险区。

（5）由于身体或环境影响造成视觉和听觉失误而误入危险区。

（6）错误的思维和记忆，尤其是对机器及操作不熟悉的新工人容易误入危险区。

（7）指挥者错误指挥，操作者未能抵制而误入危险区。

（8）信息沟通不良而误入危险区。

（9）异常状态及其他条件下的失误。

4.6.2 机械的不安全状态

机器的安全防护设施不完善、安全卫生设施缺乏均能诱发事故。运转机械造成伤害事故的危险源常常存在于下列部位：

（1）旋转的机件具有将人体从外部卷入的危险。如：机床的卡盘、钻头、铰刀等传动部件和旋转轴的凸出部分能钩挂衣袖、裤腿、长发等将人卷入机器。

（2）作直线往复运动的部位存在着撞伤、挤伤和剪切危险。如：冲压、剪切、锻压等机械的模具、锤头、刀口等部位存在着撞击、挤压、剪切危险。

（3）机械的摇摆部位存在着撞击危险。

（4）机械的控制点、操纵点、检查点、取样点、送料过程等也都存在着不同的潜在危险因素。

4.6.3 工作场所环境的不利因素

（1）工作场所照明不良。

（2）工作场所温度和湿度不适宜。

（3）工作场所各种噪声过大。

（4）工作场所的地面或踏板湿滑。

（5）设备布置不合理等。

4.6.4 管理不善

（1）管理者安全意识淡薄。

（2）安全操作规程不健全。

（3）没有对操作者进行安全教育等。

4.7 机械伤害事故预防措施

（1）检修机械必须严格执行断电须挂禁止合闸警示牌和设专人监护的制度。机械断电后，必须确认其惯性运转已彻底消除后才可进行工作。机械检修完毕，试运转前，必须对现场进行细致检查，确认机械部位人员全部彻底撤离才可取牌合闸。检修试车时，严禁有人留在设备内进行点车。

（2）炼胶机等人手直接频繁接触的机械，必须有完好紧急制动装置，该制动钮位置必须使操作者在机械作业活动范围内随时可触；机械设备各传动部位必须有可靠防护装置；各人孔、投料口、螺旋输送机等部位必须有盖板、护栏和警示牌；作业环境保持整洁卫生。

（3）各机械开关布局必须合理，必须符合两条标准：一是便于操作者紧急停

建设各方主体事故责任及风险规避

车；二是避免误开动其他设备。

（4）对机械进行清理积料、捅卡料、上皮带腊等作业，应遵守停机断电挂警示牌制度。

（5）严禁无关人员进入危险因素大的机械作业现场，非本机械作业人员因事必须进入的，要先与当班机械作者取得联系，有安全措施才可同意进入。

（6）操作各种机械人员必须经过专业培训，能掌握该设备性能的基础知识，经考试合格，持证上岗。上岗作业中，必须精心操作，严格执行有关规章制度，正确使用劳动防护用品，严禁无证人员开动机械设备。

4.8 2019 年度部分机械伤害事故

2019 年度部分机械伤害事故如表 4-1～表 4-11 所示。

2019 年 1 月机械伤害事故　　　表 4-1

日 期	地　　点	工程类型	伤亡人数（经济损失）	备注
8 日	四川省绵阳市经开区	某民用住宅项目	死亡 1 人，2 人轻伤	共死亡 2 人，伤 2 人
9 日	广西壮族自治区桂林市七星区	某民用住宅项目	死亡 1 人	

2019 年 2 月机械伤害事故　　　表 4-2

日 期	地　　点	工程类型	伤亡人数（经济损失）	备注
26 日	安徽省铜陵市	某民用住宅项目	死亡 3 人	共死亡 5 人
27 日	重庆市忠县	某民用住宅项目	死亡 1 人	
27 日	广东省清远市连山壮族瑶族自治县	某民用住宅项目	死亡 1 人	

2019 年 3 月机械伤害事故　　　表 4-3

日 期	地　　点	工程类型	伤亡人数（经济损失）	备注
4 日	安徽省宣城市郎溪县	某民用住宅项目	死亡 1 人	共死亡 4 人
4 日	陕西省商洛市商南县	某民用住宅项目	死亡 1 人	
14 日	湖南省益阳市沅江市	某民用住宅项目	死亡 2 人	

2019 年 4 月机械伤害事故　　　表 4-4

日 期	地　　点	工程类型	伤亡人数（经济损失）	备注
3 日	天津市滨海新区	某公共建筑项目	死亡 1 人	共死亡 14 人，伤 2 人
6 日	甘肃省酒泉市肃州区	某民用住宅项目	死亡 1 人	

日期	地 点	工程类型	伤亡人数（经济损失）	备注
25 日	河北省衡水市桃城区	某民用住宅项目	造成 11 人死亡、1 人重伤、1 人轻伤。	共死亡 14 人，伤 2 人
30 日	贵州省贵阳市观山湖区	某民用住宅项目	死亡 1 人	

2019 年 5 月机械伤害事故　　　　　　　　　　　　　表 4-5

日期	地 点	工程类型	伤亡人数（经济损失）	备注
11 日	陕西省延安市新区	某民用住宅项目	1 人死亡，直接经济损失 99.9 万元	共死亡 3 人
14 日	河南省郑州市管城回族区	某市政公用项目	死亡 1 人	
29 日	深圳市光明新区	某民用住宅项目	死亡 1 人	

2019 年 6 月机械伤害事故　　　　　　　　　　　　　表 4-6

日期	地 点	工程类型	伤亡人数（经济损失）	备注
5 日	广东省深圳市罗湖区	某公共建筑项目	死亡 1 人	共死亡 9 人
10 日	广东省韶关市乐昌市	某民用住宅项目	死亡 1 人	
11 日	江西省宜春市丰城市	某民用住宅项目	死亡 1 人	
12 日	黑龙江省齐齐哈尔市克东县	某民用住宅项目	死亡 1 人	
15 日	四川省广元市利州区	某民用住宅项目	死亡 1 人	
19 日	江西省赣州市章贡区	某民用住宅项目	死亡 2 人	
23 日	天津市滨海新区	某市政公用项目	死亡 1 人	
29 日	甘肃省嘉峪关市	某民用住宅项目	死亡 1 人	

2019 年 7 月机械伤害事故　　　　　　　　　　　　　表 4-7

日期	地 点	工程类型	伤亡人数（经济损失）	备注
2 日	江苏省扬州市江都区	某民用住宅项目	死亡 2 人	共死亡 5 人，伤 1 人
12 日	山东省潍坊市寒亭区	某民用住宅项目	死亡 1 人	
12 日	江苏省盐城市	某民用住宅项目	2 死 1 伤	

2019 年 8 月机械伤害事故　　　　　　　　　　　　　表 4-8

日期	地 点	工程类型	伤亡人数（经济损失）	备注
3 日	河南省郑州航空港区	某市政公用项目	死亡 3 人	共死亡 9 人，伤 1 人
20 日	河南省郑州市中牟县	某工业建筑项目	死亡 1 人	
28 日	河南省郑州市管城回族区	某民用住宅项目	死亡 3 人	
28 日	山东省枣庄市	某民用住宅项目	2 死 1 伤	

2019 年 10 月机械伤害事故　　　　　　表 4-9

日期	地　点	工程类型	伤亡人数（经济损失）	备注
23 日	山东省威海市温泉镇	某民用住宅项目	死亡 2 人，伤 2 人	死亡 2 人，伤 2 人

2019 年 11 月机械伤害事故　　　　　　表 4-10

日期	地　点	工程类型	伤亡人数（经济损失）	备注
19 日	江苏扬州市宝应县	某工业建筑项目	死亡 1 人	
20 日	甘肃省庆阳市	某民用住宅项目	死亡 3 人	共死亡 5 人
29 日	江苏省徐州市云龙区	某民用住宅项目	死亡 1 人	

2019 年 12 月机械伤害事故　　　　　　表 4-11

日期	地　点	工程类型	伤亡人数（经济损失）	备注
14 日	安徽省巢湖市经开区	某民用住宅项目	死亡 1 人	共死亡 3 人，
25 日	四川省成都市简阳市	某民用住宅项目	死亡 2 人，伤 1 人	伤 1 人

4.9 机械伤害事故带来的启示及防范对策

通过对 2019 年度机械伤害事故的统计（不完全统计）可见，2019 年 1 ～ 12 月机械伤害事故共造成 61 死 9 伤。从月份看，以 4 ～ 8 月份机械伤害事故较多，从伤亡人数来看，机械伤害事故依然高居不下，尤其是河北省"4·25"施工升降机吊笼坠落造成 11 死 2 伤，制造了 2019 年建筑业事故伤亡之最，令人痛惜！

机械伤害事故风险的大小除取决于机器的类型、用途、使用方法和人员的知识、技能、工作态度等因素外，还与人们对危险的了解程度和所采取的避免危险的措施有关。

预防机械伤害包括两方面的对策：

4.9.1 实现机械本质安全

（1）消除产生危险的原因。

（2）减少或消除接触机器的危险部件的次数。

（3）使人们难以接近机器的危险部位（或提供安全装置，使接近这些部位不会导致伤害）。

（4）提供保护装置或者个人防护装备。

上述措施可以结合起来应用。

4.9.2 保护操作者和有关人员安全

（1）通过培训，提高人们辨别危险的能力。

（2）通过对机器的重新设计，使危险部位更加醒目（或使用警示标志）。

（3）通过培训，提高避免伤害的能力。

（4）采取必要的措施增强避免伤害的自觉性。

第5章

触　电

5.1 触电事故的定义及类别

5.1.1 触电事故的定义

指操作人员身体接触高压或低压带电设备或导线造成的伤亡事故。

5.1.2 触电事故的类别

按照触电事故的构成方式，触电事故可分为电击和电伤。

1. 电击

电击是电流对人体内部组织的伤害，是最危险的一种伤害，绝大多数（大约85% 以上）的触电死亡事故都是由电击造成的。

电击的主要特征有：

（1）伤害人体内部；

（2）低压触电在人体的外表没有显著的痕迹，但是高压触电会产生极大的热效应，导致皮肤烧伤，严重者会被烧黑；

（3）致命电流较小。

按照发生电击时电气设备的状态，电击可分为直接接触电击和间接接触电击：

（1）直接接触电击：直接接触电击是触及设备和线路正常运行时的带电体发生的电击（如误触接线端子发生的电击），也称为正常状态下的电击；

（2）间接接触电击：间接接触电击是触及正常状态下不带电，而当设备或线路故障时意外带电的导体发生的电击（如触及漏电设备的外壳发生的），也称为故障状态下的电击。

2. 电伤

电伤是由电流的热效应、化学效应、机械效应等效应对人造成的伤害。触电伤亡事故中，纯电伤性质的及带有电伤性质的约占 75%（电烧伤约占 40%）。尽管大约 85% 以上的触电死亡事故是电击造成的，但其中大约 70% 的含有电伤成分。对专业电工自身的安全而言，预防电伤具有更加重要的意义。

（1）电烧伤是电流的热效应造成的伤害，分为电流灼伤和电弧烧伤。

电流灼伤是人体与带电体接触，电流通过人体由电能转换成热能造成的伤害。电流灼伤一般发生在低压设备或低压线路上。

电弧烧伤是由弧光放电造成的伤害，分为直接电弧烧伤和间接电弧烧伤。前者是带电体与人体发生电弧，有电流流过人体的烧伤；后者是电弧发生在人体附近对人体的烧伤，包含熔化了的炽热金属溅出造成的烫伤。直接电弧烧伤是与电击同时发生的。

电弧温度高达 8000℃ 以上，可造成大面积、大深度的烧伤，甚至烧焦、烧掉四肢及其他部位。大电流通过人体，也可能烘干、烧焦机体组织。高压电弧的烧伤较低压电弧严重，直流电弧的烧伤较工频交流电弧严重。

发生直接电弧烧伤时，电流进、出口烧伤最为严重，体内也会受到烧伤。与电击不同的是，电弧烧伤都会在人体表面留下明显痕迹，而且致使电流较大。

（2）皮肤金属化是在电弧高温的作用下，金属熔化、汽化，金属微粒渗入皮肤，使皮肤粗糙而张紧的伤害。皮肤金属化多与电弧烧伤同时发生。

（3）电烙印是在人体与带电体接触部位的留下的永久性斑痕。斑痕处皮肤失去原有弹性、色泽，表皮坏死，失去知觉。

（4）机械性损伤是电流作用于人体时，由于中枢神经反射和肌肉强烈收缩等作用导致的机体组织断裂、骨折等伤害。

（5）电光眼是发生弧光放时，由红外线、可见光、紫外线对眼睛的伤害。电光眼表现为角膜炎或结膜炎。

5.2 常见临时用电安全隐患及要求

常见临时用电安全隐患及要求如图 5-1 ～图 5-6 所示。

5.3 安徽滁州"4·22"触电事故

2019 年 4 月 21 日上午 9 时许，在滁州市一新建厂房建设工地发生一起触电事故，造成 1 人死亡。直接经济损失约 170 余万元。

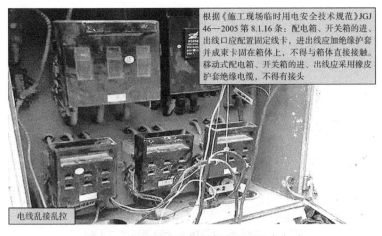

根据《施工现场临时用电安全技术规范》JGJ 46—2005 第 8.1.16 条：配电箱、开关箱的进、出线口应配置固定线卡，进出线应加绝缘护套并成束卡固在箱体上，不得与箱体直接接触。移动式配电箱、开关箱的进、出线应采用橡皮护套绝缘电缆，不得有接头

电线乱接乱拉

图 5-1　常见临时用电安全隐患及要求（1）

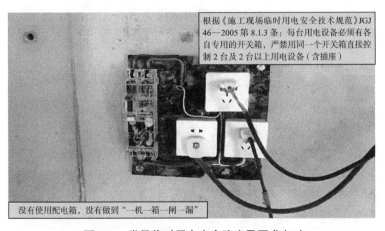

根据《施工现场临时用电安全技术规范》JGJ 46—2005 第 8.1.3 条：每台用电设备必须有各自专用的开关箱，严禁用同一个开关箱直接控制 2 台及 2 台以上用电设备（含插座）

没有使用配电箱，没有做到"一机一箱一闸一漏"

图 5-2　常见临时用电安全隐患及要求（2）

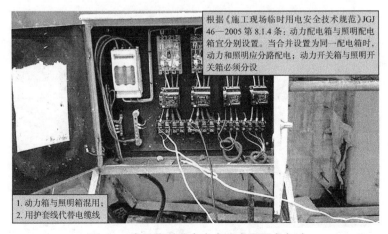

根据《施工现场临时用电安全技术规范》JGJ 46—2005 第 8.1.4 条：动力配电箱与照明配电箱宜分别设置。当合并设置为同一配电箱时，动力和照明应分路配电；动力开关箱与照明开关箱必须分设

1. 动力箱与照明箱混用；
2. 用护套线代替电缆线

图 5-3　常见临时用电安全隐患及要求（3）

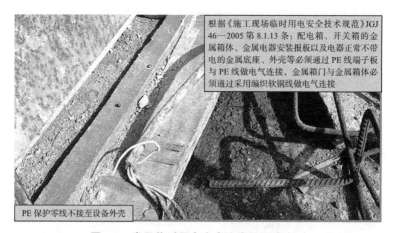

根据《施工现场临时用电安全技术规范》JGJ 46—2005 第 8.1.13 条：配电箱、开关箱的金属箱体、金属电器安装板板以及电器正常不带电的金属底座、外壳等必须通过 PE 线端子板与 PE 线做电气连接，金属箱门与金属箱体必须通过采用编织软铜线做电气连接

PE 保护零线不接至设备外壳

图 5-4　常见临时用电安全隐患及要求（4）

根据《施工现场临时用电安全技术规范》JGJ 46—2005 第 7.2.10 条：在建工程内的电缆线路必须采用电缆埋地引入，严禁穿越脚手架引入

电缆线架设在外脚手架上

图 5-5　常见临时用电安全隐患及要求（5）

根据《施工现场临时用电安全技术规范》JGJ 46—2005 第 8.1.13 条：配电箱、开关箱的金属箱体、金属电器安装板板以及电器正常不带电的金属底座、外壳等必须通过 PE 线端子板与 PE 线做电气连接，金属箱门与金属箱体必须通过采用编织软铜线做电气连接

配电箱箱门 PE 连接线没有连接

图 5-6　常见临时用电安全隐患及要求（6）

经调查认定，这是一起因员工安全意识淡薄，违规作业，相关方现场管理缺失而导致的一般生产安全责任事故。

5.3.1　工程概况

该项目结构为钢结构，一层，檐口高度：4号11.0m、5号8.0m。

2018年11月20日，该工程项目开工建设，至事故发生时，该工程项目尚未取得施工许可证。

5.3.2　现场情况

事故现场位于某厂区东南侧正在建设的4号钢结构厂房西南侧。事故现场与生产车间之间未完全隔离。由于事故当天下雨，施工人员为保护电焊机，撤除了现场的电焊机及供电线路，现场勘查时已无法确认事发当时供配电状况，只能通过询问，确认死者当时位于C型钢构件南侧约1.5m处，电焊机位于C型钢构件东侧，紧靠C型钢构件。据现场询问了解，事发时天已下雨，施工现场负责人、项目部项目经理、安全管理人员均不在现场。

5.3.3　事故发生经过及事故应急救援情况

4月21日上午7时左右，施工单位项目部安装班钢构件组负责人王某乙（死者哥哥）带领4名工人到在建的厂房工地从事钢构件安装工作，其中：王某甲、孙某欢在4号厂房地面从事C型钢拼接焊接工作（一人焊接，一人辅助），王某乙、吕某泽、陈某鹏在5号厂房焊接门窗。

9时左右，到现场的项目部安全员姚某峰看到天已阴，可能下雨，就让安装班负责人王某亮（死者叔叔）及王某乙收工，然后姚某峰与王某亮一起离开了施工现场。9时50分左右，天开始下雨，王某乙喊工人们收工。于是，孙某欢收拾好卷尺等工具送往运输工具车，王某甲在现场收拾焊接、电线等。此时，正在5号厂房的王某乙听到4号厂房内从事土建工作的工人喊"有人电倒了"，王某乙等人立即跑过去，陈某鹏和王某乙及其他工人先后到达现场，看到现场情况，王某乙等不知如何处置，就喊王某甲的名字，看到王某甲有意识但未回话，于是王某乙就拨打了120。约10时左右，120救护车赶到事故现场，立即对伤者进行心脏复苏救治，经抢救无效医生宣布伤者死亡。

5.3.4 事故发生直接原因

王某甲安全意识淡薄，在未切断电源并且无防护措施的情况下违规拆除电焊机及电线，致使其触电致死。

5.3.5 事故发生间接原因

（1）施工单位安全生产主体责任不落实，施工现场无安全管理人员，安全管理缺失；员工的安全教育培训不到位，员工安全防范技能低；特种作业人员无证上岗；应急预案管理不完善。

（2）建设单位未严格落实安全生产主体责任，在施工现场未完全隔离，不满足施工安全条件，并且在未办理施工许可证的情况下擅自开工建设，对承包方未认真履行统一协调、管理的职责。

5.3.6 施工单位责任认定及处理建议

（1）施工单位，作为工程承包方，未认真履行法定安全生产管理责任，在建设项目未取得施工许可证情况下，违法施工；隐患排查治理不到位；特种作业人员无证上岗，施工现场临时用电不规范；安全管理缺失，现场无安全管理人员；对员工的安全教育培训不到位；应急预案管理不到位，对事故的发生负有主要管理责任。以上行为违反了《建设工程安全生产管理条例》第二十三条的规定和《中华人民共和国安全生产法》第四条、第十七条、第三十八条、第四十一条、第七十八条的规定，依据《中华人民共和国安全生产法》第一百零九条规定，建议对其处以 30 万元的罚款。

（2）冯某，施工单位法定代表人、总经理。安全生产第一责任人，未认真履行法定安全生产管理职责，明知建设单位建设项目无施工许可证，仍然让项目部违法违规进行施工；员工教育培训不到位，对事故的发生应负主要领导责任。以上行为违反了《中华人民共和国安全生产法》第五条、第十八条第三、第五、第六项和《建设工程安全生产管理条例》第四条的规定，依据《中华人民共和国安全生产法》第九十二条规定，建议对其处上一年年收入（60000 元）的 30% 罚款，计 18000 元。

（3）徐某，施工单位项目部经理。项目部安全生产第一责任人，未认真履行法定安全生产管理职责，明知无施工许可证仍进行施工，现场安全管理不到位，安全风险管控不力，现场安全管理职责不清，员工教育培训不到位，对事故的发生应负主要管理责任。以上行为违反了《中华人民共和国安全生产法》第二十二条第二、第四、第五项、第二十三条的规定，依据《安全生产违法行为行政处罚办法》(国家安监总局令第 15 号，第 77 号令修改)第四十五条第一项，建议对其处 5000 元的罚款。

（4）姚某，施工单位派驻项目部安全员。未认真履行法定安全生产管理职责，现场安全管理不到位，对施工现场存在的特殊工种作业人员无证上岗，临时用电不规范，员工教育培训不到位等隐患组织排查整改不力，对事故的发生应负直接管理责任。以上行为违反了《中华人民共和国安全生产法》第二十二条第二、第五、第六项、第二十三条的规定，依据《安全生产违法行为行政处罚办法》(国家安监总局令第 15 号，第 77 号令修改)第四十五条第一项，建议对其处 2000 元的罚款。

5.3.7 建设单位责任认定及处理建议

（1）建设单位，无施工许可证擅自开始建设；未认真履行对承包单位安全生产工作统一协调、管理的职责，对事故的发生负有管理责任。以上行为违反了《中华人民共和国建筑法》第七条、《安全生产法》第四十六条的规定，依据《安全生产违法行为行政处罚办法》(国家安监总局令第 15 号)第四十五条第一项规定，建议对其处 2 万元罚款。

（2）张某，建设单位建设项目现场负责人。未能严格履行法定安全生产管理职责，在未办理施工许可证的情况下擅自施工；未认真履行统一协调、管理的职责，对事故的发生应负管理责任。以上行为违反了《中华人民共和国安全生产法》第二十二条、第二十三条的规定，依据《安全生产违法行为行政处罚办法》(国家安监总局令第 15 号，第 77 号令修改)第四十五条第一项规定，建议对其处 3000 元罚款。

5.3.8 事故防范和整改措施

为有效预防和遏制类似事故再次发生，建议采取以下防范和整改措施：

（1）要严格落实建设方、施工方安全生产主体责任，督促其依法依规进行建设；切实加强施工现场安全管理，及时排查整改存在的安全隐患，做到先安全，后建设。

（2）要进一步加强建筑施工安全管理。针对建筑施工安全生产管理工作的特点和规律，建立健全安全生产责任制度，进一步完善安全生产监管体制机制，依法依规制定有关部门安全生产权力清单和责任清单，尽职照单免责，失职照单问责。

（3）牢固树立"安全第一""红线意识"的理念，认真吸取近期各类事故多发的教训，督促企业健全安全生产领导机构、管理机构，配备安全生产管理人员，确保先安全，后生产；加强对企业的安全监管，督促其落实安全生产责任制，对存在重大安全隐患、达不到基本安全生产条件的企业，要依法责令其停产停业整顿。

（4）市住建局要督促施工企业严格落实企业安全生产主体责任和全员安全生产责任制，进一步加大安全检查的力度和频度，始终保持高压态势，严厉打击非法违法、违章违规行为。要认真开展建筑行业"六项机制"建设，深化安全隐患排查整改，及时发现并消除各类安全隐患。

5.4 触电事故原因分析

建筑施工类触电事故产生的主要原因：

（1）施工人员触碰电线或电缆线。

（2）建筑机械设备漏电。

（3）高压防护不当而造成触电。

（4）违章在高压线下施工或在高压线下施工时不遵守操作规程，使金属构件物接触高压线路而造成触电。

建筑施工中由于计划措施不周密，安全管理不到位，造成意外触电伤害事故。例如：起重机械作业时触碰高压电线，挖掘机作业时损坏地下电缆，移动机具拉断电线、电缆，人员作业时碰破电闸箱，控制箱漏电或误触碰触电等。

（5）施工供电线路架设不符合安装规程，可能使人碰到导线或由跨步电压造成触电。

（6）在维护检修时，不严格遵守电工操作规程，带电作业，或麻痹大意，造成事故。

（7）由于电气设备损坏或不符合规格，未定期检修，以至绝缘老化、破损而漏电，酿成事故。

（8）机械设备和电动设施维修保养不善，安全管理检查措施不力，未及时发现并治理电线、电缆由于破口、断头或者绝缘失效等隐患，造成的漏电触电事故。

（9）其他的原因，如在电线上晒衣服或大风把电线吹断形成跨步电压等。

5.5 触电事故防范措施

（1）加强安全用电管理，特别是施工现场临时用电，必须严格按照《施工现场临时用电安全技术规范》JGJ 46—2005 执行。

（2）每个施工现场至少配备一名专业电工，并经相关部门培训合格，持证上岗。现场所有用电设施、线路必须由电工安装检修，其他任何人不得进行电力作业。

（3）施工现场临时用电必须采取"TN-S 接零保护系统"，并符合"三级配电、二级保护"。

（4）在高低压线路下方进行施工作业时，必须保证安全距离，并由专人负责指挥；当安全距离不足时，应采取停电或其他可靠的防范措施。

（5）施工现场电缆不允许沿地明敷，应采取架空或埋地，线路过道必须穿护套管；线路架空时，严禁使用金属裸线捆绑或架设在金属构件上；线路埋地时，应在地上设置安全警示牌，标识出线路走向。

（6）架空线路下方不得建造临时建筑设施，不得堆放构件、材料等物品。

（7）施工现场采取碘钨灯照明时，安装高度不低于 3m，倾斜度不大于 4°，外壳做保护接零；宿舍内严禁使用碘钨灯照明。

（8）施工现场的临时用电电力系统严禁利用大地做相线或零线。

（9）保护零线上严禁装设开关或熔断器，严禁通过工作电流，严禁断线。

（10）在潮湿、有限空间应使用安全电压。

（11）配电箱（开关箱）安全措施：

1）配电箱（开关箱）有门、有锁、有防雨措施，应装设端正、牢固，并与地面保持一定的安全距离。

2）所有配电箱（开关箱）应每天检查一次，检修人员必须是专业电工，检修时必须按规定穿戴绝缘鞋、手套，使用电工绝缘工具。并将其前一级相应的电源隔离开关分闸断电，悬挂"禁止合闸、有人工作"停电警示牌，严禁带电作业。

3）配电箱（开关箱）不得使用木质材料，其进、出线口应设在箱体的下底面，严禁设在箱体的上顶面、侧面、后面后门处。移动式配电箱的进、出线必须采用橡胶套绝缘电缆。

4）配电装置的金属箱体、框架及靠近带电部分的金属围栏和金属门必须做保护接零。

（12）防止用电设备触电的措施：

1）每台用电设备应符合"四个一"，即"一机一箱一闸一漏"制（含插座）。

2）在TN系统中，用电设备不允许一部分保护接零，一部分保护接地；严禁将单独敷设的工作零线再做重复接地。

3）用电设备现场周围不得存放易燃易爆物、污染源和腐蚀介质，同时还应避免物体打击和机械损伤。

4）暂时停用的设备开关箱必须分断电源隔离开关，并应关门上锁。

5）在TN系统中，下列电气设备不带电的外露可导电部分应做保护接零：

a. 电机、电器、照明器具、手持式电动工具等金属外壳。

b. 电气设备传动装置的金属部件。

c. 配电柜与控制柜的金属框架。

（13）防低压触电措施：

1）低压电气设备都必须有良好的保护接地。

2）危险性较大的地方（如潮湿环境、容器、有限空间内等）使用手持电动工具和照明，应使用安全电压。

3）低压电气工具、用具应定期试验，使用前应进行检查，有条件的场所应加装触电保安器。

4）加强临时用电管理，不准乱拉临时线，临时工作电源线绝缘应良好，一般不准有接头。

（14）防高压触电措施：

1）施工现场机动车道与外电线路交叉时，车道与线路之间的垂直距离应满足安全需要，不能满足时，应采取有效的防范措施。

2）在高压线路下方进行起重吊装、土方开挖作业时，起臂杆、吊物、钢丝绳等与高压线路应保持安全距离，不能满足时，应采取有效的防范措施，同时现场必须由专人负责指挥。

3）当机械设备发生触电时，应立即停止作业，人员应保持镇静，不得慌乱中触及设备金属体，通知有关人员及部门采取停电措施，耐心等待，在确保安全时方可逃离设备。

4）当发生高压线路断线落地后，非检修人员在室内要远离落点4m以外，在室外要远离落点8m以外，以防跨步电压危害。

（15）防雷电措施：

1）装设避雷针以防止直接雷击。

2）安装防雷羊角间隙。

3）安装避雷器。

4）定期对避雷装置进行检测，确保避雷设施性能完好、可靠。

5）为了避免由雷电所引起的静电感应造成火花放电，必须将保护的金属部分可靠的接地（电线和设备的导电部分除外）。

6）遇到雷雨时，员工应尽快地进入室内避雨，迅速关好门窗，脱掉淋湿的衣服；远离门窗、电线、电子设备系统和易导电的物体。

7）在外遇到强雷雨时，不要与许多人拥挤在一起，应分别选择最低处，或立即蹲下，尽可能缩小自己的目标；不要走近电线杆、高塔、大树等物体，特别要注意在衣服被淋湿后，不要靠近墙根及避雷针的接地装置，不要骑自行车等。

8）打雷时，应立即停止露天高处作业，禁止在室外拨打手机。

5.6 2019 年度触电事故（不完全统计）

据不完全统计，2019 年度触电事故如表 5-1 ～表 5-7 所示。

2019 年 3 月触电事故 　　　表 5-1

日 期	地　　点	工程类型	伤亡人数（经济损失）	备注
6 日	广东省湛江市霞山区	某民用住宅项目	死亡 1 人	死亡 1 人

2019 年 4 月触电事故 　　　表 5-2

日 期	地　　点	工程类型	伤亡人数（经济损失）	备注
21 日	河南省郑州市中原区	某民用住宅项目	死亡 1 人	
21 日	安徽省滁州市	某工业建筑项目	死亡 1 人	
24 日	深圳市龙岗区	某市政公用项目	死亡 1 人	共死亡 6 人
23 日	安徽省寿县寿春镇	某民用住宅项目	死亡 2 人	
27 日	海南省儋州市	某商业金融项目	死亡 1 人	

2019 年 5 月触电事故 　　　表 5-3

日 期	地　　点	工程类型	伤亡人数（经济损失）	备注
12 日	河南省许昌市禹州市	某民用住宅项目	死亡 1 人	死亡 1 人

2019 年 6 月触电事故 表 5-4

日期	地 点	工程类型	伤亡人数（经济损失）	备注
19 日	云南省西双版纳傣族自治州勐腊县	某民用住宅项目	死亡 1 人	共死亡 2 人
24 日	安徽省马鞍山市	某民用住宅项目	死亡 1 人	

2019 年 7 月触电事故 表 5-5

日期	地 点	工程类型	伤亡人数（经济损失）	备注
14 日	吉林省四平市	某市政公用项目	死亡 1 人	共死亡 7 人
14 日	安徽省滁州市南谯区	某工业建筑项目	死亡 1 人	
14 日	河南省郑州市金水区	某民用住宅项目	死亡 1 人	
17 日	内蒙古自治区鄂尔多斯市乌审旗	某民用住宅项目	死亡 1 人	
24 日	安徽省马鞍山市和县	某民用住宅项目	死亡 1 人	
29 日	安徽省宿州市	某民用住宅项目	死亡 2 人	

2019 年 8 月触电事故 表 5-6

日期	地 点	工程类型	伤亡人数（经济损失）	备注
3 日	安徽省滁州市琅琊区	某民用住宅项目	死亡 1 人	共死亡 4 人，伤 1 人
3 日	安徽省合肥市长丰县	某市政公用项目	死亡 1 人	
8 日	四川省资阳市	某市政公用项目	受伤 1 人	
14 日	安徽省肥东县	某市政公用项目	死亡 1 人	
25 日	江苏省南京市六合区	某公共建筑项目	死亡 1 人	

2019 年 9 月触电事故 表 5-7

日期	地 点	工程类型	伤亡人数（经济损失）	备注
7 日	广西壮族自治区南宁市	某市政公用项目	死亡 1 人	共死亡 2 人
10 日	广西壮族自治区贺州市	某民用住宅项目	1 人死亡，直接经济损失约 80 万元	

5.7 触电事故带来的启示及防范对策

通过对 2019 年度触电事故的统计（不完全统计）可见，2019 年 1 ~ 12 月触电事故共造成 23 人死亡，1 人受伤，从月份看，以 6 ~ 8 月份触电事故最多。

从分析数据看，触电事故的发生是有一定规律的，根据触电事故的规律，制定有效的防范措施，是预防触电事故发生的主要对策措施。

建设各方主体事故责任及风险规避

5.7.1 发生触电事故的规律

（1）季节性。根据触电事故的统计表明二、三季度事故较多，主要是夏秋季天气多雨、潮湿，降低了电气绝缘性能，天气热，人体多汗、衣单，降低了人体电阻，这段时间是施工和农忙的好季节，也是事故多发季节。

（2）低电压触电事故多，低压电网、电气设备分布广，人们接触使用500V以下电器较多，由于人们的思想麻痹，缺乏电气安全知识，导致事故多。

（3）单相触电事故多，触电事故中，单相触电要占70%以上，往往是非持证电工或一般人员私拉乱接，不采取安全防护措施造成事故。

（4）触电者年轻人居多。这说明安全与技术是紧密相关的，工龄长、工作经验丰富、技术能力强、对安全工作重视，出事故的可能性就小。

（5）事故多发生在电气设备的连接部位。由于该部位紧固件松动、绝缘老化、环境变化、和经常活动，会出现隐患或发生触电事故。

（6）行业特点。冶金行业的高温和粉尘、机械行业的场地金属占有系数高、化工行业的腐蚀、潮湿、建筑行业的露天分散作业、安装行业的高空移动式用电设备等，由于用电环境的恶劣条件，都是容易发生事故的地方。

（7）违章操作容易发生事故。这在拉临时线路、易燃易爆场所、带电作业和高压设备上操作等情况下最明显。

5.7.2 触电事故防范对策

（1）电气操作属特种作业，操作人员必须经培训合格，持证上岗。

（2）车间内的电气设备，不得随便乱动。如果电气设备出了故障，应请电工修理，不得擅自修理，更不得带故障运行。

（3）经常接触和使用的配电箱、配电板、闸刀开关、按钮开关、插座、插销以及导线等，必须保持完好、安全，不得有破损或将带电部分裸露出来。

（4）在操作闸刀开关、磁力开关时，必须将防护盖盖好。

（5）电器设备的外壳应按有关安全规程进行防护性接地或接零。

（6）使用手电钻、电砂轮等手用电动工具，必须做到如下几点：

1）安设漏电保护器，同时工具的金属外壳应防护接地或接零。

2）若使用单相手用电动工具时，其导线、插销、插座应符合单相三孔的要求，使用三相的手动电动工具，其导线、插销、插座应符合三相四孔的要求。

3）操作时应戴好绝缘手套和站在绝缘板上。

4）不得将工件等重物压在导线上，以防止轧断导线发生触电。

（7）使用的行灯要有良好的绝缘手柄和金属护罩。

（8）在进行电气作业时，要严格遵守安全操作规程，遇到不清楚或不懂的事情，切不可不懂装懂，盲目乱动。

（9）一般禁止使用临时线。必须使用时，应经过安检部门批准，并采取安全防范措施，要按规定时间拆除。

第6章

坍 塌

6.1 坍塌的定义及事故类别

6.1.1 坍塌的定义

指物体在外力或重力作用下，超过自身的强度极限或因结构稳定性破坏而造成伤害、伤亡的事故，如挖沟时的土石塌方、脚手架坍塌、堆置物倒塌等，不适用于矿山冒顶片帮和车辆、起重机械、爆破引起的坍塌。

6.1.2 坍塌事故类型

主要有基坑工程坍塌、挖孔桩工程坍塌、脚手架工程坍塌、模板工程坍塌、操作平台坍塌、临时建筑坍塌、装配式建筑坍塌、拆除工程坍塌等。

6.2 常见坍塌事故隐患及要求

常见坍塌事故隐患及要求如图 6-1 ～图 6-6 所示。

图 6-1　常见坍塌事故隐患及要求（1）

根据《建筑施工扣件式钢管脚手架安全技术规范》JGJ 130—2011 第 6.4.4 条：开口型脚手架的两端必须设置连墙件，连墙件的垂直间距不应大于建筑物的层高，且不应大于 4m

开口脚手架，没有横向斜撑和连墙件

图 6-2　常见坍塌事故隐患及要求（2）

根据《建筑施工扣件式钢管脚手架安全技术规范》JGJ 130—2011 第 6.3.3 条：脚手架立杆基础不在同一高度上时，必须将高处的纵向扫地杆向低处延长两跨与立杆固定，高低差不应大于 1m。靠边坡上方的立杆轴线到边坡的距离不应小于 500mm

地下室顶板跨基坑内脚手架立杆摇摇欲坠

图 6-3　常见坍塌事故隐患及要求（3）

根据《建筑施工扣件式钢管脚手架安全技术规范》JGJ 130—2011 第 6.3.1 条：每根立杆底部宜设置底座或垫板

脚手架悬空搭设

图 6-4　常见坍塌事故隐患及要求（4）

根据《建筑施工塔式起重机安装、使用、拆卸安全技术规程》JGJ 196—2010 第 30 页对塔吊垂直度要求规定如下：独立状态或附着状态下最高附着点以上塔身轴线对支撑面垂直度不得大于 4/1000，最高附着点下塔身轴线对支撑面垂直度不得大于相应高度的 2/1000

垂直度超差

图 6-5　常见坍塌事故隐患及要求（5）

根据《建筑施工塔式起重机安装、使用、拆卸安全技术规程》JGJ 196—2010 第 3.4.13 条：连接件及其防松防脱件严禁用其他代用品代用。连接件及其防松防脱件应使用专用工具紧固连接螺栓

螺栓松动不紧固

图 6-6　常见坍塌事故隐患及要求（6）

6.3 浙江东阳市"1·25"混凝土浇筑坍塌事故

2019 年 1 月 25 日 13 时 13 分许，东阳市一在建工地在进行三楼屋面构架混凝土浇筑施工时突然发生坍塌，事故共造成 5 人死亡，5 人受伤。

经调查认定，该起事故为较大生产安全责任事故。

6.3.1 项目概况

该工程为地下一层地上三层，框架结构，建筑占地面积 14821m²，总建筑面积 62713m²。一层层高 5.3m，二层、三层层高 5.1m。

2018 年 10 月 17 日，该项目取得建设工程规划许可证；2018 年 10 月 19 日，该项目取得施工许可证。

6.3.2 事故发生经过

2019年1月18日，市质安站下达安全隐患整改通知后，项目部并没有停工整改。1月23日，现场生产经理向执行经理汇报1月25日将要浇筑三楼屋面构架。1月24日下午，现场生产经理按照项目部工作分工开展浇筑前的准备工作，电话联系100m³ 混凝土到项目部工地。同日下午，现场生产经理通知泥工班带班陈某1月25日浇筑后浇带和三楼屋面构架。2019年1月25日上午8时左右，开始浇筑后浇带。9时左右，陈某等人开始浇筑三楼屋面构架，午饭后继续浇筑。13时13分左右，三楼屋面构架在浇筑混凝土施工过程中突然发生坍塌，现场10名作业人员随即坠落地面并被坍塌物掩埋。

6.3.3 事故直接原因

支模架架体立杆横向间距为500mm，纵向间距为1200mm，支模架高度为4200mm，搭设参数没有经过设计计算，搭设构造不符合相关标准的规定，支模架高宽比为8∶2，超过规定的允许值且没有采取扩大下部架体尺寸或其他有效的构造措施等，导致模板支撑体系承载力和抗倾覆能力严重不足，在混凝土浇筑荷载作用下模板支架整体失稳倾覆破坏。

6.3.4 事故间接原因

（1）建设单位在未组织专家委员会审定措施方案及相应费用的情况下，将该项目定额工期从360天压缩至210天，压缩了41%。设置工期提前奖，引导鼓励施工单位压缩合同工期。

（2）建设单位以经济责任制承包方式成立项目部，项目部主要关键岗位人员未到岗履职，特种作业人员无证上岗，模板钢管扣件支撑作业人员未取得架子工上岗证。施工项目部未认真组织编制支模架专项方案，未能辨识出屋面构架属超一定规模危险性较大分部分项工程，未按照要求编制专项方案、组织专家认证，施工技术负责人未能认真审查专项施工方案。对质安站及监理单位下达的安全隐患整改要求未认真组织整改，在未按规定完成整改情况下擅自施工。

（3）监理单位现场监理部未按规定对施工项目部、特种作业人员进行资质资格审查，对施工项目部主要管理人员不到岗，施工现场部分管理人员无证上岗，特种作业人员无证上岗监管不力。未认真审查施工单位组织设计和专项施工方案，未能发现屋面构架属超一定规模危险性较大分部分项工程，未编制危大工程监理实施细则。未严格执行旁站监理制度。出具不实整改报告。对于施工单位未按规定整改重大安全隐患而擅自施工的情况未及时上报有关主管部门。

（4）设计单位未在设计文件中注明涉及危大工程的重点部位和环节，未提出保障工程周边环境安全和工程施工安全的意见。

（5）质安站虽然对该项目技术方面安全隐患监管到位，但是对检查中发现项目经理长期不在岗及备案人员和实际人员不一致问题未能有效督促整改。

6.3.5 施工单位责任认定及处罚

（1）楼某，施工项目承包人。未履行安全管理职责，对施工中存在的安全隐患未采取有效措施落实整改，因涉嫌重大劳动安全事故罪于 2019 年 1 月 26 日被市公安局刑事拘留，2019 年 1 月 30 日被取保候审。

（2）麻某，施工总负责人（现场执行经理）。对质安站、监理公司提出的安全隐患未认真落实整改，在没有取得监理公司同意的情况下，擅自安排混凝土浇筑施工，因涉嫌重大劳动安全事故罪于 2019 年 1 月 26 日被市公安局刑事拘留，2019 年 2 月 22 日被取保候审。

（3）沈某，施工负责人（现场生产经理）。对质安站、监理单位提出的安全隐患未认真落实整改，在没有取得监理公司同意的情况下，擅自安排混凝土浇筑施工，因涉嫌重大劳动安全事故罪于 2019 年 1 月 26 日被市公安局刑事拘留，2019 年 1 月 30 日被取保候审。

（4）陆某，施工现场安全负责人（现场安全组长）。未认真履行安全监管职责，对项目部违规施工未及时阻止，因涉嫌重大劳动安全事故罪于 2019 年 1 月 26 日被市公安局刑事拘留，2019 年 2 月 22 日被取保候审。

（5）李某，项目支模架搭设负责人。在搭建支模架过程中未按行业要求进行作业，因涉嫌重大劳动安全事故罪于 2019 年 1 月 26 日被市公安局刑事拘留，2019 年 2 月 22 日被取保候审。

6.3.6 监理单位责任认定及处罚

（1）监理单位现场监理部未按规定对施工项目部、特种作业人员进行资质资格审查，对施工项目部主要管理人员不到岗，施工现场部分管理人员无证上岗，特种作业人员无证上岗监管不力。未认真审查施工单位组织设计和专项施工方案，未能发现屋面构架属超一定规模危险性较大分部分项工程，未编制危大工程监理实施细则。未严格执行旁站监理制度。出具不实整改报告。对于施工单位未按规定整改重大安全隐患而擅自施工的情况未及时上报有关主管部门,对事故的发生负有责任。建议市住房和城乡建设局依法给予行政处罚。

(2)何某,总监理工程师。履行现场总监理职责不到位,对事故的发生负有主要监理责任。建议市住房和城乡建设局依法给予行政处罚。

(3)许某,土建专业监理工程师。未认真履行监理职责,对事故发生负有监理责任,建议市住房和城乡建设局依法给予行政处罚。

(4)葛某,监理员。未认真履行现场监理职责,对事故的发生负有监理责任,建议市住房和城乡建设局依法给予行政处罚。

6.3.7 设计单位责任认定及处罚

设计单位。未在设计文件中注明涉及危大工程的重点部位和环节,未提出保障工程周边环境安全和工程施工安全的意见,对事故的发生负有责任。建议市住房和城乡建设局依法给予行政处罚。

6.3.8 建设单位责任认定及处罚

(1)建设单位。建设单位在未组织专家委员会审定措施方案及相应费用的情况下,将建设项目定额工期从360天压缩至210天,压缩了41%。设置工期提前奖,引导鼓励施工单位压缩合同工期,对事故的发生负有责任,建议市住房和城乡建设局依法给予行政处罚。

(2)建设单位以经济责任制承包方式成立施工项目部,项目部主要关键岗位人员未到岗履职,特种作业人员无证上岗,模板钢管扣件支撑作业人员未取得架子工上岗证。施工项目部未认真组织编制支模架专项方案,未能辨识出屋面构架属超一定规模危险性较大分部分项工程,未按照要求编制专项方案、组织专家认证,施工技术负责人未能认真审查专项施工方案。对质安站及监理单位下达的安全隐患整改要求未认真组织整改,在未按规定完成整改情况下擅自施工,对事故的发生负有责任。建议应急局依法给予行政处罚,市住房和城乡建设局依法对其资质资格作出相应处理。

(3)朱某,建设单位法定代表人、董事长。未依法履行施工总承包单位主要负责人安全生产管理职责,对事故发生负有领导责任。建议应急局依法给予行政处罚。

(4)王某,建设单位项目负责人。未认真履行安全生产管理职责,因涉嫌重大劳动安全事故罪于 2019 年 1 月 26 日被市公安局刑事拘留，2019 年 1 月 30 日被取保候审。

（5）金某，建设单位项目建设小组组长。对项目监督检查不到位，对事故的发生负有领导责任。

（6）陈某，建设单位基建处处长。对项目监督检查不到位，对事故的发生负有责任。

（7）蒋某，建设单位主管安全生产副总经理。未依法履行施工总承包单位安全生产分管职责，对事故的发生负有分管领导责任。

（8）张某，建设单位总工程师。未认真履行总工程师职责，对工程的施工组织专项施工方案审批履职不到位，未发现该屋面构架属于超一定规模危险性较大分项工程，落实主管部门整改要求不力，对事故发生负有责任。

（9）赵某，建设单位项目部工程部副经理。联系项目安全管理工作，未认真履行安全管理职责，对事故的发生负有责任。

（10）陈某，建设单位工程部科员。联系项目质量安全管理工作，未认真履行质量安全管理职责，对事故的发生负有责任。

6.3.9 政府部门及相关单位责任认定及处罚

（1）金某，市质安站项目监督员。对项目经理长期不在岗及备案人员和实际人员不一致问题未进行有效督促整改，对事故的发生负有监管责任。

（2）黄某，市质安站项目监督员。对项目经理长期不在岗及备案人员和实际人员不一致问题未进行有效督促整改，对事故的发生负有监管责任。

（3）顾某，市质安站副站长（主持工作）。对下属人员未认真履行建设工程质量安全监督职责问题失察，对事故的发生负有领导责任。

（4）马某，市住房和城乡建设局副局长（时任市建筑业管理局副局长）。对下属单位市质安站未认真履行工程质量安全监管职责问题失察，对事故的发生负有领导责任。

6.3.10 事故整改措施及建议

针对该起事故暴露出的问题，为深刻吸取事故教训，严格落实企业安全生产主体责任和地方政府及有关部门监管责任，举一反三，严防类似事故再次发生，提出如下措施建议：

1. 严守法律底线，强化主体责任

全市建筑企业和监理单位要进一步强化法律意识，严格落实主体责任，切实把安全生产主体责任落实到岗位，落实到人。要深刻吸取教训，完善落实安全生产管理制度，加强监督和管理。严格按照法律的规定和程序办事，不违法压缩工期。建设公司要切实加强内部管理，将安全生产责任落到实处，不违法转包、分包工程，加强施工现场安全管理，派驻项目部管理人员要实际到岗履职。监理公司要严格履行现场安全监理职责，加强对施工单位的施工安全监督管理，强化对危险性较大分部分项工程的监理，严格落实施工旁站监理制度，对于监理过程中发现的安全隐患，要严格督促施工单位进行有效整改，未完成整改的坚决不予以下一步施工，并及时报告行业主管部门。

2. 强化监督管理，落实监管责任

全市各有关部门要严格落实安全生产监管责任，加大行业监管力度，加强日常监督管理，严密组织隐患排查治理，严厉打击各类安全生产非法违法行为。建设主管部门要认真分析研究本次事故中暴露出建筑施工领域存在的问题，继续深入开展工程建设领域安全生产隐患排查治理和"打非治违"专项行动，进一步加大隐患整改治理力度，坚决打击非法违法建设行为，对在工程建设中挂靠借用资质投标、违规出借资质、非法转包、分包工程、违法施工建设等行为予以严厉查处。同时要强化安全基础管理，创新监管方式，建立健全安全生产长效机制。督促落实重大生产安全事故隐患报告制度、风险管控隐患排查治理日志制度及生产安全事故举一反三制度。积极推进建筑施工企业和在建工程项目安全生产标准化建设，构建"双重预防"机制，进一步规范企业安全生产行为，夯实安全基础。

3. 强化"红线"意识，坚持依法行政

全市各级党委政府和领导干部要牢固树立科学发展、安全发展理念，始终把人民群众生命安全放在第一位。正确处理好安全生产与经济发展的关系，严守发展决不能以牺牲人的生命为代价这条红线。深入学习贯彻中央和省委省政府关于安全生产的统一决策部署，健全完善党政同责、一岗双责、齐抓共管的安全生产责任体系。党政一把手必须亲力亲为抓好安全生产这件大事，要坚持依法行政，执政为民，严格依法规范建筑市场秩序，切实优化投资和发展环境。

6.4 江苏扬州"4·10"基坑坍塌事故

2019年4月10日9时30分左右，江苏扬州一停工工地，擅自进行基坑作业时发生局部坍塌，造成 5 人死亡、1 人受伤，事故造成直接经济损失约 610 万元。

经认定，该起事故为未按施工设计方案盲目施工、项目管理混乱、违章指挥和违章作业、监理不到位、方案设计存在缺陷、危大工程监控不力引起的坍塌事故，事故等级为"较大事故"，事故性质为"生产安全责任事故"。

6.4.1 工程项目概况

项目建筑物包括住宅楼、公建房、配电房、泵房、地下车库及标段内配套工程。事故发生在住宅楼西北侧靠近基坑边电梯井集水坑。事发时该住宅楼房屋地基处于开挖阶段。

6.4.2 事故经过

该项目于 2018 年 10 月 16 日开工，事发时该项目处于住宅地基开挖阶段。其中，基坑设计开挖深度 7.2m，实际开挖深度 6.5m。第四级设计坡高 2.45m，实际坡高 3.21m；设计坡比 1∶0.70～1∶0.80，实际坡比 1∶0.42。施工单位未按照设计坡比要求进行放坡，监理公司曾多次在监理例会上要求进行整改。施工单位在未通过验收的情况下又对基坑边坡进行了挂网喷浆作业，且未按照施工质量要求浇筑挂网喷浆混凝土。

2019 年 4 月 4 日，施工单位在住宅楼西北侧靠近基坑边电梯井集水坑无具体施工设计方案的情况下，组织相关人员进行开挖。

4 月 5 日，工地未施工。

4 月 6 日至 8 日，该项目存在零星作业现象。

4 月 9 日，在未取得复工批准手续的情况下，施工单位项目现场负责人要求项目施工员继续开挖该电梯井集水坑。上午 7 时左右，施工员安排工人、挖土机共同对该电梯井集水坑进行垂直挖掘作业。开挖后形成"坑中坑"，施工员并没有参照基坑支护方案要求进行放坡或采取其他安全防护措施。10 时 30 分左右，电梯井集水坑北侧垂直挖至 3m 处发现坑底出现地下水反渗，经现场负责人、施工员现场查看商议后，要求工人停止施工并对该电梯井集水坑复填土 1m 左右，随后进行了降水作业。因当日降雨，现场负责人、施工员又安排人员用长约 25m，宽约 5m 彩条布对边坡和该电梯井集水坑进行覆盖。

4 月 10 日 7 时 30 分左右，施工员在查看了该电梯井集水坑未发现地下水反渗后，组织工人、挖掘机再次继续进行集水坑深挖作业，同时安排瓦工工头组织瓦工对该电梯井集水坑进行挡土墙砌筑作业。9 时 30 分左右，该电梯井集水坑北侧发生局部坍塌，坡面上的挂网喷浆混凝土层随着边坡土体坠入集水坑，在集水坑里从事挡土墙砌筑作业的 5 名工人被埋，1 名工人逃生途中腿部受伤。

2018 年 9 月，施工单位依据设计院的基坑支护设计图，编制了《基坑工程专项施工方案》。9 月 6 日该专项施工方案通过专家论证，9 月 30 日监理单位审核同意，10 月 11 日建设单位审批同意。专项施工方案未体现该电梯井集水坑支护设计方法。

经调查，上述专项施工方案、专家论证会签到表以及后期的《土方开挖安全验收表》《基坑支护、降水安全验收表》《深基坑检查用表》《分部（分项）工程安全技术交底表》等工程资料中，施工单位及监理单位均存在人员冒充签字现象。施工单位现场负责人冒充施工方案编制人、方案审核人签字，监理公司监理员冒充备案监理工程师签字。监理会议记录中，另一名监理冒充另一名备案监理工程师签字。

6.4.3 事故直接原因

施工单位未按施工设计方案，未采取防坍塌安全措施的情况下，在紧邻基坑边坡脚垂直超深开挖电梯井集水坑，降低了基坑坡体的稳定性，且坍塌区域坡面挂网喷浆混凝土未采用钢筋固定，是导致事故发生的直接原因。

6.4.4 事故间接原因

（1）项目管理混乱。施工单位在工程项目存在安全隐患未整改到位的情况下，擅自复工；基坑作业未安排安全员现场监护；未按规定与相关人员签订劳动合同；未对瓦工进行安全教育培训、未进行安全技术交底。停工期间建设、项目管理、监理单位对施工现场零星作业现象均未采取有效措施予以制止；施工、监理人员履职不到位，均存在冒充签字。建设单位将项目委托给不具备资质的房地产开发公司进行管理，且未按《项目管理合同》履行各自管理职责。

（2）违章指挥和违章作业。施工单位未按设计方案施工，在基坑边坡、挂网喷浆混凝土未经验收的情况下，违章指挥人员垂直开挖电梯井集水坑；在电梯井集水坑存在安全隐患的情况下指挥瓦工从事砌筑挡水墙作业。

（3）监理不到位。监理公司发现基坑未按坡比放坡等安全隐患的情况下，未采取有效措施予以制止；默认施工单位相关管理人员不在岗且冒充签字；对施工单位坡面挂网喷浆混凝土未按方案采用钢筋固定，且混凝土质量不符合标准，未采取措施；监理合同上明确的专业监理工程师未到岗履职，公司安排其他监理人员代为履职并签字，其中1人存在挂证的现象。

（4）基坑支护设计和专项施工方案存在缺陷。设计院对该电梯井集水坑未编制支护的结构平面图和剖面图，也未在施工前向施工单位和监理单位进行有效说明或解释。施工单位编制的《基坑专项施工方案》中，也未编制该电梯井集水坑支护安全要求。施工单位和监理公司未依法向设计院报告设计方案存在的缺陷。同时，雨水对基坑坡面的冲刷和入渗增加了边坡土体的含水量，降低了边坡土体的抗剪强度。

（5）危大工程监控不力。质安站在该项目开工后未进行深基坑专项抽查，在常规抽查时未发现工地零星施工现象，未发现建筑施工安全隐患，未按要求填写书面记录表。街道办事处未按照区安全生产工作专题会议要求落实属地责任，未对深基坑等项目加强管理。

6.4.5 建设单位责任认定及处罚

杨某，建设单位项目代表、聘用人员。未认真履行施工现场建设单位协调、管理职责，现场安全管理混乱，发现安全隐患后未及时报告，未按要求组织施工安全自查自纠，未开展深基坑超危工程专项检查，未就停工情况进行相关检查，对事故负有直接管理责任。建议由建设单位对其进行经济处罚，并解除劳动合同关系。

6.4.6 项目管理单位责任认定及处罚

2018年1月22日，建设单位与扬州某房地产开发建设有限公司签订《项目全过程管理合同》。合同明确该房地产公司负责建设单位所委托的所有项目管理工作，代理建设单位行使所委托的各项管理权力，负责施工过程中各专业单位进度安排和现场施工的配合协调；项目管理单位对项目的安全负有管理责任，保证不因管理过失出现重大责任事故。

但该房地产开发公司只具有"从事房地产开发经营业务"资质，不能作为行使建设项目委托管理的资质，无相关管理资质。

该公司无资质承揽该项目管理工作，违反《建设工程项目管理试行办法》第三条的规定。建议由市住建局依法查处。

马某，该公司该项目工程部经理、水电安装工程师。未认真履行施工现场建设单位统一协调、管理职责，对专项施工方案审核检查把关不严；在监理单位明确提出基坑边坡存在安全隐患的情况下，未及时督促施工单位进行整改；停工期

第6章 坍塌

139

间对施工现场的零星作业现象未及时有效制止，对事故发生负有责任。建议该公司与其解除劳动合同关系。

陆某，该公司副总经理，该项目负责人。因涉嫌重大责任事故罪，被公安机关取保候审。

6.4.7 施工单位责任认定及处罚

违反了《中华人民共和国安全生产法》第二十二条第三项、第五项、第六项、第七项，《建筑工程施工发包与承包违法行为认定查处管理办法》第八条第三项，《建设工程安全生产管理条例》第二十七条、第三十七条的有关规定，对事故发生负有责任。根据《中华人民共和国安全生产法》第一百零九条第二项的规定，建议由应急局依法给予行政处罚。同时，建议由市住建局报请上级部门给予其暂扣安全生产许可证和责令停业整顿的行政处罚。

丁某，该公司法定代表人、总经理。具有施工企业主要负责人安全生产知识考核合格证书。未按照《中华人民共和国安全生产法》第十八条第五项的规定，对项目部安全生产工作督促、检查不到位，备案项目部管理人员不能到岗履职，未及时消除专项方案缺少深基坑作业防护、未按专项施工方案组织施工、从业人员安全培训教育不到位、技术交底缺失等隐患，项目部管理混乱，对事故发生负有责任。根据《中华人民共和国安全生产法》第九十二条的规定，建议由应急局依法给予行政处罚。同时，依据《建设工程安全生产管理条例》第六十六条第三项的规定，建议市住建局依法查处。

杨某，现场负责人。因涉嫌重大责任事故罪，逮捕。

王某，项目经理。因涉嫌重大责任事故罪，逮捕。

凌某，施工员。因涉嫌重大责任事故罪，逮捕。

许某，安全员。因涉嫌重大责任事故罪，逮捕。

耿某，瓦工现场班组长。因涉嫌重大责任事故罪，取保候审。

张某，副总经理。分管安全生产工作，因涉嫌重大责任事故罪，取保候审。

许某，现场实际技术负责人。因涉嫌重大责任事故罪，取保候审。

6.4.8 监理单位责任认定及处罚

该公司发现施工单位未按照基坑施工方案施工，未要求其暂停施工，也未及时向有关主管部门报告。出具虚假的《土方开挖安全验收表》《基坑支护、降水安全验收表》，对事故发生负有责任。根据《建设工程安全生产管理条例》第五十七条和《危险性较大的分部分项工程安全管理规定》第三十六条、第三十七条的规定，建议由市住建局依法查处，并报请上级部门给予其责令停业整顿的行政处罚。

刁某，总监理工程师。因涉嫌重大责任事故罪，已被公安机关取保候审。

陈某，备案监理工程师。未实际到岗履职，在2019年3月12已被公司申请注销，对事故发生负有责任。依据《注册监理工程师管理规定》第三十一条规定，建议由市住建局依法查处。

陈某，备案监理工程师。未实际到岗履职，对事故发生负有责任。依据《建设工程安全生产管理条例》第五十八条、第六十六条第三项和《注册监理工程师管理规定》第三十一条规定，建议由市住建局依法查处，并报请上级部门吊销其监理工程师注册证书，5年内不予注册。

孙某，监理员。冒用备案监理工程师陈某名义，以专业监理工程师名义开展监理工作，在总监的要求下出具虚假的《土方开挖安全验收表》《基坑支护、降水安全验收表》，对专项施工方案审核检查、未经验收擅自施工、电梯井集水坑垂直开挖冒险作业等行为检查巡视不到位，对事故发生负有监理责任。依据《危险性较大的分部分项工程安全管理规定》第三十七条的规定，建议由市住建局依法查处。

冯某，监理员。无监理员相关证书，冒用备案监理工程师名义，以专业监理工程师名义开展监理工作，对施工单位未经验收擅自施工行为检查巡视不到位，对事故发生负有监理责任。依据《危险性较大的分部分项工程安全管理规定》第三十七条的规定，建议由市住建局依法查处。

6.4.9 深基坑支护设计单位责任认定及处罚

该设计院在设计文件中未注明靠近基坑边坡有坑中坑（电梯井集水坑），未提出相应的保障工程施工安全的意见，也未进行专项设计，也未具体编制靠近基坑边该电梯井集水坑支护的结构平面图和剖面图。违反了《危险性较大的分部分项工程安全管理规定》第六条第二项的规定。根据《危险性较大的分部分项工程安全管理规定》第三十一条的规定，建议由市住建局依法查处。

钱某，设计院副总工程师，注册岩土工程师，该项目基坑设计负责人。未考虑施工安全操作和防护的需要，对靠近基坑边坡边的电梯井集水坑在设计文件中未注明，也未在施工前向施工单位和监理单位针对该电梯井集水坑进行有效地说明或解释，对事故发生负有设计责任。依据《建设工程安全生产管理条例》第五十八条、《勘察设计注册工程师管理规定》第三十条的规定，建议由市住建局依法查处，并报请上级部门吊销其岩土工程师注册证书，5 年内不予注册。

6.4.10 政府主管部门责任认定及处罚

建议给予党纪、政务处分人员（14 人）：

（1）汤某，质安站站长。作为质安站安全生产第一责任人，日常工作中未落实好监督责任制，督促区管房屋建筑工程施工安全监管不到位，对事故负有主要领导责任。建议对其予以留党察看一年，政务撤职处分。

（2）刘某，质安站工作人员，该工程安全负责人。进行安全抽查时未发现工地零星施工现象，未发现建筑施工安全隐患，未按照要求填写书面记录表，对事故负有直接监管责任。建议对其予以降低岗位等级处分。

（3）周某，住建局党委委员、副局长。分管建筑工程质量、安全生产等工作，分管质安站。未能将建筑工程质量安全监管职责落实到位，在区住建局制定建工程安全监督检查分工表后，未能按照分工对古运新苑工程进行安全检查，对事故负有主要领导责任。建议对其予以党内严重警告、政务记大过处分。

（4）张某，住建局原党委副书记、局长。事故期间，主持区住建局行政全面工作。作为区住建局主要领导，安全生产意识薄弱，在区住建局制定建工程监督检查分工表后，未能按照分工对该工程项目进行安全检查，对事故负有重要领导责任。建议对其予以党内警告、政务记过处分。

（5）戴某，街道办事处安置建设办公室主任兼建设单位法定代表人。未能落实好建设单位主体责任，开展施工安全自查自纠工作，对事故负有主要领导责任。建议对其党内严重警告处分，并撤销其街道办安置办主任职务。鉴于在事故调查过程中发现其涉嫌职务犯罪，纪检监察机关已立案审查调查并采取留置措施。

（6）沈某，街道办事处原主任。作为街道安全生产工作第一责任人，安全生产意识薄弱，致使街道办事处未能按照省市文件要求开展相关工作、报送相关材料；未能按照区委区政府要求落实属地责任，对事故负有重要领导责任。建议对其党内警告、政务记过处分。鉴于在事故调查过程中发现其涉嫌职务犯罪，纪检监察机关已立案审查调查并采取留置措施。

（7）沈某，街道办事处纪检监察干事兼安置建设办公室副主任，街道办事处派驻建设单位代表，该项目负责人。未按要求组织施工安全自查自纠，未开展深基坑超危工程专项检查，未就停工情况进行相关检查，对事故负有直接管理责任。建议对其予以留党察看一年，政务撤职处分。

（8）徐某，街道办事处副主任。负责安置小区建设工作，分管安置建设办公室。作为负责安置小区建设工作的领导，对分管建筑工地安全生产的工作管理落实不到位，对事故负有主要领导责任。建议对其予以党内严重警告、政务记大过处分。

（9）蔡某，街道党工委书记。作为街道安全生产工作的第一责任人，对该工程项目管理招标过程中涉嫌违纪违法行为失职失察，且未能按照区委区政府要求落实属地责任，对事故负有重要领导责任。建议对其予以党内警告处分。

（10）李某，区政府副区长。负责城乡规划建设等方面工作，分管区住建局等部门。部署落实建筑施工安全管理不到位，督促分管部门履行监管职责不到位，对事故负有主要领导责任。建议对其予以政务记过处分。

（11）王某，区委常委、常务副区长。负责区政府常务工作，分管区安全生产工作。部署全区安全生产工作不到位，对事故负有重要领导责任。建议对其进行诫勉谈话。

（12）徐某，区委副书记、区长。主持区政府全面工作，作为广陵区安全生产第一责任人，部署全区安全生产工作不到位，对事故负有重要领导责任。建议由市安委会对其进行约谈。

（13）成某，住建局副调研员。负责建筑工程安全监管等，在扬州开发区"3·21"事故后未能落实检查方案及时对县（市、区）、功能区建筑工地安全生产大检查情况进行抽查，对事故发生负有主要领导责任。建议对其予以党内警告处分。鉴于扬州开发区"3·21"事故调查报告已对其予以党内警告处分、政务记过的处理意见，建议对其合并给予党内严重警告、政务记大过处分。

（14）陶某，住建局党委书记、局长。作为市住建局安全生产第一责任人，对于扬州开发区"3·21"事故后扬州再次发生建筑施工较大事故，负有重要领导责任。鉴于市住建局在扬州开发区"3·21"事故后已就建筑施工安全布置开展相关工作，且该工程项目为区管项目。建议对其进行提醒谈话。扬州开发区"3·21"事故调查报告已对其提出予以提醒谈话的处理意见，建议合并对其进行诫勉谈话。

6.4.11 事故防范和整改措施

（1）深刻吸取教训，强化企业安全管理。建设单位不得委托不具备项目管理资质的单位进行项目管理；要加强对项目管理单位、施工单位、监理单位的安全生产统一协调、管理，明确与项目管理单位的安全生产相关责任；组织施工单位、设计单位以及监理单位对施工方案全面梳理，排查安全隐患。施工单位要认真落实安全生产主体责任，对在建项目进行全面自查自改；切实加强施工现场安全管理，尤其要强化对危险性较大工程的安全管理，按规定进行安全技术交底和岗前教育培训；严格执行专项施工方案、技术交底的编制、审批制度，严禁违章指挥、盲目施工。监理公司要强化监理人员到岗履职，督促监理人员严格履行监理安全方面的职责，督促施工单位规范作业，并注重加强深基坑等重点部位及重点环节的安全监管，严格审查专项施工方案，健全完善资料台账；及时发现并制止施工单位在工程建设过程中的非法违法行为，制止不了的要及时向属地监管部门报告。

（2）突出监管重点，认真履行监管职责。住建局要按照"管行业必须管安全、管业务必须管安全、管生产经营必须管理安全"要求，始终将基坑工程、模板工程及支撑体系、起重吊装及起重机械安装拆卸工程、脚手架工程等危险性较大的分部分项工程作为安全监管的重点，加强在建项目的安全管理和监督检查，根据工程规模、施工进度，合理安排监管力量，制定可行的监督检查计划，深入排查安全隐患，化解安全风险，坚决克服形式主义和官僚主义。

（3）强化属地管理，层层落实安全责任。区政府要认真贯彻《扬州市党政领导干部安全生产责任制规定实施办法》，结合实际，制定出台实施办法，完善落实"党政同责、一岗双责、齐抓共管"的安全生产责任体系。强化辖区安全生产工作组织领导，及时贯彻落实上级安全生产工作要求，加大对乡镇（街道）、部门安全生产工作的巡查力度，推动安全生产责任措施落实。注重充实安全监管部门及安全监管人员，提升安全监管能力，加大对负有安全生产监管职责部门履职情况的监督检查力度，确保监督管理职责履职到位。

6.5 江苏扬州经济开发区"3·21"脚手架坍塌事故

2019年3月21日13时10分左右，扬州经济技术开发区的一在建项目附着式升降脚手架下降作业时发生坠落，坠落过程中与交联立塔底部的落地式脚手架相撞，造成7人死亡、4人受伤，事故造成直接经济损失约1038万元。

该起事故因违章指挥、违章作业、管理混乱引起，交叉作业导致事故后果扩大。事故等级为"较大事故"，事故性质为"生产安全责任事故"。

6.5.1 工程项目概况

该工程项目主体结构已封顶，事发时正进行室内外装修、屋面、门窗、室内机电安装等工作；正进行外墙涂料、室内门收尾等工作。

6.5.2 事故经过

2017年8月，爬架专业分包单位技术员钟某，编制《新建工程高层施工升降平台专项施工方案》；同月，该施工方案通过专家论证，并出具论证报告；2017年9月，总承包单位将该施工方案向监理单位进行了报审。

经调查了解，该事故爬架由爬架专业分包单位生产，出厂日期为2018年5月8日，有产品检验报告书、产品合格证书以及防坠落装置检验报告书，有关检测单位出具的《附着式升降脚手架检验报告书》等。

2019年3月13日，总承包单位项目部根据项目进展，计划对爬架进行向下移动，项目部吕某和爬架实际施工单位刘某等有关人员对爬架进行了下降作业前检查验收，并填写《附着式升降脚手架提升、下降作业前检查验收表》(该表删除了监理单位签字栏)，检查结论为合格，监理公司未参加爬架下降作业前检查工作。同日，吕某根据检查结论，向监理公司提交了"爬架进行下降操作告知书"，拟定于3月14日6时30分对爬架实施下降作业。在未得到监理公司同意下降爬架的情况下，刘某、吕某组织爬架，并进行了分片下降作业。

3月16日，监理公司在进行日常安全巡查时发现该爬架已下降到位，要求施工单位对已下行后的爬架系统进行检查验收，但未对爬架的下降行为进行制止。3月17日至19日，刘某和吕某又先后组织爬架相关人员对主体爬架进行了下降作业。3月20日，爬架开始下降作业。3月21日上午，爬架实际施工分包单位架子工李某、龚某、谌某、姚某等在班组长廖某的带领下，继续对爬架实施下降。监理公司监理人员发现后，未向施工单位下发工程暂停令及其他紧急措施。10时12分，监理公司监理员李某在总监理工程师张某的安排下用微信向市安监站徐某报告，称"爬架系统正在下行安装(外粉)，危险性大于上行安装，存在安全隐患，监理备忘录已报给业主方，未果，特此报备"。同时用微信转发了2018年6月26日《监理备忘》，内容为"鉴于爬架专业分包单位项目经理不到岗履职，相关爬架验收资料该项目经理签字非本人所为，违反危险性较大的分部分项安全管理规定，存在安全隐患；要求总包单位加强专业分包的管理，区分监理安全管理责任，特此备忘"。徐某随即电话联系市工程技术咨询有限责任公司设备检测部主任高某伟，询问爬架下行隐患及注意事项。10时24分，徐某电话联系总承包单位生产经理胡某，并将该《监理备忘》微信转发胡某。胡某接到徐某电话后，将《监理备忘》微信转发给吕某。

3 月 21 日上午,总承包单位项目部工程部经理杨某口头通知劳务分包单位施工员励某,要求组织劳务工在落地架上进行外墙抹灰作业,另外安排一个劳务工去东北角爬架上进行补螺杆洞作业。此时有 7 名工人在落地架上进行抹灰,1 名工人在爬架上进行补螺杆洞。

工地工人下午上班时间是 12 时 30 分,项目部管理人员上班时间是 13 时 30 分。13 时 10 分左右,爬架(架体高约 22.5m,长约 19m,重约 20 吨)发生坠落,架体底部距地面高度约 92m。爬架坠落过程中与底部的落地架相撞(落地架顶端离地面约 44m),导致部分落地架架体损坏。事故发生时,爬架实际分包施工单位共有 5 名架子工在爬架上作业;劳务分包单位有 1 名员工在爬架上从事补洞作业,有 7 名员工在落地架上从事外墙抹灰作业(5 名涉险)。总承包单位,监理公司未安排人员在施工现场安全巡查。

6.5.3 事故直接原因

违规采用钢丝绳替代爬架提升支座,人为拆除爬架所有防坠器防倾覆装置,并拔掉同步控制装置信号线,在架体邻近吊点荷载增大,引起局部损坏时,架体失去超载保护和停机功能,产生连锁反应,造成架体整体坠落,是事故发生的直接原因。作业人员违规在下降的架体上作业和在落地架上交叉作业是导致事故后果扩大的直接原因。

6.5.4 事故间接原因

(1)项目管理混乱。一是建设单位未认真履行统一协调,管理职责,现场安全管理混乱;二是总承包单位项目安全员吕某兼任施工员删除爬架下降作业前检查验收表中监理单位签字栏;三是爬架专业分包单位备案项目经理欧某长期不在岗,爬架实际施工分包单位安全员刘某充当现场实际负责人,冒充项目经理签字,相关方未采取有效措施予以制止;四是项目部安全管理人员与劳务人员作业时间不一致,作业过程缺乏有效监督。

(2)违章指挥。一是爬架实际施工分包单位安全部负责人肖某通过微信形式,指挥爬架施工人员拆除爬架部分防坠防倾覆装置(实际已全部拆除),致使爬架失去防坠控制;二是总承包单位工程部经理杨某、安全员吕某违章指挥爬架分包单位与劳务分包单位人员在爬架和落地架上同时作业;三是在落地架未经验收合格的情况下,杨某违章指挥劳务分包单位人员上架从事外墙抹灰作业;四是在爬架下降过程中,杨某违章指挥劳务分包单位人员在爬架架体上从事墙洞修补作业。

（3）工程项目存在挂靠、违法分包和架子工持假证等问题。一是爬架实际施工分包单位采用挂靠爬架专业分包单位资质方式承揽爬架工程项目；二是爬架专业分包单位违法将劳务作业发包给不具备资质的李某个人承揽；三是爬架作业人员（李某、廖某、龚某等4人）持有的架子工资格证书存在伪造情况。

（4）工程监理不到位。一是监理公司发现爬架在下降作业存在隐患的情况下，未采取有效措施予以制止；二是监理公司未按住建部有关危大工程检查的相关要求检查爬架项目；三是监理公司明知分包单位项目经理长期不在岗和相关人员冒充项目经理签字的情况下，未跟踪督促落实到位。

（5）监管责任落实不力。市住建局建筑施工安全管理方面存在工作基础不牢固、隐患排查整治不彻底、安全风险化解不到位、危大工程管控不力，监管责任履行不深入、不细致，没有从严从实从细抓好建设工程安全监管各项工作。

6.5.5 建设单位责任认定及处理建议

（1）王某，建设单位总经理助理、该项目经理。未认真履行施工现场建设单位统一协调，管理职责，现场安全管理混乱；明知爬架分包单位项目经理长期不到岗，未有效督促总包、分包单位及时整改；未认真吸取2018年"7·1"高处坠落死亡事故教训，对事故发生负有管理责任。建议给予撤职处理。

（2）王某，建设单位设备部经理、该项目安全员。明知爬架分包单位项目经理长期不到岗，未有效督促总包、分包单位及时整改；未督促监理单位认真履行监理职责，对事故发生负有管理责任。建议给予撤职处理。

6.5.6 施工总承包单位责任认定及处理建议

违反了《中华人民共和国安全生产法》第十九条，第二十二条第五项、第六项、第七项，第四十六条第二项以及《建设工程安全生产管理条例》第二十八条的有关规定，对事故发生负有责任。根据《中华人民共和国安全生产法》第一百零九条第二项的规定，建议由应急局依法给予行政处罚。同时，建议由市住建局依法查处。

（1）胡某，该项目总工、生产经理。因涉嫌重大责任事故罪，已被检察院批准逮捕。

（2）吕某，该项目安全员。因涉嫌重大责任事故罪，已被检察院批准逮捕。

（3）杨某，该项目工程部经理。明知落地架未经监理单位检查验收合格，安排劳务人员在落地架从事外墙抹灰和补螺杆洞作业，对事故后果扩大负有直接责任。涉嫌重大责任事故罪，建议司法机关追究其刑事责任。

（4）谢某，该项目安全部经理。出差时安排已有工作任务的吕某代管落地架的使用安全，使得安全管理责任得不到落实；作为安全部经理，对爬架的安全检查管理缺失，对事故负有直接责任。涉嫌重大责任事故罪，建议司法机关追究其刑事责任。

（5）赵某，项目经理。一级建造师资格证书，未落实项目安全生产第一责任人职责，对爬架分包单位项目经理长期不在岗，未采取有效措施；未安排专职安全人员承担生产任务；在安全部经理谢某离岗时，未增加现场安全管理人员（吕某兼其职责），对事故发生负有责任。建议由市住房和城乡建设局依法查处，并报请上级部门吊销其一级建造师注册证书，5年内不予注册。

6.5.7 爬架专业分包单位责任认定及处理建议

违反了《中华人民共和国安全生产法》第二十二条第六项、第四十一条、第四十五条，以及《建筑工程施工发包与承包违法行为认定查处管理办法》第八条第三项的有关规定，对事故发生负有责任。根据《中华人民共和国安全生产法》第一百零九条第二项的规定，建议由应急局依法给予行政处罚。同时，建议由市住建局函告有关部门给予其暂扣安全生产许可证和责令停业整顿的行政处罚。

欧某，该爬架项目经理，二级建造师资格证书。作为爬架分包项目的项目经理，安全生产第一责任人，长期不在岗履行项目经理职责，对事故发生负有责任。建议由市住建局依法查处，并报请上级部门吊销其二级建造师注册证书，5年内不予注册。

6.5.8 爬架实际施工分包单位责任认定及处理建议

因当时未取得《建筑业企业资质证书》及《安全生产许可证》等相关资质，无法对外承揽工程，便以爬架专业分包单位的名义承揽该爬架工程项目。

未取得资质证书以挂靠名义承揽工程和将工程劳务违法分包给李某个人的行为，违反了《建设工程质量管理条例》第二十五条的规定，建议由市住房和城乡建设局依法查处，并报请或函告有关部门给予其暂扣安全生产许可证和责令停业整顿的行政处罚。

（1）刘某，项目部安全员。因涉嫌重大责任事故罪，已被检察院批准逮捕。

（2）肖某，安全部负责人、爬架工程项目实际负责人。因涉嫌重大事故责任罪，已被检察院批准逮捕。

（3）李某，爬架实际施工分包单位总经理，爬架工程项目合同签约人。爬架工程项目的实际施工单位负责人。因涉嫌重大责任事故罪，已被检察院批准逮捕。

（4）张某，该分包单位法定代表人兼总经理。因涉嫌重大责任事故罪，已被公安机关取保候审。

（5）廖某，架子工班组长。带领班组人员违章作业导致事故发生，对事故发生负有直接责任。涉嫌重大责任事故罪，建议司法机关追究其刑事责任。

（6）胡某，该爬架工程项目工程部负责人。负责爬架班组任务安排；参与对爬架防坠落导座拆除商讨会议，对拆除防坠落导座建议未予制止，对事故发生负有责任。建议予以开除处理。

6.5.9 劳务分包单位责任认定及处理建议

（1）赵某，该分包项目负责人。因涉嫌重大责任事故罪，已被检察院批准逮捕。

（2）李某，劳务承揽人。因涉嫌重大责任事故罪，已被公安机关取保候审。

（3）林某，该项目负责人。对施工现场安全管理监督不到位，对事故发生负有责任。建议由市住建局依法查处。

（4）鞠某，该分包项目安全员。对施工现场安全管理监督不到位，未及时制止交叉作业，导致事故扩大，对事故发生负有责任。建议由市住建局依法查处，并报请有关部门吊销其安全生产考核合格证书。

6.5.10 监理单位责任认定及处理建议

监理公司未按规定对爬架工程进行专项巡视检查和参与组织验收，以及明知爬架分包单位项目经理欧某长期不在岗履职、爬架下降未经验收擅自作业等安全事故隐患，未要求其暂停施工的行为，违反了《建设工程安全生产管理条例》第十四条和《危险性较大的分部分项工程安全管理规定》第十八条、第十九条、第二十一条的规定。建议由市住建局依法查处，并报请上级部门给予其责令停业整顿的行政处罚。

（1）张某，该项目总监理工程师。负责项目监理全面工作，对项目安全管理混乱的情况监督检查不到位，明知分包单位项目经理长期不在岗和相关人员冒充项目经理签字的情况下，未跟踪督促落实到位；发现爬架有下降作业未采取有效措施予以制止；未按照住建有关危大工程检查的要求检查爬架项目；3月21日，发现爬架正在下行且存在安全隐患的情况下，未立即制止或下达停工令，对事故负有直接监理责任。涉嫌重大责任事故罪，建议司法机关追究其刑事责任。

（2）朱某，该项目专业监理工程师，注册监理工程师。未按规定参与爬架作业前检查和验收；未按照危大工程检查要求检查爬架项目，对事故发生负有监理责任。建议由市住建局依法查处，并报请上级部门吊销其监理工程师注册证书，5年内不予注册。

（3）李某，该项目监理员兼资料员。3月13日，在施工总承包单位提交的"爬架进行下降操作告知书"后，未进行跟踪；21日上午，发现爬架有下降作业，未采取有效措施制止作业，对事故发生负有监理责任。建议由市住建局依法查处。

（4）祝某，该项目监理员。发现爬架有下降作业，未采取有效措施制止，对事故发生负有监理责任。建议由市住建局依法查处。

6.5.11 政府主管领导责任认定及处理建议

（1）管某，市安监站总工办主任兼副总工程师。牵头负责监督专项检查及安全大检查工作。在进行安全检查及组织专家对爬架进行检查时，未按相关规定和规范开展检查和核对安全设施，未及时发现重大安全隐患，对事故负有直接监管责任。涉嫌玩忽职守罪，建议司法机关追究其刑事责任。

（2）徐某，市安监站监督一科副科长（聘用人员）。负责监督一科日常检查工作。在进行安全检查及组织专家对爬架进行检查时，未按相关规定或规范开展检查和核对安全设施，未及时发现重大安全隐患。3月21日上午，接到监理员李某的报告后，未及时赶到现场制止，也未及时向领导汇报，对事故负有直接监管责任。涉嫌玩忽职守罪，建议司法机关追究其刑事责任。

（3）顾某，市安监站党支部书记、站长。明知徐某无安全检查资格，仍安排其参与日常检查、专项检查、安全大检查工作。日常工作中未落实好监督责任制，督促市管房屋建筑工程施工安全监管不到位，对事故负有主要领导责任。建议对其予以撤销党内职务和政务撤职处分。

（4）周某，市安监站副站长。负责市管项目安全监督管理，分管监督一科、监督二科。明知徐某无安全检查资格，仍安排其参与日常检查、专项检查、安全大检查工作。日常工作中对监督一科未落实好监督责任制，督促市管房屋建筑工程施工安全监管不到位，对事故负有主要领导责任。建议对其予以党内警告和政务记过处分。

建设各方主体事故责任及风险规避

（5）盛某，市建筑安装管理处支部书记、主任。主持建筑安装管理处全面工作。未发现爬架分包单位与总承包单位签订的爬架工程专业分包合同没有备案，也未发现爬架分包单位项目经理长期不在岗的情况，对事故负有重要领导责任。建议对其进行诫勉谈话。

（6）成某，市住房和城乡建设局副调研员。负责建筑工程安全监管，分管市安监站。部署落实建筑施工安全管理不到位，对建筑施工安全管理督导不到位，督促分管部门履行监管职责不到位，对事故负有主要领导责任。建议对其予以党内警告和政务记过处分。

（7）朱某，市住房和城乡建设局副调研员。协助分管建筑工程安全管理，协助部署落实建筑施工安全管理不到位，对建筑施工安全管理督导不到位，督促分管部门履行监管职责不到位，对事故负有主要领导责任。建议对其进行诫勉谈话。

（8）苏某，市住房和城乡建设局副调研员。牵头负责市住房和城乡建设局安全生产工作，部署落实建筑施工安全管理不到位，对督促落实建筑施工安全生产目标管理责任督导不到位，对事故负有重要领导责任。建议对其进行诫勉谈话。

（9）陶某，市住房和城乡建设局党委书记、局长。对加强建筑工程安全监管工作重视不够，未能及时根据形势任务要求理顺工作机制，对事故负有重要领导责任。建议对其进行提醒谈话。

6.5.12 事故防范和整改措施

（1）切实落实企业安全生产主体责任。各相关单位要严格按照"一必须五到位"和"五落实五到位"的要求，强化企业安全管理。建设单位要组织施工总承包单位、专业分包单位、劳务分包单位以及监理单位立即开展安全排查，全面了解施工管理现状，建立健全安全管理制度；要对在建工程进行全面排查，坚决杜绝非法转包、违法分包和资质挂靠等行为，确保施工安全；要督促监理人员认真履职，强化施工过程监管，及时发现并制止建设单位及施工单位在工程建设过程的非法违法行为，健全完善资料台账。

（2）切实落实安全监管责任。市住房和城乡建设局要按照"管行业必须管安全、管业务必须管安全、管生产经营必须管安全"要求，切实加强对施工企业和施工现场的安全监管，根据工程规模、施工进度，合理安排监管力量，强化安全风险化解，加大危大工程管控力度，认真履行监管责任，从严从实抓好建设工程安全监管各项工作。指导和督促施工单位强化隐患排查整治，严厉打击项目经理不到岗履职和出借资质、违法挂靠、转包等行为，坚决遏制较大事故发生。

（3）切实落实安全生产属地责任。要深刻吸取此次事故教训，举一反三，将近年来辖区发生的安全生产事故进行全面梳理，分析事故原因，落实监管责任。要配齐配强安全监管人员，认真履行安全监管职责，注重加强对负有安全监管职责部门履职情况的监督检查，确保监督管理职责履职到位。

6.6 深圳市体育中心改造提升拆除工程"7·8"坍塌事故

2019年7月8日11时28分许，深圳市体育中心改造提升拆除工程工地发生一起坍塌事故，造成3人死亡，3人受伤，核定事故造成直接经济损失为5935000元人民币。

调查认定，深圳市体育中心改造提升拆除工程"7·8"坍塌事故是一起较大生产安全责任事故。

6.6.1 事故项目概况

本次拆除工程发生坍塌事故的深圳体育馆于1982年设计，1985年建成，建筑面积2.12万 m²（拆除前原貌见图6-9）。其建筑结构为钢筋混凝土框架结构加网架屋面系统。屋面以下以及看台采用钢筋混凝土框架结构，基础为浅基础；屋面采用4根钢格构柱支撑的网架结构，每个格构柱由4根直径530mm、壁厚16mm的钢管柱构成，钢格构柱的基础为桩基础。屋面和屋面以下两种结构体系相对独立。

6.6.2 体育馆拆除方案的编制、论证情况

施工单位编制了《钢网架拆除专项施工方案》，并于2019年6月17日组织专家论证会，对《专项施工方案》进行论证。《专项施工方案》经专家组论证、修改完善后，由专家组签字确认，7月1日由监理公司总监理工程师郭某审批通过。

6.6.3 事故发生经过

事发前施工情况（图6-7、图6-8）

在施工过程中，存在多处未按《专项施工方案》实施的情形，未发现建设单位、施工单位、监理单位及其工作人员有提出反对、制止的情形或记录（图6-9～图6-11）。

图 6-7　西侧格构柱进行柱体打磨并安装磁力管道切割机导轨

图 6-8　钢管柱磁力管道切割机完成切割和挂钢丝绳

图 6-9　西南角格构柱的西南角 1 根钢管柱已全部拉出

图 6-10　西南侧发生坍塌时人员所在位置

图 6-11　西北侧发生坍塌时人员所在位置

上午 11 时 28 分，西南侧格构柱突然失稳并坍塌，随之拉动西北侧格构柱失稳倒塌，整个网架整体由西向东方向呈夹角状坍塌，造成 3 人死亡，3 人受伤（图 6-12、图 6-13）。

图 6-12　体育馆由西往东呈夹角状坍塌

图6-13　体育馆坍塌后东侧现状

6.6.4 事故直接原因

（1）事发前体育馆钢格构柱遭受破坏，网架结构体系处于高危状态。7月8日事发前，经切割、牵引后，格构柱多处割断、破坏，网架结构体系处于高危状态。

（2）未经安全评估，盲目安排工人进入高危网架区域作业。在整个结构体系都已被破坏，网架结构有随时倒塌风险的情况下，相关单位未经安全评估论证，也未采取安全措施，擅自改变施工方案，盲目安排工人进入网架区域进行氧割、未加挂钢丝绳作业，违反施工方案中"一旦开始切割格构柱，人员禁止进入"和"无人化操作"的要求。

（3）人工氧割是网架坍塌的直接诱因。

6.6.5 事故间接原因

（1）未按方案施工。自开始拆除以来，相关单位未按《专项施工方案》施工：一是未按方案牵引，未按照施工方案使用卷扬机进行牵引，而是使用炮机牵引，牵引力不足导致网架结构未按预期倒塌。二是未按方案切割，在按原方案对钢管柱进行水平切割前，违规在钢管柱上用氧割方式切割贯通的竖缝，造成格构柱中间部位分成两个半圆；水平切割后，用人工氧割方式违规切割U形缝，削弱格构柱的整体稳定性。三是未按方案要求作业，在未能实现预期倒塌的情况下，违背方案中的"人员严禁进入"原则。

（2）施工管理混乱。一施工方案较为粗糙，科学性、严谨性不足，缺少应对意外状况的有效措施。二是屡次突破按方案施工的原则底线，违规改变牵引方式，违规改变切割方式，违规安排人员到网架区域作业。三是在王某明确提出"先安装钢丝绳，再氧气切割"的情况下，仍然安排工人交叉作业。

（3）项目管理失序。一是管理体系失序，建设单位管理层级较多，加上施工单位同样属于建设单位的下属单位，未能严守建设、施工单位各负其责、相互制约的管理秩序；二是管理架构失序，负责现场管理的领导小组办公室为临时机构，项目经理不到位，违法分包工程，现场管理架构松散，管理力度薄弱。

6.6.6 建设单位责任认定及处罚

（1）作为项目的建设单位，对施工单位随意变更施工方案、监理单位未及时制止及上报等现场违规行为未进行有效督促整改，未采取有效措施督促施工单位按照《专项施工方案》施工，未督促监理单位按照法律法规要求履行监理职责，违反了《中华人民共和国安全生产法》第四十六条第二项的规定。

（2）作为该项目建设单位，未有效履行企业安全生产主体责任，未认真落实安全生产管理制度；对施工现场安全检查不力，对施工单位现场违规作业情况失察，对事故发生负有责任。其行为违反了《中华人民共和国安全生产法》第四十六条第二项的规定，依据《中华人民共和国安全生产法》第一百零九条的规定，建议对其处以行政处罚。

（3）王某，公司总经理，体育中心改造提升工程项目工作领导小组组长。全面负责项目领导小组工作。

（4）依某，项目工作领导小组副组长。负责领导现场施工监管组（体育馆体育场主赛场区域），负责监督、配合控制施工进度、质量。

（5）刘某，项目工作领导小组副组长。负责领导现场施工监管组（网羽中心笔架山副馆区域），负责监督、配合控制施工进度、质量。

（6）黄某，项目工作领导小组副组长。负责领导现场施工监管组（游泳跳水馆区域），负责监督、配合控制施工进度、质量。

（7）刘某，现场施工监管组（体育馆体育场主赛场区域）负责人。负责监督、配合控制施工进度、质量。

6.6.7 施工单位责任认定及处罚

（1）违法分包工程。将拆除工程交由不具备相应施工资质的劳务公司。未按《专项施工方案》组织施工。一是在施工中违规改变切割方式，在钢管柱上切割原方案没有提及的竖向缝和 U 形缝；二是违规改变牵引方式，未按照方案使用卷扬机牵引，而是使用炮机牵引；三是在未能拉出西侧钢管柱的情况下，没有按《专项施工方案》的要求从西侧正面用卷扬机牵引钢网架，擅自采用增加钢丝绳的方式，未进行施工方案变更和重新论证；四是在进行格构柱水平切割和侧拉后，擅自安排人员进入网架区域作业，违背了方案中"一旦开始切割格构柱，人员禁止进入，保证切割现场无人化操作"的要求。其行为违反了《危险性较大的分部分项工程安全管理规定》第十六条第一项的规定。

（2）未履行安全生产管理职责。将项目部交由不具备相应施工资质的劳务公司实际管理和控制。未严格落实安全生产责任制，未对施工队伍进行有效管理，未及时督促项目部消除现场施工组织混乱、未按方案施工、工人冒险作业、动火作业审批流于形式等施工现场事故隐患，违反了《中华人民共和国安全生产法》第三十八条第一项、第四十一条等规定。

（3）汪某，公司董事长，法定代表人。全面负责公司工作；未认真履行公司安全生产第一责任人职责，对项目部管理混乱、未按方案施工等问题疏于管理，未及时消除生产安全事故隐患，对事故发生负有主要管理责任；事故发生后，组织相关人员统一口径，对抗调查。其行为违反了《中华人民共和国安全生产法》第十八条第五项的规定，依据《中华人民共和国安全生产法》第九十二条第二项的规定，建议对其处以行政处罚；对于其在事故调查过程中组织本单位工作人员作伪证的行为，建议依据《生产安全事故罚款处罚规定（试行）》第十三条第一项的规定对其处以行政处罚。

（4）向某，公司总经理。负责市建设集团公司生产经营工作。

（5）宋某，公司副总经理。具体分管公司的生产、安全工作，未能有效地督促项目部做好安全生产工作，没有及时制止现场未按《专项施工方案》施工、工人冒险进入网架区域作业等生产安全事故隐患，对事故发生负有责任。其行为违反了《中华人民共和国安全生产法》第二十二条第五项的规定，建议依据《中华人民共和国安全生产法》第九十三条的规定对其处以行政处罚；建议依据《安全生产违法行为行政处罚办法》第四十五条第三项的规定对其处以行政处罚。

（6）杨某，公司质量安全部副部长（主持工作）。体育馆拆除期间在施工现场指导安全工作；对施工现场存在的未按《专项施工方案》施工、工人冒险作业等事故隐患未采取有效措施，未及时消除生产安全事故隐患，参与讨论决定事发当日的施工方案，对事故发生负有责任，其行为违反了《中华人民共和国安全生产法》第二十二条第五项的规定，建议依据《中华人民共和国安全生产法》第九十三条的规定对其处以行政处罚；建议依据《安全生产违法行为行政处罚办法》第四十五条第三项的规定对其处以行政处罚。

（7）王某，公司技术研发中心主任。负责审核拆除工程专项施工方案，在体育馆拆除期间负责现场监测和技术指导；但对《专项施工方案》把关不严，参与讨论决定事发当日的施工方案，对事故发生负有责任，建议公司依照本单位有关规章制度给予其相应处分。

（8）谢某，公司改造提升拆除工程备案项目经理。某区住建局于当日对拆除工程进行备案。但未到项目部履职；从公司离职后，仍然允许公司使用其项目经理资格参与拆除工程招投标并进行拆除工程备案。其行为违反了《注册建造师管理规定》第二十六条第五项的规定，依据《建设工程安全生产管理条例》第五十八条的规定，建议提请国家住房城乡建设部对其处以行政处罚。

（9）毛某，项目部实际负责人。全面负责拆除工程施工生产、经营管理工作；由于未落实安全生产责任制度，履行职责不到位，未按施工方案组织施工，在体育馆结构已遭受严重破坏未经安全评估的情况下，组织网架区域下的施工作业，对本次事故负有直接管理责任。鉴于其涉嫌构成重大责任事故罪，调查组于7月13日将其移送公安机关，公安机关对其采取了刑事拘留措施，并已将其依法逮捕，建议司法机关依法追究其刑事责任。

（10）王某，项目部技术负责人。负责现场工程质量、进度、技术、安全、人员安排、经济签证、材料质量；其编制的施工方案对实际施工状况考虑不足，参与讨论决定事发当日的施工方案，对事故发生负有责任。建议公司依照本单位有关规章制度给予其相应处分并解除劳动合同关系。

（11）王某，项目部预算员。负责工程投标预算或工程量清单报价的编制、项目日常预算和竣工结算，负责项目对内劳务分包、专业分包结算审核等工作。

（12）蒋某，项目部施工员。负责协助毛某开展工作，负责组织现场防护措施、人员投入、大型设备、安全检查，对分包、劳务方进行验收；作为项目部施工员，未落实安全生产责任制度，履行职责不到位，未按《专项施工方案》组织施工，安排工人进入网架区域内进行氧割作业，未及时消除施工现场存在的生产安全事故隐患，对本起事故的发生负有责任。其行为违反了《中华人民共和国安全生产法》第二十二条第五项的规定，建议依据《中华人民共和国安全生产法》第九十三条的规定对其处以行政处罚；建议依据《安全生产违法行为行政处罚办法》第四十五条第三项的规定对其处以行政处罚。

（13）朱某，项目部安全员。负责安全生产的日常监督与管理工作；作为项目部安全员，履行职责不到位，未及时消除施工现场存在的未按《专项施工方

建设各方主体事故责任及风险规避

案》施工、工人冒险作业等事故隐患，对本起事故的发生负有责任。其行为违反了《中华人民共和国安全生产法》第二十二条第五项的规定，建议依据《中华人民共和国安全生产法》第九十三条的规定对其处以行政处罚；建议依据《安全生产违法行为行政处罚办法》第四十五条第三项的规定对其处以行政处罚。

（14）李某，项目部安全员。负责安全生产的日常监督与管理工作。作为项目部安全员，履行职责不到位，未及时消除施工现场存在的事故隐患，对本起事故的发生负有责任。建议公司依照本单位有关规章制度给予其相应处分并解除劳动合同关系。

6.6.8 劳务公司责任认定及处罚

（1）劳务公司虽然未与施工单位签订相关合同或协议，但实际参与了拆除工程管理，未按《专项施工方案》组织施工，未履行安全生产管理职责，违反了《中华人民共和国安全生产法》第三十八条第一项、第四十一条的规定。

（2）作为该项目拆除工程施工阶段的实际控制单位，违反安全生产管理规定，未有效履行企业安全生产主体责任，未按施工方案组织施工，未及时督促项目部消除现场事故隐患，对施工人员培训教育不到位，对本次事故负有主要责任。其行为违反了《中华人民共和国安全生产法》第三十八条第一项、第四十一条的规定，依据《中华人民共和国安全生产法》第一百零九条的规定，对其处以行政处罚。对于其违法分包的行为，依据《建筑工程施工发包与承包违法行为认定查处管理办法》第十五条第二项的规定，责令改正，没收违法所得，对其处以罚款的行政处罚。

（3）朱某，劳务公司实际控制人，体育馆拆除工程施工阶段实际控制人。未落实安全生产责任制度，履行职责不到位，未按施工方案组织施工，在体育馆结构已遭受严重破坏未经安全评估的情况下，组织网架区域下的施工作业，对本次事故负有主要管理责任，其行为涉嫌构成重大责任事故罪，建议司法机关依法追究其刑事责任。

（4）王某，拆除工程施工队负责人。安排工人违规施工，未及时排查生产安全事故隐患，在体育馆结构已遭受严重破坏未经安全评估的情况下，安排施工队作业人员盲目进入网架区域开展作业，对本次事故负有直接管理责任。

鉴于其涉嫌构成重大责任事故罪，调查组于 7 月 13 日将其移送公安机关，公安机关对其采取了刑事拘留措施，并已将其依法逮捕，建议司法机关依法追究其刑事责任。

6.6.9 监理公司责任认定及处罚

（1）对施工单位未按《专项施工方案》施工，事发当日工人进入网架区域加挂钢丝绳作业、人工氧割违规冒险作业的行为没有进行有效制止，也未及时向有关主管部门报告，违反了《建设工程安全生产管理条例》第十四条第二项的规定。

作为该项目监理单位，未按照法律、法规和工程建设强制性标准实施监理，未及时制止或报告施工现场未按方案施工、工人冒险进入网架区域作业等危险行为，对事故发生负有监理责任。其行为违反了《建设工程安全生产管理条例》第十四条的规定，依据《中华人民共和国安全生产法》第一百零九条的规定，建议对其处以行政处罚。

（2）监理公司抽调人员组建了体育中心改造提升拆除工程项目监理部，履行监理职责，项目监理部实行总监负责制，共有监理人员5人，符合招标文件中约定的人员配置要求。

（3）郭某，总监理工程师。负责安全生产管理的监督职能，对工程项目的监理工作实施组织管理，依照国家有关法律法规及标准规范履行职责。

但是在监理现场，履行监理职责不到位，督促、检查不力，对施工现场存在的未按《专项施工方案》施工、工人冒险作业等事故隐患未采取有效措施制止并上报，未及时消除生产安全事故隐患，对本次事故负有监理责任，其行为违反了《中华人民共和国安全生产法》第十八条第五项的规定，依据《中华人民共和国安全生产法》第九十二条第二项的规定，建议对其处以行政处罚。

（4）梁某，监理工程师。协助总监工作，完成总监交办的安全生产管理的监理工作，负责检查安全监理工作的执行情况等。

但是在监理现场，履行监理职责不到位，未按照法律、法规和工程建设强制性标准实施监理，对实际施工过程监督不力，对现场重大安全隐患未采取有效措施制止并上报，对本次事故负有监理责任，依据《深圳市建筑市场严重违法行为特别处理规定》第四条第二项的规定，建议对其处以行政处罚。

（5）龙某，水电专业监理工程师。负责现场水电施工安全，因拆除施工期间不涉及水电施工，未在施工现场。

（6）于某，安全监理员。负责现场安全监理工作。

作为安全监理员，履行监理职责不到位，未按照法律、法规和工程建设强制性标准实施监理，对实际施工过程监督不力，对现场重大安全隐患未采取有效措施制止并上报，参与讨论决定事发当日的施工方案，对本次事故负有监理责任，建议公司依照本单位有关规章制度给予其相应处分。

（7）陈某，监理员。负责资料编制、整理等工作。

另外，市体育中心拆除施工时，项目监理部又临时抽调李某、杨某两人对施工现场进行安全巡查。

6.6.10 事故后相关单位存在统一口径对抗调查情形

调查发现，事故发生后，施工单位等单位统一口径对抗调查，后补有关项目管理资料。

7月8日23时许，施工单位董事长，总经理等人在项目部会议室开会，要求对拆除施工统一说法：7月5日、6日进行拆除施工准备，7月7日进行水平切割，7月8日仅加挂钢丝绳，不要提违反施工方案的情形。后补了授权拆除工程项目部签订拆除合同的文件，后补了项目经理变更文件，后补了管理人员专项方案交底资料。

6.6.11 政府部门及相关单位责任认定及处罚

（1）经查，区安监站在监督检查过程中，安全监督告知书缺少拆除工程告知内容；未按照《房屋建筑和市政基础设施工程施工安全监督规定》（住建部2014年10月实施）要求，针对拆除工程制定安全监督工作计划；内部管理不严，复查部门和监督部门缺少沟通，未及时掌握拆除工程进展情况；监督人员资质资格不符合任职条件。

（2）孙某，安监站负责人。对福田区安监站内部管理不严、未正确履行安全监管职责等问题负主要领导责任，且在事故发生后，授意伪造《在建工程项目进度监督计划表》，根据《事业单位工作人员处分暂行规定》第十一条第二项、第十七条第九项规定，建议纪委监委给予孙某记过的行政处分。

6.6.12 事故防范措施建议

市体育中心改造提升拆除工程"7·8"较大坍塌事故，是擅自改变体育馆钢网架拆除《专项施工方案》，在现场网架结构体系被破坏处于高危状态的情况下，盲目安排工人进入网架区域进行人工氧割、加挂钢丝绳作业导致的一起生产安全事故，集中暴露出拆除现场施工组织混乱、项目管理失序、企业安全生产主体责任不落实等问题。各级各部门各单位要牢牢把握建筑施工行业安全生产工作的特殊性和复杂性，牢固树立安全生产红线意识，坚持安全发展，坚持底线思维，强化事故防范和风险管控，坚决遏制重特大事故发生，为全市经济社会发展提供强有力的安全保障。

（1）强化重点建设工程项目的安全管理，依法依规科学组织工程项目建设。

本起事故中，施工单位通过虚构劳动合同关系、社保关系、工资关系；建设单位和施工单位均为同一公司下属企业，施工现场存在多头指挥、管理混乱的现象，严重削弱了施工现场安全管理水平；在现场拆除施工已连续违反《专项施工方案》并存在重大安全隐患的情况下，主持会议继续违规变更施工方案；施工单位工程施工管理能力不足，将危大工程违法分包给不具备施工资质的个体施工队，事发后主要负责人出面统一口径、提供伪证，对抗事故调查。针对这些问题，市区住建、交通、水务等相关领域的建设主管部门要组织专项监督检查，督促市、区各重点建设工程的参建单位严格落实《中华人民共和国建筑法》《中华人民共和国安全生产法》《建设工程安全生产管理条例》等法律法规。市住建部门牵头，督促各有关重点建设工程项目指挥部或领导小组严格对照自查，严格按照建设行业领域法律法规推进项目建设，严厉查处干预项目施工的违法、违规行为。对体育馆拆除项目施工组织混乱、管理失序以及违法违规干预拆除施工等问题和行为，进行认真反思，作出深刻检查；要结合"不忘初心、牢记使命"主题教育活动，进行全面整顿；要组织市属建筑施工企业，深刻吸取事故教训，举一反三，加强内部管理，提高安全质量管理能力和水平。

（2）完善监管机制，实现拆除工程全面纳管。

对于各类房屋改造和公共建筑改造提升拆除项目多，拆除工程具有规模小、工期短、危险性大等特点，各级各部门要以市体育中心"7·8"事故为鉴，完善监管机制，实施全面纳管。市住房建设部门要组织修订拆除工程管理办法，研究梳理拆除工程监管的薄弱环节，切实改变目前重备案、轻监管的状态，实行拆除工程安全生产全面纳管；要加强业务指导，组织编制《拆除工程技术指引》，针对不同结构类型、不同场地情况、不同施工工艺等出台技术要点和管理要求；组织做好各区、街道执法人员有关拆除工程管理的培训工作。各区、新区和合作区管委会要制定针对性措施，加强拆除工程监管，提高基层巡查管理力度，切实消除安全隐患，对发现未备案以及其他违法行为的，要从严进行处罚。

（3）强化落实拆除工程各参建单位安全生产主体责任。

市、区住房建设部门要组织开展全市拆除工程安全专项检查，督促拆除工程项目建设、施工、监理等单位落实安全生产主体责任，督促加大安全投入保障力度，强化内部管理，建立健全双重预防机制，加大风险识别预控和隐患排查力度，加强重点环节、重点部位、重要时段的安全管控，保障拆除工程安全顺利开展。各建设单位要将建筑拆除工程发包给具有相应资质类别的企业承担，办理拆除工程备案手续，保证建筑拆除工程安全生产所需的费用，提供拆除建筑的有关图纸以及管线分布情况等资料，并牵头组织专项施工方案专家论证。各施工单位要根据工程实际，编制专项施工方案和管线保护方案，建立健全项目安全生产责任制，落实各项安全管理制度，加强一线施工作业人员的安全培训教育和技术交底，严格按照施工方案组织施工。各监理单位要扎实履行监理职责，认真组织审核各项施工方案，发现存在安全隐患的，要及时制止并报告市、区住房建设部门。

（4）加大危大工程管理力度，提升建筑施工领域质量安全水平。

危险性较大的分部分项工程管理是建设领域安全生产管理的重点。市区住房建设、交通、水务等各领域的建设主管部门要督促企业进一步建立健全危险性较大的分部分项工程安全管控体系，建立危险性较大分部分项工程台账，不折不扣地落实《危险性较大的分部分项工程管理规定》要求，保障安全生产；要强化施工过程监管，认真落实监理旁站、验收等制度，确保按照专项施工方案施工；要有重点地突出深基坑、高边坡、地下暗挖、建筑起重机械、高支模等重大风险源的专项整治，实时研判现场情况，及时处置和消除安全隐患，对不按方案搭设，不按程序验收等行为，要进行重点查处。对技术要求较高的塔吊、施工电梯、门式起重机等设备，要实施第三方检测，确保逐一检测过关。

（5）加强源头管理，强化专项施工方案的编制、论证和审查工作。

危险性较大的分部分项工程施工安全专项方案是保障施工安全的前提。市住房建设部门要牵头制定建筑施工领域专家管理办法，强化专家库建设，遴选学术水平高，责任心强的专业人才加入专家队伍，保障危险性较大的分部分项工程施工安全专项方案论证的科学性；要建立健全专家队伍监督、考核、淘汰机制，对发现学术水平不高，责任心不强的专家，要及时清出专家库并予以公告。各建设、施工、监理单位要强化施工安全专项方案的编审，认真组织专家论证，严肃对待专家提出的意见和建议，确保施工安全专项方案科学、合理，确保符合施工实际情况，切实提高可操作性，并结合工程实际安排应急处置措施；对经论证的施工方案，在施工过程中变更、修改的，必须重新组织专家论证。

6.7 坍塌事故原因分析

常见坍塌事故原因：

（1）工程结构设计不合理或计算失误。

（2）施工前没有编制切实可行的施工组织设计和专项施工方案，未做具体技术安全措施交底，特定施工项目未经专家评审论证。

（3）脚手架、模板支撑、起重设备结构设计不合理或计算失误。

（4）建筑物结构质量低劣，安全性能差，地基不稳定，不均匀沉降。

（5）建筑物结构支撑连接（焊接）不牢固，超载、外力冲击或严重偏心载荷造成失稳等。

（6）脚手架及高大模板支架架体结构不符合设计与规范要求，整体安全稳定性差、超载或严重偏心荷载，遇外力冲击或振动，不按程序拆除架体等因素造成失稳等。

（7）基坑、土石方挖土时土壁不按规定留设边坡（甚至负坡度），缺乏支护或支护不良，土质不良或出现地下水、地表水的渗透，土壁经不起重载侧压力或遇外力振动、冲击等因素造成土壁失稳滑坡坍塌。

（8）起重设备技术安全性能差，结构强度不够，安全防护装置不完善，垂直起重机与建筑物拉结差，出现超载、碰撞、升降过度或违章操作等原因，造成起重设备倒塌。

（9）现场作业环境不良，安全防护设施缺乏。

（10）施工现场管理松弛，各项质量、安全管理制度流于形式。

（11）片面追求经济利益，偷工减料，施工质量差。

（12）施工队伍素质差，不执行法规、标准，违章指挥、违章作业，思想上存在盲目性、冒险性、随意性。

6.8 坍塌事故防范措施

6.8.1 综合性预防措施

（1）加强对员工的安全培训教育，提高队伍素质，强化质量安全意识。

（2）周密进行工程技术设计、审查和交底工作。

（3）认真编制施工组织设计和专项施工技术方案及监控、应急方案，做好特定施工项目专家评审论证及技术安全交底工作。

（4）切实贯彻执行相关质量安全法规、规范、标准与规定。

（5）强化工程质量报验与检验、签证制度，不经检验合格，不准进行下道工序施工。

（6）施工单位加强现场管理，监理单位加强监督检查，督促整改，清除隐患。

6.8.2 单项预防事故措施

1. 防建筑物（含临建设施）坍塌

（1）确保建筑材料和构配件的质量。

（2）按技术图纸和施工质量验收规范要求及施工程序组织施工，对技术复杂与30m及以上的高空作业建筑工程、大跨度建筑工程结构和城市房屋拆除爆破工程的施工方案，均应经专家评审论证。

（3）严格把握混凝土及砂浆配合比及计量。

（4）严格工程检验与试验制度，确保工程结构强度及其安全性能。

（5）钢筋混凝土结构：钢筋绑扎符合质量要求；混凝土养护及时；按设计及规范要求确定拆模时间。

（6）钢结构：钢结构的材质、型号、规格及加工安装均应符合设计与规范要求，一二级焊缝要经金属探伤仪检测。

（7）施工现场使用的组装式活动房屋应有产品合格证，各种临建设施搭成后都应组织检查验收，验收合格后经相关负责人签字后方准使用。

（8）工地临时工棚及围墙应采用水泥混合砂浆砌筑并抹灰，严禁用土壤砌筑，砖柱间距不大于5m；房盖严禁搭设在围墙上；临建设施墙基四周应设排水沟。

（9）工地搭设灯塔、水塔、水泥罐等临时设施的结构与基础必须牢固安全，高度超过5m的塔体应设斜支撑或缆风绳。

（10）临建设施在1m范围内不得挖掘沟槽或堆置余土及建筑材料与构件，防止造成临建设施失稳倒塌。

（11）发现临建设施不安全的隐患，应及时排除或采取加固措施。

（12）对建筑物严格控制施工荷载，楼面、屋面堆置建筑材料、模板、施工机具或其他材料时，应严格控制数目、重量，防止超载；堆放数目较多时应进行荷载计算，并对楼板、屋面板底部采取支撑临时加固，或采取其他保护措施。施工中严防损伤建筑构件。

（13）正在施工的建筑物室内不得住人，工地临建设施与施工的建筑物应按规定保持安全距离。

（14）防止外力对建筑物产生碰撞、激烈振动和破坏。

（15）对旧建筑物拆除时，应制定拆除的安全措施方案，指派专业队伍拆除，严禁采取掏空、推倒的拆除方法。

2. 防高、大型模板支架及各类工具式模板工程（含滑模）坍塌

（1）根据设计与规范要求，编制模板支架搭设与拆除方案，并切实执行；对超高、超重、大跨度模板支撑系统的专项施工方案和设计计算资料，应组织专家评审。所谓超高、超重、大跨度模板支撑系统是指高度超过 8m，或跨度超过 18m，或施工总荷载大于 $10kN/m^2$，或集中线荷载大于 15kN/m 的模板支撑系统。

（2）进行高、大型模板支架设计计算，主要内容为：

1）支架的静载与动载承载力计算。

2）模板底板与力木衬的抗弯、抗剪及挠度计算。

3）支托梁（大、小横杆）的抗弯、抗剪及挠度计算。

4）顶撑钢管的强度计算。

5）扣件抗滑移力计算。

6）模板支架整体稳定性计算。

（3）按设计方案及规范要求搭设模板支架，材质、规格、立杆顶撑、支座、扫地杆、纵横水平拉杆的间距、竖向与水平剪刀撑的搭设及扣件数目设置和脱模剂涂刷、支模工艺等均应符合设计方案与质量安全规范要求，确保模板支架的整体稳定性。模板支架检查验收合格，才准浇筑混凝土。

（4）模板支撑宜用钢支撑材料作支撑立柱，不得使用严重锈蚀、变形、断裂、脱焊、螺栓松动的钢支撑材料和竹木材料作立柱；对超高、超重、大跨度模板支架应采用加强型支撑系统，确保其强度及刚度，支撑立柱基础应牢固、平整夯实，并按设计计算严格控制模板支撑系统（含大梁起拱）的沉降量。支撑立柱接头应正确，根部应加设垫板。斜支撑和立柱应牢固拉结，形成整体。

（5）制作滑模的材料、构配件、千斤顶等设备应有合格证，操作平台各部件的焊接质量应符合设计要求，液压滑升模板时统一指挥。操纵平台应限制施工荷载，严格把握混凝土出模强度不低于 0.2MPa，滑升作业人员应经培训合格，持证上岗。

（6）模板支架上不得直接承受混凝土输送泵管的附加冲击振动力或塔吊卸料斗的冲击力，对此应采取有效预防措施。

（7）在模板支架上浇筑混凝土时，应先浇筑柱、梁、楼板（屋面板），后浇筑挑梁及檐板，防止出现偏心荷载而使支架失稳。

（8）严格控制模板支架承受的荷载，模板及其支撑体系的施工荷载应做到均匀分布，并不得超过设计要求；但当出现因超载、偏心荷载、外力冲击振动等因素而使模板支架失稳、倾斜、下沉等险情时，应紧急撤出作业区全部人员至安全

区域，确保人身安全，然后采取妥善排除措施。

3. 防脚手架坍塌

（1）搭设多层及高层建筑使用的脚手架，均应编制专项施工技术方案；高度在 50m 以上的落地式钢管脚手架、悬挑式脚手架、门型脚手架、挂式脚手架、附着式升降脚手架、吊篮脚手架等还应进行专门构造设计与计算（承载力、强度、稳定性等计算）。

（2）搭、拆脚手架的操作人员必须经过专门培训，持证上岗。

（3）搭设脚手架的材料、扣件及定型构配件，均应符合国家规定的质量标准。使用前应经检查验收，不符合要求的不准使用。

（4）脚手架结构必须按国家规定的标准和设计方案要求进行搭设。按规定设置剪刀撑与建筑物进行拉结，保持架体的允许垂直度及其整体稳定性；并按规定绑设防护栏杆、立网、兜网等防护设施，架板展设严密，不准有探头板及空隙板。

（5）脚手架搭设应分段进行检查验收，确保符合质量安全要求，施工期间还应定期与不定期（特别是在大风、雨雪后）组织进行检查，严格建立脚手架使用治理制度。

（6）附着式升降脚手架安装完成初验合格后要经专门检测部门检验，检测合格并办理使用登记证后方可使用。

（7）附着式升降脚手架必须有安全可靠的提升设备和防坠落、防外倾及同步预警监控等安全装置，其型钢构造的垂直支撑主框架及水平支撑框架必须采取焊接或螺栓连接，不得采用扣件与钢管连接。升降架体时要统一指挥，加强巡视，严防挂撞、阻力、冲击、架体倾斜晃动。如出现险情应立即停机排查。

（8）落地式钢管脚手架宜双排搭设，立杆接头断面错开一个步距，根部置于长垫板上或支座上，按规定绑扫地杆。支撑立杆的地面应平整夯实，防止因地基下沉立杆出现悬空现象。

（9）悬挑式脚手架的底层部位的挑梁应使用型钢，用强度满足要求的埋置卡环将挑梁牢固固定支设于梁面或楼板上，并根据搭设架体高度，按设计要求使用斜拉钢丝绳作部分卸荷装置。

（10）吊篮脚手架应使用定型框架式吊篮架，吊篮构件应选用型钢或其他适合的金属结构材料制造，其结构应具有足够的强度和刚度；升降吊篮应使用有控制升降制动装置和防倾覆装置的合格提升设备；操作人员均必须经过培训，持证上岗。

（11）施工使用的悬挑转料平台应经设计计算。平台不得附着于脚手架上使架体受力，必须独立设置：平台两侧的悬挂斜拉钢丝绳应与建筑物拉结受力：平台荷载应严格限量。

（12）一切起重设备和混凝土输送泵管在使用中与脚手架要采取有效隔离和防震措施，以防脚手架受到振动、冲击而失稳。

（13）拆除脚手架应制定交底安全措施，不得先将连墙杆拆除，应按顺序自上而下逐层拆除，拆脚手架场所应设置警戒区。

4. 防基坑（槽）土方坍塌

（1）深基础施工挖、填土方，应编制深基坑（槽）安全边坡、土壁支护、高切坡、桩基及地下暗挖工程等专项施工技术方案，并组织专家评审。所谓深基坑（槽）是指开挖深度超过5m的基坑（槽），或深度虽未超过5m但地质情况和四周环境较复杂的基坑（槽）；高切坡是指岩质边坡超过30m，或土质边坡超过15m的边坡；土壁支护要进行支护计算，并交底执行；挖、填土方要按照施工程序组织施工。

（2）根据地基挖掘深度与土质和地下水位情况，分别按规定采取留置安全边坡、加设固壁支撑、挡土墙、设置土钉或锚杆支护等安全技术措施，严禁挖掘负坡度土壁的违章作业行为。

（3）土方开挖前要在确认地下管线、人防结构等地下物及废井、坑的埋置深度、位置及防护要求后，制定防护措施，经施工技术负责人审批签字后方可作业。土方开挖时，应对相邻建（构）筑物、道路的沉降和位移情况，派专人密切观测，并做出记录。

（4）如遇地下水位高于工程基础底面或地表水使土壁渗水情况，应采取降水、排水措施；如遇流沙土质应采取压、堵、挡等特殊安全措施；拆除固壁支撑时应按回填土顺序自下而上逐层拆除，并随拆随填，防止边坡塌方或对相邻建筑物产生破坏。

（5）在地形、地质条件复杂、可能发生滑坡、坍塌的地段挖土方时，应有施工单位与设计单位商定施工技术方案与排水方案。在深基坑（槽）和基础桩施工及在基础内进行模板作业时，施工单位应指定专人监护、指挥。

（6）在基坑（槽）、边坡和基础桩孔边堆土、堆物应按规定保持安全间隔，堆放数目不大的建筑材料距土壁应不小于1.5m，挖出的余土应堆放在距土壁1m以外，高度不超过2m。

（7）距基坑（槽）3m范围内不得有重型车辆通行或重物、重型设备存放；如四周有建筑物（含围墙等临建设施），应采取临时加固措施。

（8）雨季施工，在基坑（槽）四周应采取堵水、排水措施，基坑内泡水，应使用潜水泵抽水排除：冬季挖土、填土，基础表面应进行覆盖保温，解冻期应检查土壁有无因化冻而失去黏聚力的塌方险情。

（9）如四周有使用打桩机或运输车辆通行以及爆破等产生的振动力，应采取土壁加固安全措施。

（10）在施工作业中，应经常对基坑（槽）土壁安全状况进行检查，发现土壁裂缝、剥落、位移、渗漏、土壁支护和邻近建（构）筑物有失稳等险情，应及时撤出基坑（槽）内危险地带的作业人员，并采取妥善排除措施，当险情排除后才准继续作业。

6.9 2019 年度坍塌事故（不完全统计）

据不完全统计，2019 年度坍塌事故如表 6-1 ～表 6-12 所示。

2019 年 1 月坍塌事故　　　　　　　　　　　　　表 6-1

日期	地　点	工程类型	伤亡人数（经济损失）	备注
2 日	云南省西双版纳傣族自治州景洪市	某民用住宅项目	死亡 1 人，重伤 1 人	共死亡26人，伤10人
5 日	福建省莆田市	某民用住宅项目	死亡 5 人，受伤 7 人	
6 日	安徽省淮南市谢家集区	某市政公用项目	死亡 2 人	
8 日	安徽省芜湖市无为县	某市政公用项目	死亡 2 人	
9 日	河南省三门峡市陕州区	某工业建筑项目	死亡 2 人，受伤 2 人	
18 日	浙江省湖州市吴兴区	某工业建筑项目	死亡 2 人	
21 日	江西省吉安市吉州区	某民用住宅项目	死亡 1 人	
23 日	湖南省岳阳市华容县	某民用住宅项目	死亡 5 人	
23 日	濮阳市濮东产业集聚区	某民用住宅项目	死亡 1 人	
25 日	浙江省金华市东阳市	某民用建筑项目	死亡 5 人	

2019 年 2 月坍塌事故　　　　　　　　　　　　　表 6-2

日期	地　点	工程类型	伤亡人数（经济损失）	备注
16 日	福建省福州市仓山区	某民用住宅项目	死亡 3 人，伤 14 人	共死亡6人，伤14人
24 日	山东省济南市商河县	某民用住宅项目	死亡 1 人	
27 日	重庆市黔江区	某民用住宅项目	死亡 2 人	

2019 年 3 月坍塌事故 表 6-3

日期	地　　点	工程类型	伤亡人数（经济损失）	备注
3 日	江西省鹰潭市月湖区	某公共建筑项目	死亡 2 人	共死亡 13 人，伤 5 人
14 日	甘肃省兰州市西固区	某民用住宅项目	死亡 2 人	
17 日	青海省海东地区互助土族自治县	某民用住宅项目	死亡 1 人	
21 日	江苏省扬州市邗江区	某商业办公楼	死亡 6 人，重伤 5 人	
25 日	深圳市罗湖区	某民用住宅项目	死亡 1 人	
28 日	河南省开封市禹王台区	某民用建筑项目	死亡 1 人	

2019 年 4 月坍塌事故 表 6-4

日期	地　　点	工程类型	伤亡人数（经济损失）	备注
8 日	河南省郑州市中原区	某民用住宅项目	死亡 2 人	共死亡 13 人
10 日	江苏省扬州市广陵区	某民用住宅项目	死亡 5 人	
23 日	河南省林州市	某市政公用项目	死亡 2 人	
25 日	河南省荥阳市	某工业建筑项目	死亡 3 人	
28 日	河南省荥阳市	某市政公用项目	死亡 1 人	

2019 年 5 月坍塌事故 表 6-5

日期	地　　点	工程类型	伤亡人数（经济损失）	备注
2 日	湖南省长沙市	某市政公用项目	死亡 3 人	共死亡 33 人，伤 105 人
4 日	甘肃省庆阳市合水县	某市政公用项目	死亡 4 人	
10 日	江西省赣州市信丰县	某市政公用项目	死亡 1 人，重伤 1 人	
14 日	江苏省盐城市建湖县	某民用住宅项目	死亡 1 人	
16 日	上海市长宁区	某工业建筑项目	12 人死亡，10 人重伤，3 人轻伤。直接经济损失约 3430 万元	
20 日	广西壮族自治区百色市	某民用建筑项目	死亡 6 人，伤 87 人。直接经济损失 1732.57 万元。	
22 日	江苏省苏州市金阊区	某市政公用项目	死亡 1 人	
28 日	江苏省常州市武进区	某市政公用项目	死亡 1 人	
30 日	广西壮族自治区南宁市	某民用建筑项目	3 人遇难、3 人重伤、1 人轻伤	
31 日	江苏省南京市鼓楼区	某市政公用项目	死亡 1 人	

建设各方主体事故责任及风险规避

2019 年 6 月坍塌事故　　　　　　　　　　表 6-6

日期	地　点	工程类型	伤亡人数（经济损失）	备注
5 日	贵州省安顺市西秀区	某公共建筑项目	死亡 2 人	共死亡 14 人，伤 3 人
8 日	广西壮族自治区南宁市	某市政公用项目	无人员伤亡。塌方区域长约 60m，宽约 15m，塌方量 4500m^3	
9 日	贵州省毕节地区毕节市	某民用住宅项目	死亡 2 人，重伤 3 人	
14 日	江苏省南京市六合区	某市政公用项目	死亡 1 人	
16 日	河北省廊坊市固安县	某民用住宅项目	死亡 3 人	
17 日	黑龙江省七台河市勃利县	某民用住宅项目	死亡 2 人	
20 日	甘肃省兰州市皋兰县	某民用住宅项目	死亡 2 人	
23 日	湖北省十堰市	某民用住宅项目	死亡 1 人	
27 日	安徽省六安市金寨县	某民用住宅项目	死亡 1 人	

2019 年 7 月坍塌事故　　　　　　　　　　表 6-7

日期	地　点	工程类型	伤亡人数（经济损失）	备注
5 日	广东省湛江市霞山区	某民用住宅项目	死亡 1 人	共死亡 7 人，伤 6 人
8 日	深圳市福田区	某公共建筑项目	死亡 3 人，重伤 5 人	
18 日	福建省漳州市龙文区	某民用建筑项目	死亡 1 人	
19 日	内蒙古自治区呼伦贝尔市莫力达瓦达斡尔族自治旗	某民用住宅项目	死亡 2 人，重伤 1 人	

2019 年 8 月坍塌事故　　　　　　　　　　表 6-8

日期	地　点	工程类型	伤亡人数（经济损失）	备注
29 日	天津市河东区	某民用建筑项目	死亡 2 人，伤 2 人	死亡 2 人，伤 2 人

2019 年 9 月坍塌事故　　　　　　　　　　表 6-9

日期	地　点	工程类型	伤亡人数（经济损失）	备注
1 日	安徽省全椒县	某市政公用项目	死亡 4 人，伤 15 人	共死亡 9 人，伤 18 人
22 日	四川省巴中市	某民用住宅项目	死亡 2 人，伤 3 人	
26 日	四川省成都市金牛区	某民用住宅项目	死亡 3 人	

2019 年 10 月坍塌事故
表 6-10

日期	地 点	工程类型	伤亡人数（经济损失）	备注
13 日	江苏省南京市	某民用住宅项目	死亡 1 人、受伤 4 人	共死亡 19 人，伤 10 人
14 日	吉林省白城市	某民用住宅项目	死亡 5 人、受伤 4 人	
21 日	贵州省金沙县	某民用建筑项目	死亡 5 人	
28 日	四川省巴中市	某民用住宅项目	死亡 8 人、受伤 2 人	

2019 年 11 月坍塌事故
表 6-11

日期	地 点	工程类型	伤亡人数（经济损失）	备注
2 日	四川省夹江县	某民用住宅项目	死亡 2 人	共死亡 5 人，伤 1 人
15 日	河南省郑州市金水区	某民用住宅项目	死亡 3 人，伤 1 人	

2019 年 12 月坍塌事故
表 6-12

日期	地 点	工程类型	伤亡人数（经济损失）	备注
3 日	浙江省嘉兴市海宁市	某工业建筑项目	死亡 9 人，伤 13 人	共死亡 17 人，伤 28 人
19 日	江苏省南通市	某工业建筑项目	死亡 1 人，伤 9 人	
23 日	黑龙江省哈尔滨市阿城区	某市政公用项目	死亡 4 人，伤 1 人	
26 日	陕西省汉中市汉台区	某市政公用项目	死亡 3 人，伤 5 人	

6.10 坍塌事故带来的启示和对策

通过对 2019 年度坍塌事故的统计（不完全统计）可见，2019 年 1 ~ 12 月坍塌事故造成 164 死 202 伤，从月份看，以 5 ~ 9 月份坍塌事故较多，从伤亡人数来看，坍塌事故已经成为建筑业 2019 年度建筑业第一伤害。

6.10.1 坍塌事故发生的规律

（1）对于坍塌事故来说，任何事故的形成，都是在主因与诱因相互作用下发生的，而且都存在一个演变过程，即：

1）从无形到有形；

2）从量变到质变；

3）从渐变到突变；

4）从屈服到极限；

5）从失稳到破坏。

也就是说，当现场某项结构（设备）存在隐患情况严重，破坏力超过安全临界力时，即在事故将要发生前的瞬间，或存在于演变过程的片刻时间内，现场将会出现一些异常现象，如：结构（设备）局部损伤、变形、扩大性裂缝或实物表面剥落，或者产生异常音响、振动、摇摆、颤抖等现象，这些都是显示事故即将发生的先兆和信号。用力学原理来分析，在失稳演变过程中，由于结构受力大于结构强度因而受到破坏，或因结构受力产生重心偏移，且无抗拒失衡的约束力时，若由此产生的倾覆力矩大于结构本身的稳定力矩，结构就会迅速失稳而倒（坍）塌。

（2）把握事故发生规律，有针对性地采取预防事故措施。

科学证实：结构受力情况下的安全状况，决定于结构本身的强度、刚度和稳定性，这三个条件也是防止倒（坍）塌事故物质措施的基本要素，必须想法满足。为此我们必须把握事故发生的规律，重视工程质量与安全生产，思想上进一步提高警惕，善于总结经验教训，在施工前有预见地考虑对事故采取有效预防对策，并在施工中认真实施，加强现场治理，增加投入，变无控为有控，变有控为消除，对事故防患于未然，就可以达到铲除隐患、转危为安的目的。但我们在思想上要克服自满情绪，始终坚持"安全第一、预防为主"的方针，对存在的隐患要认真彻底整改，才能取得吹糠见米的效果。

6.10.2 预防倒（坍）塌事故的对策

1. 强化企业责任

主体安全责任落实较为完善的安全责任制度，可以有效地促进建筑工程施工活动的顺利展开。因此，建筑企业就应依法强化主体安全责任落实，将责任具体到人，这样当发生坍塌事故时，就能避免出现责任人相互推诿的现象。建筑企业还应加大对施工人员的安全培训力度，提高施工人员的安全意识，及时排查施工现场所存在的安全隐患，并及时做好防范解决措施，以此就能有效地提高建筑工程的施工安全性。此外，建筑企业还应加大对机器设备的检查力度，组织对重机械以及模板支架等危险性较高设备的使用验收，确保机械设备的使用符合工程的施工规范。

2. 加强对重大危险源的监控与管理

对于施工现场所使用的危险性较高的机械设备和施工行为，建筑企业应派相应的人员来加大对其的监督，促进建筑工程施工活动的顺利展开。施工单位还应建立施工现场重大危险源的辨识、等级以及公示控制管理制度，确保提高对施工现场的管理力度。此外，建筑企业还应加大对所购进施工材料的审核，对于不符合的施工材料应避免其流入到施工现场。建筑企业还应定期对施工现场进行检查，坚持安全检查的制度化和规范化，提高施工人员的安全意识，及时消除施工现场的不安全行为，以此就能避免建筑工程坍塌事故的发生。

3. 加大生产安全事故处理力度

建筑工程在施工的过程中安全隐患较多，且危险性较高。只有不断地秉承安全性开展的原则，才能提高整个建筑工程施工的安全性。因此，对于建设工程生产安全死亡事故应进行严格的"红线"管理，规范施工人员的施工行为。一旦发现施工现场出现安全死亡事故，不仅要停止工程的施工，而且还应暂扣施工单位的安全生产许可证，这样就能避免造成更大的人员伤亡和不必要的经济损失。此外，政府还应对施工单位的施工行为进行审查和监督，确保建筑工程施工活动的展开能够有效地符合国家规定的工程施工规范，这样就能确保建筑工程施工的安全性和有效性，以此也就能有效地促进建筑行业的快速稳定发展。强化企业责任主体安全责任落实较为完善的安全责任制度，可以有效地促进建筑工程施工活动的顺利展开。因此，建筑企业就应依法强化主体安全责任落实，将责任具体到人，这样当发生坍塌事故时，就能避免出现责任人相互推诿的现象。建筑企业还应加大对施工人员的安全培训力度，提高施工人员的安全意识，及时排查施工现场所存在的安全隐患，并及时做好防范解决措施，以此就能有效地提高建筑工程的施工安全性。此外，建筑企业还应加大对机器设备的检查力度，组织对重机械以及模板支架等危险性较高设备的使用验收，确保机械设备的使用能够有效地符合工程的施工规范。

4. 加强对重大危险源的监控与管理

对于施工现场所使用的危险性较高的机械设备和施工行为，建筑企业应派相应的人员来加大对其的监督，促进建筑工程施工活动的顺利展开。施工单位还应建立施工现场重大危险源的辨识、等级以及公示控制管理制度，确保提高对施工现场的管理力度。此外，建筑企业还应加大对所购进施工材料的审核，对于不符合的施工材料应避免其流入到施工现场。建筑企业还应定期对施工现场进行检查，坚持安全检查的制度化和规范化，提高施工人员的安全意识，及时消除施工现场的不安全行为，以此就能避免建筑工程坍塌事故的发生。

5. 加大生产安全事故处理力度

建筑工程在施工的过程中安全隐患较多，且危险性较高。只有不断的秉承安全性开展的原则，才能提高整个建筑工程施工的安全性。因此，对于建设工程生产安全死亡事故应进行严格的"红线"管理,规范施工人员的施工行为。一旦发现施工现场出现安全死亡事故,不仅要停止工程的施工,而且还应暂扣施工单位的安全生产许可证,这样就能避免造成更大的人员伤亡和不必要的经济损失。此外,政府还应对施工单位的施工行为进行审查和监督,确保建筑工程施工活动的展开能够有效地符合国家规定的工程施工规范,这样就能确保建筑工程施工的安全性和有效性,以此也就能有效地促进建筑行业的快速稳定发展。

常见危险源安全控制要点

7.1 危险源定义

危险源是可能导致死亡、伤害、职业病、财产损失、工作环境破坏或这些情况组合的根源或状态。《职业健康安全管理体系要求及使用指南》GB/T 45001—2020 将危险源定义为：危险源是指可能导致伤害和对人的生理、心理或认知状况的不利影响的来源。可包括可能导致伤害或危险状态的来源，或可能因暴露而导致伤害和健康损害的环境。

7.2 危险源类别

工业生产作业过程的危险源分类：

（1）化学品类：毒害性、易燃易爆性、腐蚀性等危险物品。

（2）辐射类：放射源、射线装置及电磁辐射装置等。

（3）生物类：动物、植物、微生物（传染病病原体类等）等危害个体或群体生存的生物因子。

（4）特种设备类：电梯、起重机械、锅炉、压力容器（含气瓶）、压力管道、客运索道、大型游乐设施、场（厂）内专用机动车。

（5）电气类：高电压或高电流、高速运动、高温作业、高空作业等非常态、静态、稳态装置或作业。

（6）土木工程类：建筑工程、水利工程、矿山工程、铁路工程、公路工程等。

（7）交通运输类：汽车、火车、飞机、轮船等。

7.3 危险源辨识

危险源辨识就是识别危险源并确定其特性的过程。危险源辨识不但包括对危险源的识别，而且必须对其性质加以判断。

7.3.1 危险因素

指能对人造成伤亡或对物造成突发性损害的因素。

7.3.2 有害因素

指能影响人的身体健康，导致疾病，或对物造成慢性损害的因素。

7.3.3 危险、有害因素的辨识

是确定危险、有害因素的存在及其大小的过程，通常两者通称为危险有害因素。

7.3.4 危险、有害因素的产生

1.能量、有害物质

（1）能量就是做功的能力，它即可以造福人类，也可以造成人员伤亡或财产损失；一切产生、供给能量的能源和能量的载体在一定的条件下，都可能是危险、有害因素。

（2）有害物质在一定条件下能损伤人体的生理机能和正常的代谢功能，破坏设备和物品的效能，也是最根本的危害因素。

2.失控

（1）故障（包括生产、控制、安全装置和辅助设施等）；

（2）人员失误；

（3）管理缺陷；

（4）温度、风雨雷电、照明等环境因素都会引起设备故障或人员失误。

7.4 危险源的辨识方法

一般危险源的辨识：

1. 按《生产过程危险和有害因素分类与代码》GB/T 13861—2009 进行辨识（其中类型）

（1）物理性危险、危害因素（表 7-1）。

物理性危险、危害因素 表 7-1

种　类	内　容
设备、设施缺陷	强度不够、运动件外露、密封不良
防护缺陷	无防护、防护不当或距离不够等
电危害	带电部位裸露、静电、雷电、电火花
噪声危害	机械、振动、流体动力振动等
振动危害	机械振动、流体动力振动等
电磁辐射	电离辐射、非电离辐射等
辐射	核放射
运动物危害	固体抛射、液体飞溅、坠落物等
明火	
能造成灼伤的高温物质	熟料、水泥、蒸汽、烟气等
作业环境不良	粉尘大、光线不好、空间小、通道窄等
信号缺失	设备开停、开关断合、危险作业预防等
标志缺陷	禁止作业标志、危险型标志、禁火标志
其他物理性危险和危害因素	

（2）化学性危险、危害因素（表 7-2）。

化学性危险、危害因素 表 7-2

种　类	内　容
易燃易爆物	氧气、乙炔、一氧化碳、油料、煤粉、水泥包装袋等
自燃性物质	原煤及煤粉等
有毒物质	有毒气体、化学试剂、粉尘、烟尘等
腐蚀性物质	腐蚀性的气体、液体、固体等
其他	

（3）生物性危险、危害因素（表 7-3）。

生物性危险、危害因素 表 7-3

种　类	内　容
致病微生物	细菌、病毒、其他致病微生物
传染病媒介物	能传染疾病的动物、植物等
致害动物	飞鸟、老鼠、蛇等
致害植物	杂草等
其他	

（4）生理性危险、危害因素

健康状况异常、从事禁忌作业等。

（5）心理性危险、危害因素

心理异常；辨识功能缺陷等。

（6）人的行为性危险、危害因素

指挥失误，操作错误，监护失误等。

（7）其他危险、有害因素

2. 按照《企业职工伤亡事故分类》GB 6441—1986 进行辨识

（1）物体打击。

（2）车辆伤害。

（3）机械伤害。

（4）起重伤害。

（5）触电。

（6）淹溺。

（7）灼烫。

（8）火灾。

（9）高处坠落。

（10）坍塌。

（11）放炮（爆破）。

（12）化学性爆炸（瓦斯爆炸、火药爆炸）。

（13）物理性爆炸（锅炉爆炸、容器爆炸）。

（14）其他爆炸。

（15）中毒和窒息。

（16）其他伤害。

3.根据国内外同行事故资料及有关工作人员的经验进行辨识

4.引发事故的四个基本要素

（1）人的不安全行为。

（2）物的不安全状态。

（3）环境的不安全条件。

（4）管理缺陷。

7.5 危险源的评价与分级

1.是非判断法

直接按国内外同行业事故资料及有关工作人员的经验判定为重要危险因素。

2.作业条件危险性评价法

即 LEC 法：当无法直接判定或直接不能确定是否为重要危险因素时，采用此方法，评价是否为重要危险因素。

风险值（D）= 发生事故或危险的可能性（L）× 暴露于危险环境的频次（E）× 发生事故可能产生的后果（C）

这是一种评价具有潜在危险性环境中作业时的危险性半定量评价方法。它是用于系统风险率有关的 3 种因素指标值之积来评价系统人员伤亡风险大小，这 3 种因素是：L 为发生事故的可能性大小；E 为人体暴露在这种危险环境中的频繁程度；C 为一旦发生事故会造成的损失后果。

取得这 3 种因素的科学准确的数据是相当烦琐的过程，为了简化评价过程，采取半定量计值法，给 3 种因素的不同等级分别确定不同的分值，再以 3 个分值的乘积 D 来评价危险性的大小，

$$D = L \times E \times C \tag{7-1}$$

式中：

L——发生事故的可能性大小（表 7-4）。

E——暴露于危险环境的频繁程度（表 7-5）。

C——发生事故产生的后果（表 7-6）。

D——危险性分值（表 7-7）。

D 值越大，说明该系统危险性大，需要增加安全措施，或改变发生事故的可能性，或减少人体暴露于危险环境中的频繁程度，或减轻事故损失，直至调整到允许范围内。

事件发生的可能性（L） 表 7-4

分数值	事故发生的可能性
10	完全可以预料
6	相当可能
3	可能，但不经常
1	可能性小，完全意外
0.5	很不可能，可以设想
0.2	极不可能
0.1	实际不可能

暴露于危险环境的频繁程度（E） 表 7-5

分数值	暴露于危险环境的频繁程度
10	连续暴露
6	每天工作时间内暴露
3	每周一次或偶然暴露
2	每月一次暴露
1	每年几次暴露
0.5	非常罕见暴露

发生事故的后果（C） 表 7-6

分数值	发生事故产生的后果
100	10 人以上死亡
40	3～9 人死亡
15	1～2 人死亡
7	严重
3	重大，伤残
1	引人注意

风险值大小一般所对应的危险级别 表 7-7

危险级别	高度危险	重要危险	一般危险	稍有危险
D	160 及以上	70～159	21～69	20 及以下
备 注	要立即采取措施和整改	需要整改	需要注意控制	可以接受，需要关注

7.6 建筑行业危险源清单

详见附录 A。

7.7 基坑工程安全控制要点

7.7.1 强制性条文

《湿陷性黄土地区建筑基坑工程安全技术规程》JGJ 167—2009

3.1.5 对安全等级为一级且易于受水浸湿的坑壁以及永久性坑壁，设计中应采用天然状态下的土性参数稳定和变形计算。并采用饱和状态（$S_i=85\%$）条件下的参数进行校核；校核时其安全系数不应小于 1.05。

5.1.4 当有下列情况之一时，不应采用坡率法：

（1）放坡开挖对拟建或相邻建（构）筑物及重要管线有不利影响；

（2）不能有效降低地下水位和保持基坑内干作业；

（3）填土较厚或土质松软、饱和、稳定性差；

（4）场地不能满足放坡要求。

5.2.5 基坑侧壁稳定性验算，应考虑垂直裂缝的影响，对于具有垂直张裂隙的黄土基坑，在稳定计算中应考虑裂隙的影响，裂隙深度应采用静止直立高度 $Z_0 = \dfrac{2c}{\gamma\sqrt{k}}$ 计算。一级基坑安全系数不得低于 1.30。二、三级基坑安全系数不得低于 1.20。

13.2.4 基坑的上、下部和四周必须设置排水系统，流水坡向应明显，不得积水。基坑上部排水沟与基坑边缘的距离应大于 2m，沟底和两侧必须作防渗处理。基坑底部四周应设置排水沟和集水坑。

《建筑基坑支护技术规程》JGJ 120—2012

3.1.2 基坑支护应满足下列功能要求：

1 保证基坑周边建（构）筑物、地下管线、道路的安全和正常使用；

2 保证主体地下结构的施工空间。

8.1.3 当基坑开挖面上方的锚杆、土钉、支撑未达到设计要求时，严禁向下超挖土方。

8.1.4 采用锚杆或支撑的支护结构，在未达到设计规定的拆除条件时，严禁拆除锚杆或支撑。

8.1.5 基坑周边施工材料、设施或车辆荷载严禁超过设计要求的地面荷载限值。

8.2.2 安全等级为一级、二级的支护结构，在基坑开挖过程与支护结构使用期内，必须进行支护结构的水平位移监测和基坑开挖影响范围内建（构）筑物、地面的沉降监测。

《建筑边坡工程技术规范》GB 50330—2013

3.1.3 建筑边坡工程的设计使用年限不应低于被保护的建（构）筑物设计使用年限。

3.3.6 边坡支护结构设计时应进行下列计算和验算：

1 支护结构及其基础的抗压、抗弯、抗剪、局部抗压承载力的计算；支护结构基础的地基承载力计算；

2 锚杆锚固体的抗拔承载力及锚杆杆体抗拉承载力的计算；

3 支护结构稳定性验算。

18.4.1 岩石边坡开挖爆破施工应采取避免边坡及邻近建（构）筑物震害的工程措施。

19.1.1 边坡塌滑区有重要建（构）筑物的一级边坡工程施工时必须对坡顶水平位移、垂直位移、地表裂缝和坡顶建（构）筑物变形进行监测。

《建筑施工土石方工程安全技术规范》JGJ 180—2009

2.0.2 土石方工程应编制专项施工安全方案，并应严格按照方案实施。

2.0.3 施工前应针对安全风险进行安全教育及安全技术交底。特种作业人员必须持证上岗，机械操作人员应经过专业技术培训。

2.0.4 施工前应针对安全风险进行教育及安全技术交底，必须立即停止作业，排除隐患后方可恢复施工。

5.1.4 爆破作业环境有下列情况时，严禁进行爆破作业：

1 爆破可能产生不稳定边坡、滑坡、崩塌的危险；

2 爆破可能危及建（构）筑物、公共设施或人员的安全；

3 恶劣天气条件下。

6.3.2 基坑支护结构必须在达到设计要求的强度后，方可开挖下层土方，严禁提前开挖和超挖。施工过程中，严禁设备或重物碰撞支撑、腰梁、锚杆等基坑支护结构，亦不得在支护结构上放置或悬挂重物。

《建筑基坑工程监测技术规范》GB 50497—2019

3.0.1 下列基坑应实施基坑工程监测：

1 基坑设计安全等级为一、二级的基坑。

2 开挖深度大于或等于 5m 的下列基坑：

（1）土质基坑；

（2）极软岩基坑、破碎的软岩基坑、极破碎的岩体基坑；

（3）上部为土体，下部为极软岩、破碎的软岩、极破碎的岩体构成的土岩组合基坑。

3 开挖深度小于 5m 但现场地质情况和周围环境较复杂的基坑。

8.0.9 当出现下列情况之一时，必须立即进行危险报警，并应通知有关各方对基坑支护结构和周边环境保护对象采取应急措施。

1 基坑支护结构的位移值突然明显增大或基坑出现流砂、管涌、隆起、陷落等；

2 基坑支护结构的支撑或锚杆体系出现过大变形、压屈、断裂、松弛或拔出的迹象；

3 基坑周边建筑的结构部分出现危害结构的变形裂缝；

4 基坑周边地面出现较严重的突发裂缝或地下空洞、地面下陷；

5 基坑周边管线变形突然明显增长或出现裂缝、泄漏等；

6 冻土基坑经受冻融循环时，基坑周边土体温度显著上升，发生明显的冻融变形；

7 出现基坑工程设计方提出的其他危险报警情况，或根据当地工程经验判断，出现其他必须进行危险报警的情况。

《建筑深基坑工程施工安全技术规范》JGJ 311—2013

5.4.5 基坑工程变形监测数据超过报警值，或出现基坑、周边建（构）筑、管线失稳破坏征兆时，应立即停止施工作业，撤离人员，待险情排除后方可恢复施工。

<hr/>

《城市地下管线探测技术规程》CJJ 61—2017

3.0.15 地下管线探测作业应采取安全保护措施，并应符合下列规定：

（1）打开窨井盖进行实地调查作业时，应在井口周围设置安全防护围栏，并指定专人看管；夜间作业时，应在作业区域周边显著位置设置安全警示灯，地面作业人员应穿着高可视性警示服；作业完毕，应立即盖好窨井盖。

（2）在井下作业调查或施放探头、电极导线时，严禁使用明火，并应进行有害、有毒及可燃气体的浓度测定；超标的管道应采用安全保护措施后方能作业。

（3）严禁在氧气、燃气、乙炔等助燃、易燃、易爆管道上拟充电点，进行直接法或充电法作业；严禁在塑料管道和燃气管道使用钎探。

（4）使用的探测仪器工作电压超过 36V 时，作业人员应使用绝缘防护用品；接地电极附近应设置明显警告标志，并应指定专人看管；井下作业的所有探测设备外壳必须接地。

<hr/>

7.7.2 安全控制要点

1. 施工方案

（1）开挖深度超过 3m（含 3m）或虽未超过 3m 但地质条件和周边环境复杂的基坑土方开挖、支护、降水工程，应单独编制专项施工方案。

（2）开挖深度超过 5m（含 5m）或开挖深度虽未超过 5m，但地质条件、周围环境和地下管线复杂，或影响毗邻建筑（构筑）物安全的基坑（槽）的土方开挖、支护、降水工程。

（3）基坑工程施工前应根据《危险性较大的分部分项工程安全管理规定》规定，施工单位应当在危大工程施工前组织工程技术人员编制专项施工方案（图7-1）。专项施工方案应当由施工单位技术负责人审核签字、加盖单位公章，并由总监理工程师审查签字、加盖执业印章后方可实施。危大工程实行分包并由分包单位编制专项施工方案的，专项施工方案应当由总承包单位技术负责人及分包单位技术负责人共同审核签字并加盖单位公章。

图7-1 专项施工方案

（4）对于超过一定规模的危大工程，施工单位应当组织召开专家论证会对专项施工方案进行论证（图7-2）。实行施工总承包的，由施工总承包单位组织召开专家论证会。专家论证前专项施工方案应当通过施工单位审核和总监理工程师审查。

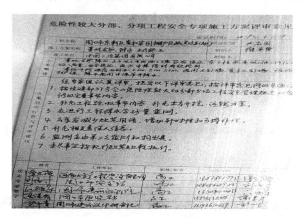

图7-2 专家论证

2.基坑支护（图7-3）

图7-3 基坑支护

（1）人工开挖的狭窄基槽，开挖深度较大或存在边坡塌方危险应采取支护措施。

（2）开挖深度较大或存在边坡塌方危险应按《建筑基坑支护技术规程》JGJ 120—2012 中表 3.3.2 中适用条件选用放坡、悬臂式排桩支护结构等。

（3）在基础沟槽开挖过程中，随时观察支护的变化情况，若有明显的倾覆或隆起状态，立即在倾覆或隆起的部位增加对称支撑。

（4）自然放坡的坡率应符合专项施工方案和规范要求。

（5）基坑支护结构应符合设计要求。

（6）结构水平位移达到设计报警值应采取有效控制措施。

（7）基坑工程监测报警值应符合基坑工程设计的限值、地下主体结构设计要求以及监测对象的控制要求。基坑工程监测报警值由基坑工程设计方确定。

（8）基坑工程监测报警值应以监测项目的累计变化量和变化速率值两个值控制。

（9）因围护墙施工、基坑开挖以及降水引起的基坑内外地层位移应按下列条件控制：

1）不得导致基坑的失稳。

2）不得影响地下结构的尺寸、形状和地下工程的正常施工。

3）对周边已有建（构）筑物引起的变形不得超过相关技术规范的要求。

4）不得影响周边道路、地下管线等正常使用。

5）满足特殊环境的技术要求。

（10）基坑及支护结构监测报警值应根据监测项目、支护结构的特点和基坑等级确定（表 7-8）。

基坑工程变形监测值 (mm)　　　　　　　表 7-8

基坑类别	围护结构墙顶位移监控值	围护结构墙体最大位移监控值	地面最大沉降监控值
一级基坑	30	80	30
二级基坑	60	80	60
三级基坑	80	100	100

3. 降排水

（1）基坑开挖深度范围内有地下水应采取有效的降排水措施（表 7-9）。

各种降水方法的适用条件			表 7-9
方法	土类	渗透系数 (m/d)	降水深度 (m)
管井	粉土、砂土、碎土石	0.1 ～ 200.0	不限
真空井点	黏性土、粉土、砂土	0.005 ～ 20.0	单级井点 <6 多级井点 <20
喷射井点	黏性土、粉土、砂土	0.005 ～ 20.0	喷射井点 <20

（2）基坑降水可采用管井、真空井点、喷射井点等方法，并宜按《建筑基坑支护技术规程》JGJ 120—2012 中表 7.3.1 的适用条件选用。

（3）基坑内的设计降水水位应低于基坑底面 0.5m。当主体结构的电梯井、集水井等部位使基坑局部加深时，应按其深度考虑设计降水水位或对其另行采取局部地下水控制措施。

（4）用截水结合坑外减压降水的地下水控制方法时，尚应规定降水井水位的最大降深值。各降水井井位应沿基坑周边以一定间距形成闭合状。当地下水流速较小时，降水井宜等间距布置；当地下水流速较大时，在地下水补给方向宜适当减小降水井间距。对宽度较小的狭长形基坑，降水井也可在基坑一侧布置。

（5）基坑边沿周围地面应设置符合规范要求的排水沟（图 7-4）。

排水沟

图 7-4　排水沟

（6）放坡开挖对坡顶、坡面、坡脚应采取降排水措施。

（7）基坑底四周应设排水沟和集水井，并及时排除积水（图 7-5）。

（8）地下排水措施宜根据边坡水文地质和工程地质条件选择，可选用大口径管井、水平排水管或排水截槽等。当排水管在地下水位以上时，应采取措施防止渗漏。

（9）边坡工程应设泄水孔。对岩质边坡，其泄水孔宜优先设置于裂隙发育、

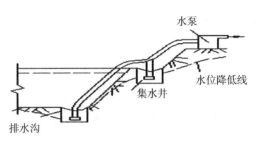

图 7-5 排水沟、集水井

渗水严重的部位。边坡坡脚、分级平台和支护结构前应设排水沟。当潜在破裂面渗水严重时，泄水孔宜深入到潜在滑裂面内。

（10）对坑底汇水、基坑周边地表汇水及降水井抽出的地下水，可采用明沟排水；对坑底以下的渗出的地下水，可采用盲沟排水；当地下室底板与支护结构间不能设置明沟时，也可采用盲沟排水。

（11）明沟和盲沟坡度不宜小于 0.3%。采用明沟排水时，沟底应采取防渗措施。采用盲沟排出坑底渗出的地下水时，其构造、填充料及其密实度应满足主体结构的要求。

（12）沿排水沟宜每隔 30 ～ 50m 设置一口集水井；集水井的净截面尺寸应根据排水流量确定。集水井应采取防渗措施。

（13）基坑坡面渗水宜采用渗水部位插入导水管排出。导水管的间距、直径及长度应根据渗水量及渗水土层的特性确定。

（14）采用管道排水时，排水管道的直径应根据排水量确定。排水管的坡度不宜小于 0.5%。排水管道材料可选用钢管、PVC 管。排水管道上宜设置清淤孔，清淤孔的间距不宜大于 10m。

4. 基坑开挖（图 7-6）

图 7-6 基坑开挖

（1）支护结构必须达到设计要求的强度后才能开挖下层土方。

（2）当支护结构构件强度达到开挖阶段的设计强度时，方可向下开挖。

对采用预应力锚杆的支护结构，应在施加预加力后，方可开挖下层土方；对土钉墙，应在土钉、喷射混凝土面层的养护时间大于2天后，方可开挖下层土方。

（3）当基坑开挖面上方的锚杆、土钉、支撑未达到设计要求时，严禁向下超挖土方。

（4）施工过程中，严禁设备或重物碰撞支撑、腰梁、锚杆等基坑支护结构，亦不得在支护结构上放置或悬挂重物。

（5）严格按设计和施工方案的要求分层、分段开挖且均衡开挖（图7-7）。

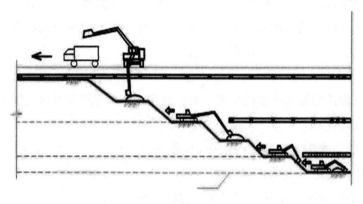

图7-7　分层分段开挖

（6）应按支护结构设计规定的施工顺序和开挖深度分层开挖。

（7）开挖至锚杆、土钉施工作业面时，开挖面与锚杆、土钉的高差不宜大于500mm。

（8）软土基坑开挖尚应符合下列规定：

1）应按分层、分段、对称、均衡、适时的原则开挖。

2）当主体结构采用桩基础且基础桩已施工完成时，应根据开挖面下软土的性状，限制每层开挖厚度。

3）内支撑的支护结构，宜采用开槽方法浇筑混凝土支撑或安装钢支撑；开挖到支撑作业面后，应及时进行支撑的施工。

4）对重力式混凝土墙，沿混凝土墙方向应分区段开挖，每一开挖区段的长度不宜大于40m。

（9）基坑土方应严格按照开挖方案分区分层开挖，控制分区开挖面积、分层开挖深度和开挖速度，及时设置锚杆或支撑，从各个方面控制时间和空间对基坑变形的影响。

（10）基坑土方开挖应按设计和施工方案要求分层、分段、均衡开挖，并贯彻先锚固（支撑）后开挖、边开挖边监测、边开挖边防护的原则。严禁超深挖土。

（11）基坑开挖过程中应采取措施防止碰撞支护结构、工程桩或扰动基底原状土。

（12）施工过程应结合现场的施工环境，选择合适的开挖机械进行土方开挖。

（13）在工程桩周边进行开挖时，宜适当在工程桩周边安装护栏或在合适的地方悬挂警示标志。

（14）注意开挖面的能见度，必要时，需安装照明灯具进行补光。夜间施工宜在作业区附近张贴反光标志。

（15）开挖过程，专业人员应旁站指挥，确保开挖过程不碰撞支护结构。测量人员需加强开挖面标高的监测，防止超挖（图7-8）。

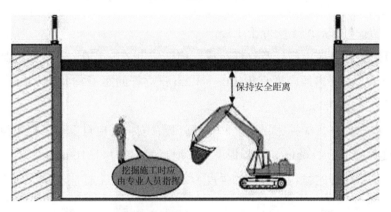

图 7-8 专业人员旁站指挥，确保开挖不碰撞支护结构

（16）机械开挖时，应在基坑及坑壁留 300～500mm 厚土用人工挖掘修整；如有超挖现象，应保持原状，不得虚填，经验槽后进行处理。

5. 坑边载荷

（1）基坑边堆置土、料具等荷载不得超过基坑支护设计允许要求。

（2）施工机械与基坑边沿的安全距离必须符合设计要求。

（3）在垂直的坑壁边，此安全距离还应适当加大，软土地区不宜在基坑边堆置弃土。

（4）施工机具设备停放的位置必须平稳，大、中型施工机具距坑边距离应根据设备重量，基坑支撑情况，土质情况等，经计算确定。

6. 安全防护

开挖深度超过 2m 的基坑周边必须安装防护栏杆（图 7-9）。防护栏杆应符合下列规定：

图 7-9 安全防护栏

（1）防护栏杆高度不应低于 1.2m。

（2）防护栏杆应由横杆及立杆组成；横杆应设 2～3 道，下杆离地高度宜为 0.3～0.6m，上杆离地高度宜为 1.0～1.2m；立杆间距不宜大于 2.0m，立杆离坡边距离宜大于 0.5m。

（3）防护栏杆宜加挂密目安全网和挡脚板；安全网应自上而下封闭设置；挡脚板高度不应小于 180mm，挡脚板下沿离地高度不应大于 10mm。

（4）防护栏杆的材料要足够的强度，须安装牢固，上杆应能受任何方向大于 1000N 的外力。

（5）基坑内必须设置供施工人员上下的专用梯道，且梯道设置要符合规范要求（图 7-10）。

图 7-10 安全通道

建设各方主体事故责任及风险规避

（6）采用井点降水时，井口应设置防护盖板或围栏（图7-11），警示标志应明显。停止降水后，应及时将井填实。

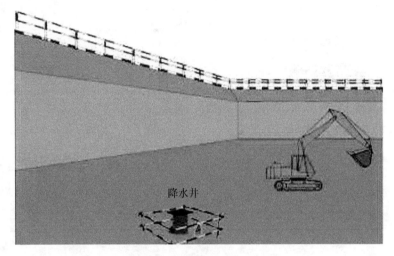

图 7-11　降水井防护示意图

（7）注意保护井口，防止杂物掉入井内，经常检查排水管、沟，防止渗漏，冬季降水，应采取防冻措施。

7. 基坑监测

基坑开挖前应编制监测方案，并应明确监测项目、监测报警值、监测方法和监测点的布置、监测周期等内容。

（1）基坑开挖前应编制监测方案：

1）建筑基坑工程监测应综合考虑基坑工程设计方案、建设场地的岩土工程条件、周边环境条件、施工方案等因素，制订合理的监测方案，精心组织和实施监测。

2）基坑工程施工前，监测单位应编制监测方案，监测方案需经建设方、设计方、监理方等认可。

3）监测方案应包括工程概况、监测目的和依据等内容。

（2）基坑开挖应明确监测项目：

1）基坑工程的监测项目应与基坑工程设计、施工方案相匹配。

2）一级基坑应测项目：边坡顶部水平位移（图7-12）、边坡顶部竖向位移（图7-13）、深层水平位移（图7-14）、立柱竖向位移、支撑内力、锚杆内力（图7-15）、地下水位（图7-16）、周边地表竖向位移（图7-17）、周边建筑水平竖向位移及倾斜、周边建筑地表裂缝（图7-18）、周边管线变形等。

图 7-12　边坡顶部水平位移监测

图 7-13　边坡顶部竖向位移监测

图 7-14　深层水平位移监测

图 7-15　锚索拉力监测

图 7-16　水位监测

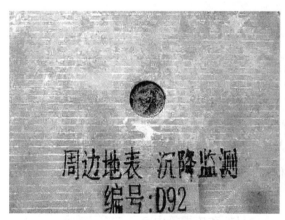

图 7-17　地面沉降观测点

图 7-18　周围建筑地表裂缝监测

　　3）基坑周边有地铁、隧道或其他对位移有特殊要求的建筑及设施时，监测项目单位应与有关单位协商确定。

　　（3）基坑监测应明确监测报警值：

　　1）基坑工程监测必须确定监测报警值，监测报警值应满足基坑工程设计、地下结构设计以及周边环境中被保护对象的控制要求。

2）当出现特殊情况时，必须立即进行危险报警，并应对基坑支护结构和周边环境中的保护对象采取应急措施。

（4）基坑监测应明确监测方法和监测点的布置：

1）基坑工程监测点的布置应能反映监测对象的实际状态及其变化趋势，监测点应布置在内力及变形关键特征点上，并应满足监控要求。

2）基坑工程监测点的布置应不妨碍监测对象的正常工作，并应减少对施工作业的不利影响。

3）基坑监测的选择应根据基坑类别、设计要求、场地条件、当地经验和方法适用性等因素综合确定，监测方法应合理易行。

4）基坑监测的时间间隔应根据施工进度确定，当监测结果变化速率较大时，应加密观测次数（表 7-10）。

现场仪器监测的监测频率　　　　　　　　　　　表 7-10

基坑类别	施工进程		基坑设计深度（m）			
			≤ 5	5 ～ 10	10 ～ 15	> 15
一级	开挖深度（m）	≤ 5	1 次 /1 天	1 次 /2 天	1 次 /2 天	1 次 /2 天
		5 ～ 10		1 次 /1 天	1 次 /1 天	1 次 /1 天
		> 10			2 次 /1 天	2 次 /1 天
	底板浇筑后时间（天）	≤ 7	1 次 /1 天	1 次 /1 天	2 次 /1 天	2 次 /1 天
		7 ～ 14	1 次 /3 天	1 次 /2 天	1 次 /2 天	1 次 /2 天
		14 ～ 28	1 次 /5 天	1 次 /3 天	1 次 /2 天	1 次 /2 天
		> 28	1 次 /7 天	1 次 /5 天	1 次 /3 天	1 次 /3 天
二级	开挖深度（m）	≤ 5	1 次 /2 天	1 次 /2 天		
		5 ～ 10		1 次 /1 天		
	底板浇筑后时间（天）	≤ 7	1 次 /2 天	1 次 /2 天		
		7 ～ 14	1 次 /3 天	1 次 /3 天		
		14 ～ 28	1 次 /7 天	1 次 /5 天		
		> 28	1 次 /10 天	1 次 /10 天		

注：1. 当基坑工程等级为三级时，监测频率可视具体情况要求适当降低；
　　2. 基坑工程施工至开挖前的监测频率视具体情况确定；
　　3. 宜测、可测项目的仪器监测频率可视具体情况要求适当降低；
　　4. 有支撑的支护结构各道支撑开始拆除到拆除完成后 3 天内监测频率应为 1 次 /1 天。

5）基坑工程监测频率的确定应满足系统反映监测对象所测项目的重要变化过程而又不遗漏其变化时刻的要求。

6）监测项目的监测频率应综合考虑基坑类别、基坑及地下工程的不同施工阶段以及周边环境、自然条件的变化和当地经验而确定。当监测值相对稳定时，可适当降低监测频率。对于应测项目，在无数据异常和事故征兆的情况下，开挖后现场仪器监测频率的确定可参考《建筑基坑工程监测技术标准》GB 50497—2019 中表 7.0.3。

7）当出现下列情况之一时，应加强监测，提高监测频率。

a. 监测数据达到报警值。

b. 监测数据变化较大或者速率加快。

c. 存在勘察未发现的不良地质。

d. 超深、超长开挖或未及时加撑等违反设计工况施工。

e. 基坑及周边大量积水、长时间连续降雨、市政管道出现泄漏。

f. 基坑附近地面荷载突然增大或超过设计限值。

g. 支护结构出现开裂。

h. 周边地面突发较大沉降或出现严重开裂。

i. 邻近的建筑突发较大沉降、不均匀沉降或出现严重开裂。

j. 基坑底部、侧壁出现管涌、渗漏或流砂等现象。

k. 基坑工程发生事故后重新组织施工。

l. 出现其他影响基坑及周边环境安全的异常情况。

（5）基坑开挖监测工程中，应根据设计要求提交阶段性监测报告（图 7-19、图 7-20）。

1）基坑监测分析人员应具有较强的综合分析能力，能及时提供可靠的综合分析报告。

2）阶段性报告应包括该监测阶段相应的工程、气象及周边环境概况，该监测阶段的监测项目及测点的布置图等内容。

8. 支撑拆除

（1）基坑支撑结构的拆除方式、拆除顺序应符合专项施工方案要求：

1）施工单位应全面了解拆除工程的图纸和资料，进行现场勘察，编制施工组织设计或安全专项施工方案。

2）作业人员必须配备劳动保护用品。

3）在拆除施工现场划定危险区域，设置警戒线和相关的安全标志，应派专人监管。

図 7-19　基坑监测报告　　　　　　　　図 7-20　基坑监测报告

4）拆除工程施工前，必须对施工作业人员进行书面安全技术交底。

5）基坑支撑拆除主要采取人工拆除、机械拆除以及其他非常规拆除方式等，拆除按施工方案进行，拆除顺序应本着先施工的后拆除，后施工的先拆除的原则进行，即从下至上分层进行。

（2）机械拆除作业时，施工荷载不得大于支撑结构承载能力（图 7-21）。

1）施工中必须由专人负责监测被拆除建筑的结构状态，做好记录。当发现有不稳定状态的趋势时，必须停止作业，采取有效措施，消除隐患。

2）拆除施工时，严禁超载作业或任意扩大使用范围。供机械设备使用的场地必须保证足够的承载力。

图 7-21　机械拆除

3）对较大尺寸的构件，必须采用起重机具及时吊离至安全地方。

（3）人工拆除作业时，应按规定设置防护设施（图7-22）。

图7-22　人工拆除安全防护

1）拆除施工采用的脚手架必须按搭设方案施工，水平作业时，操作人员应保持安全距离。

2）进行人工拆除作业时，被拆除的构件应有安全的放置场所。

3）人工拆除时，应采取相应措施确保安全后，方可进行拆除施工。

4）采用爆破、切割等非常规拆除方式应符合国家现行相关规范要求。

（4）爆破拆除。

1）爆破拆除工程应根据周围环境作业条件、拆除对象、建筑类别、爆破规模，按照现行国家标准《爆破安全规程》GB 6722将工程分为A、B、C三级，并采取相应的安全技术措施。爆破拆除工程应做出安全评估并经当地有关部门审核批准后方可实施。

2）从事爆破拆除工程的施工单位，必须持有工程所在地法定部门核发的《爆炸物品使用许可证》，承担相应等级的爆破拆除工程。爆破拆除设计人员应具有承担爆破拆除作业范围和相应级别的爆破工程技术人员作业证。从事爆破拆除施工的作业人员应持证上岗。

3）爆破拆除施工时，应对爆破部位进行覆盖和遮挡，覆盖材料和遮挡设施应牢固可靠。

4）采用具有腐蚀性的静力破碎作业时，灌浆人员必须戴防护手套和防护眼镜。孔内注入破碎剂后，作业人员应保持安全距离，严禁在注孔区域行走。

5）静力破碎剂严禁与其他材料混放。

6）在相邻的两孔之间，严禁钻孔与注入破碎剂同步进行施工。

9. 作业环境

（1）基坑内土方机械、施工人员的安全距离应符合规范要求。

（2）上下垂直作业应按规定采取有效的防护措施（图 7-23）。

图 7-23 上下垂直作业防护

1）进行上、下立体交叉作业时，下层作业的位置，必须在以上层高度确定的可能坠落范围半径之外，否则应设置安全防护层。

2）由于上方施工可能坠落物件或处于起重机把杆回转范围内受影响的范围，必须搭设顶部能防止穿透的双层防护廊。

（3）在各种管线范围内挖土应设专人监护（图 7-24）。

1）作业前，应明显记录施工场地明、暗设置物（电线、地下电缆、管道、坑道三等）的地点及走向，用明显的记号表示。严禁在其 1m 距离以内作业。

2）机械不得靠近架空输电线路作业，并应按照《建筑机械使用安全技术规程》JGJ 33—2012 第 4.1.2 条的规定留出安全距离。

图 7-24 管线范围施工防护

3）在电力、通信、燃气、上下水等管线 2m 范围内挖土时，应采取安全保护措施，并设专人监护。

4）施工作业区域应采光良好，当光线较弱时应设置有足够照度的光源。

10. 应急预案

（1）按要求编制基坑工程应急预案，内容完善。

（2）应急物资、材料、工具机具储备应存放在施工现场且设立专门仓库。

（3）施工前按要求编制应急预案，常见事故类型有涌水、涌砂、坍塌、触电、物体打击、气体中毒、高空坠落等。

（4）施工前应对作业人员进行应急预案交底、告知。

（5）仓库必须配备专门灭火器材。

（6）仓库内各种材料要分类摆放整齐，并做好标识。

（7）大型设备物资等不在项目部储存，要做好相应联系信息及外部其他单位的联系方式和应急路线等，在险情发生时能及时调用。

7.8 脚手架工程安全控制要点

7.8.1 强制性条文

《钢管脚手架扣件》GB 15831—2006

5 技术要求

5.1 扣件应按规定程序批准的图样进行生产。

5.2 扣件铸件的材料应采用 GB/T 9440 中所规定的力学性能不低于 KTH 330-08 牌号的可锻铸铁或 GB/T 11352 中 ZG 230—450 铸钢。

5.3 扣件在主要部位不得有缩松、夹渣、气孔等铸造缺陷。扣件应严格整形，与钢管的贴和面应紧密接触，应保证扣件抗滑、抗拉性能。

5.4 扣件与底座的力学性能应符合表 1 的要求。

5.5 扣件（除底座外）应经过 65N·m 扭力矩试压，扣件各部位不应有裂纹。

5.7 扣件用 T 型螺栓、螺母、垫圈、铆钉采用的材料应符合 GB/T 700 的有关规定。螺栓与螺母连接的螺纹均应符合 GB/T 196 的规定，垫圈的厚度应符合 GB/T 95 的规定，铆钉应符合 GB/T 867 的规定。T 型螺栓 M12，其总长应为（72±0.5）mm，螺母对边宽应为（22±0.5）mm，厚度应为

性能名称	扣件型式	性能要求
抗滑	直角	$P=7.0kN$ 时，$\varDelta_1 \leqslant 7.00mm$；$P=10.0kN$ 时，$\varDelta_2 \leqslant 0.50mm$
	旋转	$P=7.0kN$ 时，$\varDelta_1 \leqslant 7.00mm$；$P=10.0kN$ 时，$\varDelta_2 \leqslant 0.50mm$
抗破坏	直角	$P=25.0kN$ 时，各部位不应破坏
	旋转	$P=17.0kN$ 时，各部位不应破坏
扭转刚度	直角	扭力矩为900N·m 时，$f \leqslant 70.0mm$
抗拉	对接	$P=4.0kN$ 时，$\varDelta \leqslant 2.00mm$
抗压	底座	$P=50.0kN$ 时，各部位不应破坏

扣件力学性能　　　　　　　　　表1

（14±0.5）mm；铆钉直径应为（8±0.5）mm，铆接头应大于铆孔直径 1mm；旋转扣件中心铆钉直径应为（14±0.5）mm。

5.8.1 扣件各部位不应有裂纹。

5.8.2 盖板与座的张开距离不得小于50mm；当钢管公称外径为51mm时，不得小于55mm。

《建筑施工扣件式钢管脚手架安全技术规范》JGJ 130—2011

3.4.3 可调托撑受压承载力设计值不应小于40kN，支托板厚不应小于5mm。

6.2.3 主节点处必须设置一根横向水平杆，用直角扣件扣接且严禁拆除。

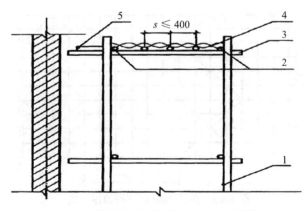

图 6.2.3　铺竹笆脚手板时纵向水平杆的构造

1——立杆；2——纵向水平杆；3——横向水平杆；4——竹笆脚手板；5——其他脚手板

6.3.3 脚手架立杆基础不在同一高度上时，必须将高处的纵向扫地杆向低处延长两跨与立杆固定，高低差不应大于1m。靠边坡上方的立杆轴线到边坡的距离不应小于500mm（图6.3.3）。

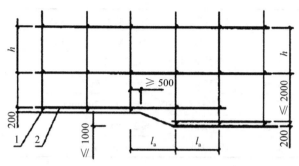

图6.3.3　纵、横向扫地杆构造

1——横向扫地杆；2——纵向扫地杆

6.3.5 单排、双排与满堂脚手架立杆接长除顶层顶步外，其余各层各步接头必须采用对接扣件连接。

6.4.4 开口型脚手架的两端必须设置连墙件，连墙件的垂直间距不应大于建筑物的层高，并且不应大于4m。

6.6.3 高度在24m及以上的双排脚手架应在外侧全立面连续设置剪刀撑；高度在24m以下的单、双排脚手架，均必须在外侧两端、转角及中间间隔不超过15m的立面上，各设置一道剪刀撑，并应由底至顶连续设置（图6.6.3）。

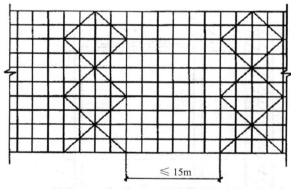

图6.6.3　高度24m以下剪刀撑布置

6.6.5 开口型双排脚手架的两端均必须设置横向斜撑。

7.4.2 单、双排脚手架拆除作业必须由上而下逐层进行，严禁上下同时作业；连墙件必须随脚手架逐层拆除，严禁先将连墙件整层或数层拆除后再拆脚手架；分段拆除高差大于两步时，应增设连墙件加固。

7.4.5 卸料时各构配件严禁抛掷至地面。

8.1.4 扣件进入施工现场应检查产品合格证，并应进行抽样复试，技术性能应符合现行国家标准《钢管脚手架扣件》GB 15831 的规定。扣件在使用前应逐个挑选，有裂缝、变形、螺栓出现滑丝的严禁使用。

9.0.1 扣件式钢管脚手架安装与拆除人员必须是经考核合格的专业架子工。架子工应持证上岗。

9.0.4 钢管上严禁打孔。

9.0.5 作业层上的施工荷载应符合设计要求，不得超载。不得将模板支架、缆风绳、泵送混凝土和砂浆的输送管等固定在架体上；严禁悬挂起重设备，严禁拆除或移动架体上安全防护设施。

9.0.7 满堂支撑架顶部的实际荷载不得超过设计规定。

9.0.13 在脚手架使用期间，严禁拆除下列杆件：

1 主节点处的纵、横向水平杆，纵、横向扫地杆。

2 连墙件。

9.0.14 当在脚手架使用过程中开挖脚手架基础下的设备基础或管沟时，必须对脚手架采取加固措施。

《建筑施工脚手架安全技术统一标准》GB 51210—2016

8.3.9 支撑脚手架的水平杆应按步距沿纵向和横向通长连续设置，不得缺失。在支撑脚手架立杆底部应设置纵向和横向扫地杆，水平杆和扫地杆应与相邻立杆连接牢固。

9.0.5 作业脚手架连墙件的安装必须符合下列规定：

1 连墙件的安装必须随作业脚手架搭设同步进行，严禁滞后安装。

2 当作业脚手架操作层高出相邻连墙件 2 个步距及以上时，在上层连墙件安装完毕前，必须采取临时拉结措施。

9.0.8 脚手架的拆除作业必须符合下列规定：

1 架体的拆除应从上而下逐层进行，严禁上下同时作业。

2 同层杆件和构配件必须按先外后内的顺序拆除；剪刀撑、斜撑杆等加固杆件必须在拆卸至该杆件所在部位时再拆除。

3 作业脚手架连墙件必须随架体逐层拆除，严禁先将连墙件整层或数层拆除后再拆架体。拆除作业过程中，当架体的自由端高度超过2个步距时，必须采取临时拉结措施。

11.2.1 脚手架作业层上的荷载不得超过设计允许荷载。

11.2.2 严禁将支撑脚手架、缆风绳、混凝土输送泵管、卸料平台及大型设备的支撑件等固定在作业脚手架上。严禁在作业脚手架上悬挂起重设备。

《建筑施工工具式脚手架安全技术规范》JGJ 202—2010

4.4.2 附着式升降脚手架结构构造的尺寸应符合下列规定：

1 架体高度不得大于5倍楼层高。

2 架体宽度不得大于1.2m。

3 直线布置的架体支撑跨度不得大于7m，折线或曲线布置的架体，相邻两主框架支撑点处的架体外侧距离不得大于5.4m。

4 架体的水平悬挑长度不得大于2m，且不得大于跨度的1/2。

5 架体全高与支撑跨度的乘积不得大于110m²。

4.4.5 附着支撑结构应包括附墙支座、悬臂梁及斜拉杆，其构造应符合下列规定：

1 竖向主框架所覆盖的每个楼层处应设置一道附墙支座。

2 在使用工况时，应将竖向主框架固定于附墙支座上。

3 在升降工况时，附墙支座上应设有防倾、导向的结构装置。

4 附墙支座应采用锚固螺栓与建筑物连接，受拉螺栓的螺母不得少于两个或应采用弹簧垫圈加单螺母，螺杆露出螺母端部的长度不应少于3扣，并不得小于10mm，垫板尺寸应由设计确定，且不得小于100mm×100mm×10mm。

5 附墙支座支撑在建筑物上连接处混凝土的强度应按设计要求确定，且不得小于C10。

4.4.10 物料平台不得与附着式升降脚手架各部位和各结构构件相连，其荷载应直接传递给建筑工程结构。

4.5.1 附着式升降脚手架必须具有防倾覆、防坠落和同步升降控制的安全装置。

4.5.3 防坠落装置必须符合下列规定：

1 防坠落装置应设置在竖向主框架处并附着在建筑结构上，每一升降点不得少于一个防坠落装置，防坠落装置在使用和升降工况下都必须起作用。

2 防坠落装置必须采用机械式的全自动装置，严禁使用每次升降都需重组的手动装置。

3 防坠落装置技术性能除应满足承载能力要求外，还应符合表4.5.3的规定。

防坠落装置技术性能   表 4.5.3

脚手架类别	制动距离 (mm)
整体式升降脚手架	≤ 80
单片式升降脚手架	≤ 150

4 防坠落装置应具有防尘、防污染的措施，并应灵敏可靠和运转自如。

5 防坠落装置与升降设备必须分别独立固定在建筑结构上。

6 钢吊杆式防坠落装置，钢吊杆规格应由计算确定，且不应小于ø25mm。

5.2.11 悬挂吊篮的支架支撑点处结构的承载能力，应大于所选择吊篮各工况的荷载最大值。

5.4.7 悬挂机构前支架严禁支撑在女儿墙上、女儿墙外或建筑物挑檐边缘。

5.4.10 配重件应稳定可靠地安放在配重架上，并应有防止随意移动的措施。严禁使用破损的配重件或其他替代物。配重件的重量应符合设计规定。

5.4.13 悬挂机构前支架应与支撑面保持垂直，脚轮不得受力。

5.5.8 吊篮内的作业人员不应超过2个。

6.3.1 在提升状况下，三角臂应能绕竖向桁架自由转动；在工作状况下，三角臂与竖向桁架之间应采用定位装置防止三角臂转动。

6.3.4 每一处连墙件应至少有2套杆件，每一套杆件应能够独立承受架体上的全部荷载。

6.5.1 防护架的提升索具应使用现行国家标准《重要用途钢丝绳》GB 8918 规定的钢丝绳。钢丝绳直径不应小于12.5mm。

6.5.7 当防护架提升、下降时，操作人员必须站在建筑物内或相邻的架体上，严禁站在防护架上操作；架体安装完毕前，严禁上人。

6.5.10 防护架在提升时，必须按照"提升一片、固定一片、封闭一片"的原则进行，严禁提前拆除两片以上的架体、分片处的连接杆、立面及底部封闭设施。

6.5.11 在每次防护架提升后，必须逐一检查扣件紧固程度；所有连接扣件拧紧力矩必须达到 40～65N·m。

7.0.1 工具式脚手架安装前，应根据工程结构、施工环境等特点编制专项施工方案，并应经总承包单位技术负责人审批、项目总监理工程师审核后实施。

7.0.3 总承包单位必须将工具式脚手架专业工程发包给具有相应资质等级的专业队伍，并应签订专业承包合同，明确总包、分包或租赁等各方的安全生产责任。

8.2.1 高处作业吊篮在使用前必须经过施工、安装、监理等单位的验收，未经验收或验收不合格的吊篮不得使用。

《建筑施工承插型盘扣式钢管支架安全技术规程》JGJ 231—2010

3.1.2 插销外表面应与水平杆和斜杆杆端扣接头内表面吻合，插销连接应保证锤击自锁后不拔脱，抗拔力不得小于 3kN。

6.1.5 模板支架可调托座伸出顶层水平杆或双槽钢托梁的悬臂长度（图 6.1.5）严禁超过 650mm，且丝杆外露长度严禁超过 400mm，可调托座插入立杆或双槽钢托梁长度不得小于 150mm。

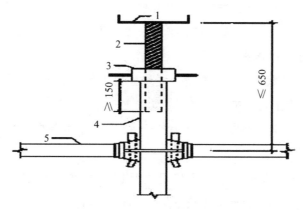

图 6.1.5 带可调托座伸出顶层水平杆的悬臂长度

1——可调托座；2——螺杆；3——调节螺母；4——立杆；5——水平杆

9.0.6 严禁在模板支架及脚手架基础开挖深度影响范围内进行挖掘作业。

9.0.7 拆除的支架构件应安全地传递至地面，严禁抛掷。

《建筑施工碗扣式钢管脚手架安全技术规范》JGJ 166—2016

7.4.7 双排脚手架的拆除作业，必须符合下列规定：

1 架体拆除应自上而下逐层进行，严禁上下层同时拆除。

2 连墙件应随脚手架逐层拆除，严禁先将连墙件整层或数层拆除后再拆除架体。

3 拆除作业过程中，当架体的自由端高度大于两步时，必须增设临时拉结件。

9.0.3 脚手架作业层上的施工荷载不得超过设计允许荷载。

9.0.7 严禁将模板支撑架、缆风绳、混凝土输送泵管、卸料平台及大型设备的附着件等固定在双排脚手架上。

9.0.11 脚手架使用期间，严禁擅自拆除架体主节点处的纵向水平杆、横向水平杆，纵向扫地杆、横向扫地杆和连墙件。

《液压升降整体脚手架安全技术规程》JGJ 183—2009

3.0.1 液压升降整体脚手架架体及附着支撑结构的强度、刚度和稳定性必须符合设计要求，防坠落装置必须灵敏、制动可靠，防倾覆装置必须稳固、安全可靠。

7.1.1 液压升降整体脚手架的每个机位必须设置防坠落装置，防坠落装置的制动距离不得大于80mm。

7.2.1 液压升降整体脚手架在升降工况下，竖向主框架位置的最上附着支撑和最下附着支撑之间的最小间距不得小于2.8mm或1/4架体高度；在使用工况下，竖向主框架位置的最上附着支撑和最下附着支撑之间的最小间距不得小于5.6m或1/2架体高度。

《建筑施工模板安全技术规范》JGJ 162—2008

5.1.6 模板结构构件的长细比应符合下列规定：

1 受压构件长细比：支架立柱及桁架，不应大于150；拉条、缀条、斜撑等连系构件，不应大于 200。

2 受拉构件长细比：钢杆件，不应大于 350；木杆件，不应大于 250。

6.1.9 支撑梁、板的支架立柱构造与安装应符合下列规定：

1 梁和板的立柱，其纵横向间距应相等或成倍数。

2 木立柱底部应设垫木，顶部应设支撑头。钢管立柱底部应设垫木和底座，顶部应设可调支托，U 形支托与楞梁两侧间如有间隙，必须楔紧，其螺杆伸出钢管顶部不得大于 200mm，螺杆外径与立柱钢管内径的间隙不得大于 3mm，安装时应保证上下同心。

3 在立柱底距地面 200mm 高处，沿纵横水平方向应按纵下横上的程序设扫地杆。可调支托底部的立柱顶端应沿纵横向设置一道水平拉杆。扫地杆与顶部水平拉杆之间的间距，在满足模板设计所确定的水平拉杆步距要求条件下，进行平均分配确定步距后，在每一步距处纵横向应各设一道水平拉杆。当层高在 8～20m 时，在最顶步距两水平拉杆中间应加设一道水平拉杆；当层高大于 20m 时，在最顶两步距水平拉杆中间应分别增加一道水平拉杆。所有水平拉杆的端部均应与四周建筑物顶紧顶牢。无处可顶时，应在水平拉杆端部和中部沿竖向设置连续式剪刀撑。

4 木立柱的扫地杆、水平拉杆、剪刀撑应采用 40mm×50mm 木条或 25mm×80mm 的木板条与木立柱钉牢。钢管立柱的扫地杆、水平拉杆、剪刀撑应采用 ø48mm×3.5mm 钢管，用扣件与钢管立柱扣牢。木扫地杆、水平拉杆、剪刀撑应采用搭接，并应采用铁钉钉牢。钢管扫地杆、水平拉杆应采用对接，剪刀撑应采用搭接，搭接长度不得小于 500mm，并应采用 2 个旋转扣件分别在离杆端不小于 100mm 处进行固定。

6.2.4 当采用扣件式钢管作立柱支撑时，其构造与安装应符合下列规定：

1 钢管规格、间距、扣件应符合设计要求。每根立柱底部应设置底座及垫板，垫板厚度不得小于 50mm。

2 钢管支架立柱间距、扫地杆、水平拉杆、剪刀撑的设置应符合本规范第 6.1.9 条的规定。当立柱底部不在同一高度时，高处的纵向扫地杆应向低处延长不少于 2 跨，高低差不得大于 1m，立柱距边坡上方边缘不得小于 0.5m。

3 立柱接长严禁搭接，必须采用对接扣件连接，相邻两立柱的对接接头不得在同步内，且对接接头沿竖向错开的距离不宜小于 500mm，各接头中心距主节点不宜大于步距的 1/3。

　　4 严禁将上段的钢管立柱与下段钢管立柱错开固定在水平拉杆上。

　　5 满堂模板和共享空间模板支架立柱，在外侧周圈应设由下至上的竖向连续式剪刀撑；中间在纵横向应每隔 10m 左右设由下至上的竖向连续式剪刀撑，其宽度宜为 4～6m，并在剪刀撑部位的顶部、扫地杆处设置水平剪刀撑（图 6.2.4-1）。剪刀撑杆件的底端应与地面顶紧，夹角宜为 45°～60°。当建筑层高在 8～20m 时，除应满足上述规定外，还应在纵横向相邻的两竖向连续式剪刀撑之间增加"之"字斜撑，在有水平剪刀撑的部位，应在每个剪刀撑中间处增加一道水平剪刀撑（图 6.2.4-2）。当建筑层高超过 20m 时，在满足

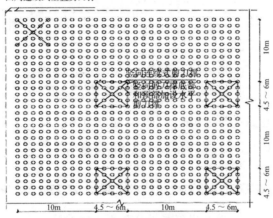

图 6.2.4-1　剪刀撑布置图（一）

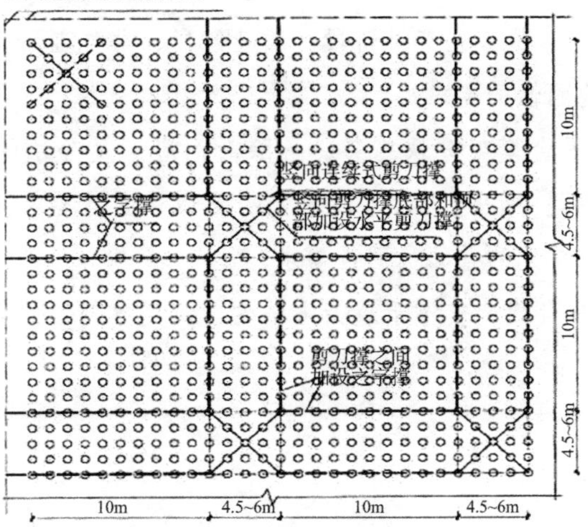

图 6.2.4-2　剪刀撑布置图（二）

以上规定的基础上，应将所有之字斜撑全部改为连续式剪刀撑（图6.2.4-3）。

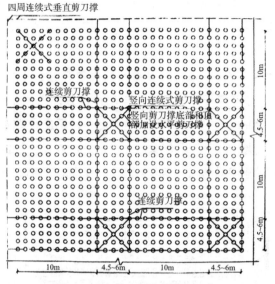

图 6.2.4-3　剪刀撑布置图（三）

6　当支架立柱高度超过 5m 时，应在立柱周围外侧和中间有结构柱的部位，按水平间距 6～9m、竖向距离 2～3m 与建筑结构设置一个固结点。

《整体爬升钢平台模架技术标准》JGJ 459—2019

3.1.5　整体钢平台模架在安装与拆除阶段、爬升阶段、作业阶段的风速超过设计风速限值时，不得进行相应阶段的施工。

3.2.4　整体钢平台模架在爬升阶段、作业阶段、非作业阶段均应满足承载力、刚度、整体稳固性的要求。

3.3.2　整体钢平台模架分块安装、拆除时，应满足分块的整体稳固性要求；安装过程应满足分块连接后形成单元的整体稳固性要求；拆除过程应满足分块拆除后剩余单元的整体稳固性要求。

3.4.2　整体钢平台模架支撑于混凝土结构时，支撑部位的混凝土结构应满足承载力要求。

7.8.2 安全控制要点

1. 外脚手架安全要点

（1）基本参数要求

1）钢管材质要求：钢管应采用国家标准 GB/T 13793 或 GB/T 3091 中规定的 Q235 普通钢管，型号宜采用 ø48.3×3.6mm（方案按 ø48×3.0mm 计算），材料进场应提供产品合格证且进行验收，合格后方可投入使用。

2）扣件进入施工现场应检查产品合格证，并应进行抽样复试，技术性能应符合现行国家标准《钢管脚手架扣件》GB 15831 的规定，扣件外观检查无裂纹，在螺栓拧紧力矩达到 65N·m 时，不得发生破坏。

3）外架手架钢管必须进行防锈处理，除锈后刷一道防锈漆和两道面漆。

4）木脚手板型号 3000（6000）mm×200（250）m×50 mm，两端采用 ø1.6 镀锌钢丝绑扎；钢筋网片式脚手架采用 HPB235ø6 钢筋制作，截面 40mm 间距，用 ø1.6 镀锌钢丝固定在小横杆上（图 7-25）。

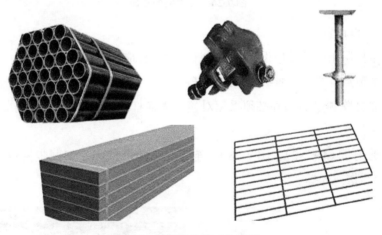

图 7-25　部分外脚手架材料

（2）钢管颜色

1）黄色油漆：脚手架立杆、大小横杆、纵横向扫地杆。

2）红色油漆：连墙件。

3）黄黑相间双色油漆：脚手架外侧防护栏杆、斜道防护栏杆、卸料平台防护栏杆。

4）红白相间双色油漆：剪刀撑、横向斜撑、踢脚板、楼梯临边防护栏杆、施工电梯卸料平台临边防护栏杆。

（3）外立面形象

脚手架外侧防护必须使用合格的密目式安全网封闭。外架上应设置宣传标语，保证外架协调美观，体现企业特色（图7-26）。

图7-26　脚手架外立面

（4）杆件设置

1）架体阴阳转角处应设置4根立杆，大横杆应连通封闭。

2）主节点处必须设置纵横向水平杆。

3）立杆除顶层顶部外必须采用对接，大横杆在架体转角外可以搭接，剪刀撑必须搭接。

4）剪刀撑（图7-27、图7-28）、连墙件必须随外脚手架同步搭设、同步拆除。严禁后搭或先拆。

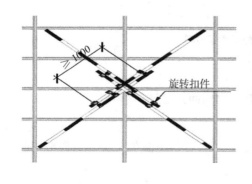

图7-27　剪刀撑搭设示意

图7-28　剪刀撑

建设各方主体事故责任及风险规避

（5）立杆基础

1）落地式脚手架搭设高度不宜超过35m，高度在35～50m时必须采取卸荷措施，高度大于50m时必须采取卸荷措施并对专项方案进行专家论证。

2）脚手架基础平整、夯实、混凝土硬化，基础应采用100mm厚C25混凝土硬化，立杆底部设置底座或垫板。垫板应采用长度不少于2跨、厚度不小于50mm、宽度不小于200mm的木垫板。

3）落地式脚手架必须设置纵、横向扫地杆，纵向扫地杆宜采用直角扣件固定在紧靠纵向扫地杆下方的立杆上。当立杆基础不在同一高度时必须将高处的纵向扫地杆向低处延长两跨与立杆固定，高低差不应大于1m，紧边坡上方的立杆轴线到边坡的距离不小于500mm（图7-29）。

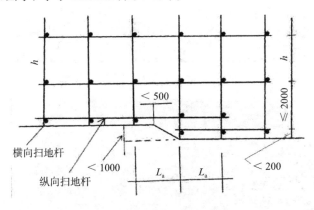

图 7-29　纵横扫地杆示意

4）脚手架基础应考虑周边设有排水措施，脚手架底座底面标高应高于室外自然地坪50mm，立杆基础外侧设置截面不小于200mm×200mm的排水沟，保证脚手架基础不积水（图7-30、图7-31）。

图 7-30　脚手架基础排水沟图

图 7-31　脚手架基础图

（6）立面防护

1）脚手架外侧满挂密目安全网，网目数不低于 2000 目 /100cm²，网体竖向连接时采用网眼连接方式，每个网眼应用 16 号铁丝与钢管固定，网体横向连接时采取搭接方式，搭接长度不得小于 200mm。架体转角部位应设置木枋作内衬以保证架体转角处安全网线条美观（图 7-32）。

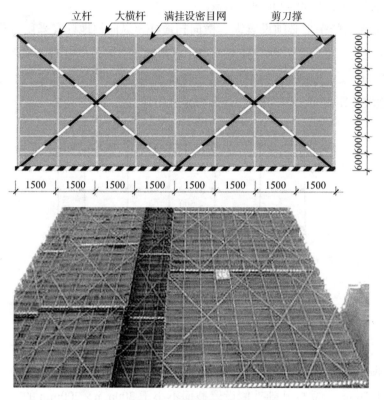

图 7-32　密目式安全网

2）脚手架外侧自第二步起底部设 180mm 挡脚板，在高 600mm 与 1200mm 处各设同材质的防护栏杆一道。脚手架内侧形成临边的，则按脚手架外侧防护做法（图 7-33）。

3）脚手架外排立杆、大横杆表面刷黄色油漆，挡腰杆表面刷黄黑相间双色油漆，外立面每隔 3 层或 9m 设置一道 200mm 高警示带，固定于立杆外侧。警示带尺寸见图示，表面刷红白相间警示色油漆（图 7-34）。

（7）水平防护

1）作业层必须满铺脚手板，脚手板离建筑物结构的距离不应大于 150mm（图 7-35）。

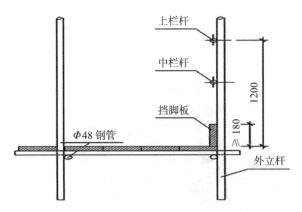

图 7-33　挡脚板及防护栏杆立面图

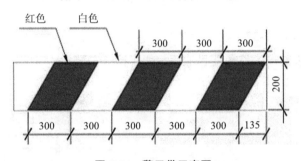

图 7-34　警示带示意图

图 7-35　水平防护

2）落地架第二层、悬挑架（爬架）首层，中间层不超过 10m 且不超过三层满铺一道硬质隔断防护，并在两层硬防护的中间部位张挂水平兜网，水平兜网必须兜挂至建筑物结构（图 7-35）。

3）脚手架的内立杆距离主体净距一般不大于 200mm，如大于 200mm 的必须铺设平整牢固的站人板，作业层脚手板与建筑物之间的空隙大于 150mm 时应做全封闭，防止人员和物料坠落（图 7-36）。

图 7-36　作业层脚手板与建筑物之间全封闭

（8）连墙件（图 7-37）

1）连墙件表面应刷红色醒目油漆，便于检查和警示。

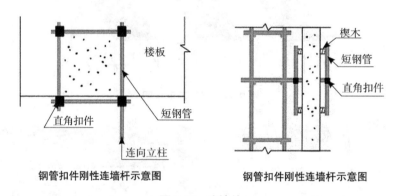

钢管扣件刚性连墙杆示意图　　　　钢管扣件刚性连墙杆示意图

图 7-37　连墙件

2）脚手架必须采用刚性连墙件。

3）连墙件应从底层第一步纵向水平杆处开始设置，当该处有困难时，应采用可靠措施固定。连墙件宜优先采用菱形布置，也可采用方形，矩形布置。

4）连墙件应靠近主节点设置，偏离主节点的距离不应大于 300mm。

5）连墙件的间距应根据设计计算规定，并应符合表 7-11 的规定。

连墙件布置的最大间距　　　　　　　　　　　　　　　　　　表 7-11

脚手架高度≤ 50m		竖向间距 h	水平间距 l_a	每杆连墙件覆盖面积（m^2）
双排	≤ 50	$3h$	$3l_a$	≤ 40
	＞ 50	$2h$	$3l_a$	≤ 27
单排	≤ 24	$3h$	$3l_a$	≤ 40

6）一字形、开口型脚手架的两端必须设置连墙件（图 7-37），连墙件的垂直间距不应大于建筑物的层高，并不应大于 4m（两步）。

（9）剪刀撑及横向斜撑

1）剪刀撑应从脚手架底部边角从下到上连续设置，剪刀撑表面刷红白相间警示色油漆（图 7-38）。

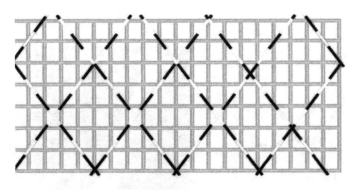

图 7-38　24m 以上落地架、悬挑架剪刀撑布置图

2）每道剪刀撑跨越立杆的根数应按规定确定。每道剪刀撑宽度不应小于 4 跨，且不应小于 6m，斜杆与地面的倾斜角宜为 45°～60° 倾斜角宜为 45°～60°。

3）24m 以下的落地式外架，在架体外侧两端、转角及中间间隔不超过 15m 的立面上设置竖向连续剪刀撑。24m 以上的落地式外架及所有悬挑架，在架体外侧整个立面搭设连续剪刀撑。

4）剪刀撑杆件的接长应采用搭接，搭接长度不应小于 1m，且不小于 3 个扣件固定（图 7-39、图 7-40）。

图 7-39　剪刀撑

5）剪刀撑斜杆应用旋转扣件固定在与之相交的横向水平杆的伸出端或立杆上，旋转扣件中心线至主节点的距离不宜大于 150mm。

6）一字形、开口型双排架两端口必须设置横向斜撑，24m 以上架体在架体拐角处及中间每六跨设置一道横向斜撑（图 7-41）。

7）横向斜撑应在同一节间，由底到顶呈之字形布置，斜撑交叉和内外大横杆相连到顶。

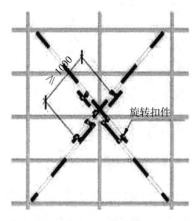

图 7-40 剪刀撑

图 7-41 开口型双排架横向斜撑

（10）脚手架施工

1）搭设

a. 脚手架立杆搭设高度应超出作业层 1.2m。

b. 脚手架立杆顶端栏杆应高出女儿墙上端 1m，高出檐口上端 1.5m。

c. 单排脚手架搭设高度不超过 24m；双排脚手架搭设高度不宜超过 50m，高度超过 50m 的双排脚手架，应采用双管立杆搭设或分段卸荷等措施。

d. 悬挑脚手架每段搭设高度不大于 20m。

e. 脚手架开始搭立杆时，应每隔 6 跨设置一根抛撑，直至连墙件安装稳定后，方可根据情况拆除。

f. 脚手架须配合施工进度搭设，一次搭设高度不应超过相邻连墙件以上两步。如果超过相邻连墙件以上两步，无法设置连墙件时，应采取撑拉固定等措施与建筑结构拉结。

2）脚手架拆除

a. 脚手架拆除施工过程中应划分作业区，周围设围栏和警戒标志，设专人指挥。禁止非脚手架作业人员进入安全警戒区域，如安全员或警戒员中途离场，不得施工。

b. 脚手架拆除作业必须由上而下逐层进行，严禁上下同时作业；连墙件必须随脚手架逐层拆除，严禁先将连墙件整层或数层拆除后再拆脚手架；分段拆除高差大于两步时，应增设连墙件加固。

c. 所有拆下的杆件和配件，必须随拆随用绳子捆绑好往下放，或用垂直运输机械往下吊运，严禁随手往下抛掷。运下来的杆件应随时码放整齐。

（11）脚手架检查与验收

1）外脚手架、工具式脚手架、卸料平台等由总监工程师、项目经理组织，方案编制人、技术负责人、安全员、搭设班组参加验收。验收合格后，并挂验收合格牌（搭设部位、搭设人、验收人、验收日期、验收合格标识），方可使用。

2）脚手架挂牌实行两种颜色。蓝色表示脚手架已经过检查且符合设计要求，可以使用。红色表示脚手架未搭设完成或不合格，不得使用；另外，在特殊情况下，如天气原因等，禁止攀爬，也使用该牌。

（12）脚手架管理要求

1）架体搭设前，项目应编制专项施工方案并报上级审批（图 7-42）。项目总工程师应组织方案交底并做好交底记录（图 7-43），现场作业人员应严格按方案执行。

图 7-42　脚手架专项施工方案

图 7-43　安全技术交底

2）从事建筑现场钢管脚手架搭设的分包单位，必须具备建设行政主管部门颁发的《脚手架作业分包企业资质》和《安全生产许可证》，严禁超越资质许可范围承接业务或进行资质转借、挂靠等违法行为。

3）脚手架安装与拆除人员必须是经考核合格的专业架子工。架子工应持证上岗（图 7-44）。

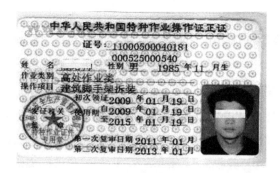

图 7-44　特种操作证

4）搭设脚手架人员必须戴安全帽、系安全带、穿防滑鞋。

5）严格控制施工荷载，脚手板不得集中堆料，结构阶段施工荷载不大于 3kN/m²，装修阶段施工荷载不大于 2kN/m²。

6）脚手架使用期间，严禁拆除主节点处的纵、横向水平杆，纵、横向扫地杆，连墙件。

7）严禁使用脚手架作为起吊重物的承力点。严禁将缆风绳、泵送混凝土输送管、电缆等设施、设备固定在施工用脚手架上。

8）当有 6 级以上强风、浓雾、雨或雪天气时应停止脚手架搭设与拆除作业。雨、雪后上架作业应有防滑措施，并应扫除积雪。

9）因施工需要临时拆除安全网时，作业完成后应及时恢复，并经检查后方可使用。

2. 附着式升降脚手架安全要点

（1）施工方案

附着式升降脚手架搭设作业应编制专项施工方案，结构设计应进行计算；脚手架提升超过规定允许高度（150m），应组织专家对专项施工方案进行论证（图 7-45）。

图 7-45　爬架及专项施工方案

（2）安全装置

附着式升降脚手架应安装防坠落装置（图7-46），技术性能应符合规范要求；防坠落装置与升降设备应分别独立固定在建筑结构上；防坠落装置应设置在竖向主框架处，与建筑结构附着；附着式升降脚手架应安装防倾覆装置，技术性能应符合规范要求；升降和使用工况时，最上和最下两个防倾装置之间最小间距应符合规范要求；附着式升降脚手架应安装同步控制装置，并应符合规范要求。

图7-46 防坠落装置

（3）架体构造

架体高度不应大于5倍楼层高度，宽度不应大于1.2m；直线布置的架体支撑跨度不应大于7m，折线、曲线布置的架体支撑点处的架体外侧距离不应大于5.4m；架体水平悬挑长度不应大于2m，且不应大于跨度的1/2；架体悬臂高度不应大于架体高度的2/5，且不应大于6m；架体高度与支撑跨度的乘积不应大于110m²。

（4）附着支座

附着支座数量、间距应符合规范要求；使用工况应将竖向主框架与附着支座固定；升降工况应将防倾、导向装置设置在附着支座上；附着支座与建筑结构连接固定方式应符合规范要求。

竖向主框架覆盖每一楼层处应设置一道附墙支座；附着支撑结构按设计图纸设置（图7-47）。

机位附着点应布置在墙或梁上，对于厚度小于等于150mm的墙或高度小于等于450mm的梁及其他结构，应进行强度计算。

图 7-47　附墙支座

（5）架体安装

主框架和水平支撑桁架节点采用焊接或螺栓连接，各杆件轴线应交会于节点；内外两片水平支撑桁架上弦和下弦之间应设置水平支撑杆件，各节点应采用焊接或螺栓连接；架体立杆底端应设在水平桁架上弦杆的节点处；竖向主框架组装高度应与架体高度相等（图 7-48）。

图 7-48　架体安装连接

剪刀撑应沿架体高度连续设置，并应将竖向主框架、水平支撑桁架和架体构架连成一体，剪刀撑斜杆水平夹角应为 45°～60°（图 7-49）。

（6）架体升降

两跨以上架体同时升降应采用电动或液压动力装置（图 7-50），不得采用手动装置；升降工况附着支座处建筑结构混凝土强度应符合设计和规范要求；升降工况架体上不得有施工荷载，严禁人员在架体上停留。

图 7-49　剪刀撑

图 7-50　架体升降装置

（7）附着式升降脚手架一般项目的检查评定应符合下列规定：

1）检查验收

动力装置、主要结构配件进场应按规定进行验收；架体分区段安装、分区段使用时，应进行分区段验收；架体安装完毕应按规定进行整体验收，验收应有量化内容并经责任人签字确认；架体每次升、降前应按规定进行检查，并应填写检查记录。

2）脚手板

脚手板应铺设严密、平整、牢固；作业层里排架体与建筑物之间应采用脚手板或安全平网封闭；脚手板材质、规格应符合规范要求（图 7-51）。

图 7-51　脚手板

3）架体防护

架体外侧应采用密目式安全网封闭，网间连接应严密（图 7-52）；作业层应按规范要求设置防护栏杆（图 7-53）；作业层外侧应设置高度不小于 180mm 的挡脚板。

图 7-52　架体防护

图 7-53　顶部作业层防护栏杆应高于作业面 1.5m 以上

4）安全作业

操作前应对有关技术人员和作业人员进行安全技术交底，并应有文字记录（图7-54）；作业人员应经培训并定岗作业；安装拆除单位资质应符合要求，特种作业人员应持证上岗；架体安装、升降、拆除时应设置安全警戒区，并应设置专人监护；荷载分布应均匀，荷载最大值应在规范允许范围内。

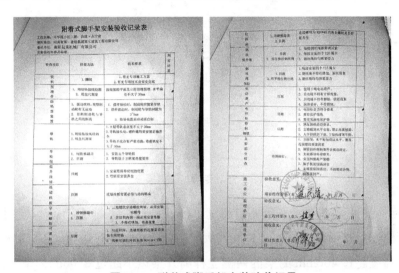

图 7-54　附着式脚手架安装验收记录

3. 模板支架安全要点

（1）一般支模架施工控制要点

1）支模架在施工前，项目技术部门应编制安全专项方案，报公司技术部门审核（需经专家论证的必须先论证），公司总工程师审批，交总监理工程师签字后，方可按方案搭设（图7-55）。

2）支模架严禁与脚手架进行连接。模板支架立杆底部应设置垫板，不得使用砖及脆性材料铺垫。

3）模板支架立杆在安装的同时，应设水平杆，水平杆的间距（步距）小于1500mm，上部自由高度小于500mm。

4）满堂支撑架搭设高度不宜超过30m。在架体外侧周边及内部纵、横向每5～8m，应由底至顶设置连续竖向剪刀撑，剪刀撑宽度应为5～8m；在竖向剪刀撑顶部交点平面应设置连续水平剪刀撑。当支撑高度超过8m，或施工总荷载大于15kN/m²，或集中线荷载大于20kN/m的支撑架，扫地杆的设置层应设置水平剪刀撑。水平剪刀撑至架体底平面距离与水平剪刀撑间距不宜超过8m。

5）后浇带的支撑体系必须单独设置，严禁拆除后回顶。

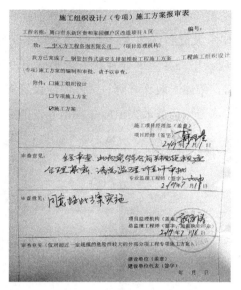

图 7-55 专项施工方案

6）可调顶托螺杆伸出长度不宜超过200mm，且在其下方应设置一道水平杆。

7）模板存放高度不得超过1.8m，大模板存放必须要有防倾倒措施。

8）高度超过400mm的梁的两侧立杆离开梁边不超过250mm，梁中同步增加一根或数根支撑立杆，且在立杆外侧紧靠这根立杆处再立一根立杆。

9）边梁的外支撑斜立杆，除正常水平杆连接外，在两道水平杆之间增加一道水平杆，向内连接两根立杆。

（2）高大支模架施工控制要点

要求：支撑高度超过8m，或搭设跨度超过18m，或施工总荷载大于15kN/m²，或集中线荷载大于20kN/m 模板支撑系统（当梁的截面积为0.85m² 及以上时，梁的线荷载就达到20kN/m）。具体要求如下：

1）方案

a.编制主要内容：工程概况、荷载及设计计算、搭设具体尺寸、安全技术措施及加固措施、施工图纸及节点详图等。

b.专家评审：按照2019年《危险性较大的分部分项工程安全管理规定》（住房城乡建设部令第37号）和地方主管部门的要求组织评审，并按照评审后的意见执行。

2）搭设的控制

a.交底：专项方案的交底、安全技术措施的交底。

b.材料抽检。

建设各方主体事故责任及风险规避

➤钢管壁厚抽检比例不低于30%，对壁厚减小量超过10%的应予以报废，不合格比例大于30%的应扩大抽检比例。

➤扣件不得有裂纹，螺栓应有防锈处理。

3）地基与支撑基础

a.地基：必须坚实，满足荷载计算要求，有排水设施。

b.底座：采用槽钢或垫板（厚度不小于50mm）。

4）搭设工艺要求

a.立杆的设置：纵横向间距、接长方式、梁下支撑立杆的设置。

b.扫地杆的设置：纵横向连续设置且离地不超过200mm。

c.水平杆：纵横向连续逐根逐跨设置、步距符合方案要求。

d.剪刀撑：水平剪刀撑、垂直剪刀撑。

➤水平加强层和水平剪刀撑（表7-12）。

水平加强层和水平剪刀撑 表7-12

序号	支撑高度（m）	竖向荷载（kN/m^2）	水平加强层
1	$H \leqslant 20$	$10 \sim 15$	每三层
2	$H \leqslant 20$	> 15	每二层
3	$20 < H < 30$	> 10	每二层
4	$H > 30$	$\geqslant 10$	每二层

➤垂直剪刀撑：底端与地面顶紧，与立杆形成45°～60°夹角，搭设宽度为4～6m；在支模架外侧周圈由下至上连续设置竖向剪刀撑；中间在纵横向每隔10m设由下至上的竖向剪刀撑。

➤附着措施：搭设高度超过宽度应将支模架与建筑物有效连接（防止风荷载或因泵送混凝土等造成的支模架晃动）。

5）验收

a.施工人员负责对工艺进行验收（立杆间距、水平杆设置及步距、垂直度控制在3‰以内等）。

b.技术人员对扣件的拧紧度进行测试验收。

c.电工对支模架的接地设置和电阻值进行测试验收。

（3）后浇带支模架施工控制要点

1）按红线管理规定后浇带支模架须独立设置（严禁拆除后回顶），搭设的要求参照一般支模架和高大支模架相关要求执行（图7-56）。

图 7-56　后浇带支模架独立设置

2）支模架必须有可实施的、有效的施工图。

3）步距严禁超过 1.5m，顶托底部的立柱顶端应沿纵横向设置水平杆（扣件式支模架自由端高度不超过 500mm，承插式支模架自由端高度不超过 650mm）。

4）后浇带每侧支模架立杆布置不少于两排，且与之相邻梁、板的纵横向支撑立杆以此为基准向两端排布，并设置双面连续竖向斜撑。

5）后浇带部位的支撑立杆设置须采用工字钢或槽钢作横担，不得悬空或采用钢管扣件连接作横担代替。

6）在后浇带处搭设支模架时，架体必须支撑在基层的混凝土结构上，当不能搭设在混凝土面上时，需用工字钢或其他型钢来满足支撑系统的受力要求。

说明：当采用可调底座时，调节螺杆伸出长度不宜超过 200mm。模板支撑架的高度调整宜采用可调顶托为主（可调顶托的螺杆与托板应焊接牢固，焊缝高度不得小于 6mm，螺杆与螺母的旋合长度不得少于 5 扣，螺母的厚度不得小于 30mm，顶托的受压承载力不应小于 40kN，托板厚度不应小于 5mm）。

7.9　高处作业安全控制要点

7.9.1　强制性条文

《建筑施工高处作业安全技术规范》JGJ 80—2016

4.1.1 坠落高度基准面 2m 及以上进行临边作业时，应在临空一侧设置防护栏杆，并应采用密目式安全立网或工具式栏板封闭。

4.2.1 洞口作业时，应采取防坠落措施，并应符合下列规定：

1 当竖向洞口短边边长小于500mm时，应采取封堵措施；当垂直洞口短边边长大于或等于500mm时，应在临空一侧设置高度不小于1.2m的防护栏杆，并应采用密目式安全立网或工具式栏板封闭，设置挡脚板。

2 当非竖向洞口短边边长为25～500mm时，应采用承载力满足使用要求的盖板覆盖，盖板四周搁置应均衡，且应防止盖板移位。

3 当非竖向洞口短边边长为500～1500mm时，应采用盖板覆盖或防护栏杆等措施，并应固定牢固。

4 当非竖向洞口短边边长大于或等于1500mm时，应在洞口作业侧设置高度不小于1.2m的防护栏杆，洞口应采用安全平网封闭。

5.2.3 严禁在未固定、无防护设施的构件及管道上进行作业或通行。

6.4.1 悬挑式操作平台设置应符合下列规定：

1 操作平台的搁置点、拉结点、支撑点应设置在稳定的主体结构上，且应可靠连接。

2 严禁将操作平台设置在临时设施上。

3 操作平台的结构应稳定可靠，承载力应符合设计要求。

8.1.2 采用平网防护时，严禁使用密目式安全立网代替平网使用。

7.9.2 安全控制要点

1. 安全帽（图7-57）

（1）进入施工现场的人员必须正确佩戴安全帽。

（2）施工单位应为作业人员提供合格的安全防护用具，作业人员应按规定佩戴和使用。

（3）施工前，应逐级进行安全技术教育和交底，落实所有安全技术措施和人身防护用品，未经落实时不得施工。

图7-57 安全帽

2. 安全网（图7-58）

（1）在建工程外脚手架架体外侧应用密目式安全网封闭。

（2）安全网的质量应符合相关要求。

（3）密目安全网检验分为出厂检验和型式试验。

1）出厂检验生产企业应对生产的安全网逐批次进行出厂检验并提供出厂检

图 7-58　安全网

验报告。

2）型式检验每年至少进行一次型式检验。

3.安全带（图7-59）

（1）高处作业人员应按规定系挂安全带，安全带的质量应符合《安全带》GB 6095—2009要求。

（2）施工现场搭架、支模等高处作业均应系安全带。安全带应符合《安全带》GB 6095—2009标准并有合格证书，生产厂家经劳动部门批准，并做好定期检验。

高空作业必须
系安全带

图 7-59　安全带

（3）安全带一般应高挂低用，挂在牢固可靠处，不准将绳打结使用。安全带使用后有专人负责，存放在干燥、通风的仓库内。

（4）施工单位应为作业人员提供合格的安全帽，安全带等必备的安全防护用具，作业人员应按规定正确佩戴和使用。

（5）安全带的质量应符合《安全带》GB 6095—2009第5条要求。

4.临边防护

（1）坠落高度基准面2m及以上进行临边作业时，应在临空一侧设置防护栏杆，并应采用密目式安全立网或工具式栏板封闭（图7-60）。

（2）分层施工的楼梯口、楼梯平台和梯段边，应安装防护栏杆；外设楼梯口、楼梯平台和梯段边还应采用密目式安全立网封闭（图7-61）。

（3）建筑物外围边沿处，应采用密目式安全立网进行全封闭，有外脚手架的工程，密目式安全立网应设置在脚手架外侧立杆上，并与脚手杆紧密连接；没有外脚手架的工程，应采用密目式安全立网将临边全封闭（图7-62）。

（4）施工升降机、龙门架和井架物料提升机等各类垂直运输设备设施与建筑

图 7-60 采用密目式安全立网或工具式栏板封闭

图 7-61 防护栏杆

图 7-62 密目式安全立网全封闭

物间设置的通道平台两侧边，应设置防护栏杆、挡脚板，并应采用密目式安全立网或工具式栏板封闭。

（5）各类垂直运输接料平台口应设置高度不低于 1.80m 的楼层防护门，并应设置防外开装置；多笼井架物料提升机通道中间，应分别设置隔离设施（图 7-63）。

（6）洞口作业时，应采取防坠落措施，并应符合下列规定。

1）当竖向洞口短边边长小于 500mm 时，应采取封堵措施；当垂直洞口短边边长大于或等于 500mm 时，应在临空一侧设置高度不小于 1.2m 的防护栏杆，并

图 7-63　楼层防护门

应采用密目式安全立网或工具式栏板封闭，设置挡脚板（图 7-64）。

2）当非竖向洞口短边边长为 25 ～ 500mm 时，应采用承载力满足使用要求的盖板覆盖，盖板四周搁置应均衡，且应防止盖板移位（图 7-65）。

图 7-64　竖向洞口防护

图 7-65　非竖向洞口防护

3）当非竖向洞口短边边长为 500 ～ 1500mm 时，应采用盖板覆盖或防护栏杆等措施，并应固定牢固（图 7-66）。

图 7-66　非竖向洞口防护

4）当非竖向洞口短边边长大于或等于 1500mm 时，应在洞口作业侧设置高度不小于 1.2m 的防护栏杆，洞口应采用安全平网封闭（图 7-67）。

图 7-67　非竖向洞口防护

5）电梯井口应设置防护门，其高度不应小于 1.5m，防护门底端距地面高度不应大于 50mm，并应设置挡脚板（图 7-68）。

6）在进入电梯安装施工工序之前，同时井道内应每隔 10m 且不大于 2 层加设一道水平安全网。电梯井内的施工层上部，应设置隔离防护设施（图 7-69）。

图 7-68 电梯井口防护

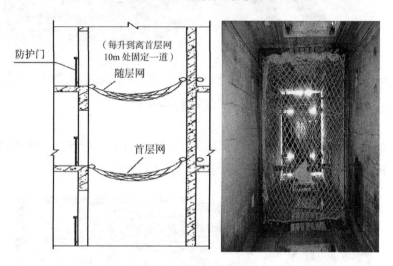

图 7-69 电梯井内防护

7）施工现场通道附近的洞口、坑、沟、槽、高处临边等危险作业处，应悬挂安全警示标志外，夜间应设灯光警示（图 7-70）。

8）墙面等处落地的竖向洞口、窗台高度低于 800mm 的竖向洞口及框架结构在浇筑完混凝土没有砌筑墙体时的洞口，应按临边防护要求设置防护栏杆（图 7-71）。

9）临边作业的防护栏杆应由横杆、立杆及不低于 180mm 高的挡脚板组成，并应符合下列规定：①防护栏杆应为两道横杆，上杆距地面高度应为 1.2m，下杆应在上杆和挡脚板中间设置。当防护栏杆高度大于 1.2m 时，应增设横杆，横杆间距不应大于 600mm；②防护栏杆立杆间距不应大于 2m（图 7-72）。

图 7-70　安全警示标志

图 7-71　竖向洞口临边防护

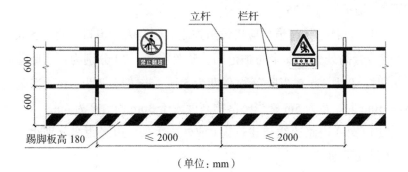

（单位：mm）

图 7-72　临边作业的防护栏杆

10）采用平网防护时，严禁使用密目式安全立网代替平网使用（图7-73）。

11）深基坑施工，应设置扶梯、入坑踏步及专用载人设备或斜道等，采用斜道时，应加设间距不大于400mm的防滑条等防滑措施。严禁沿坑壁、支撑或乘运土工具上下（图7-74）。

图 7-73　平网防护

图 7-74　深基坑通道

5. 通道口防护（图 7-75）

（1）进出建筑物主体通道口应搭设防护棚。棚宽大于道口，两端各长出 1m，进深尺寸应符合高处作业安全防护范围。坠落半径（R）分别为：当坠落物高度为 2～5m 时，R 为 3m；当坠落物高度为 5～15m 时，R 为 4m；当坠落物高度为 15～30m 时，R 为 5m；当坠落物高度大于 30m 时，R 为 6m。

（2）场内（外）道路边线与建筑物（或外脚手架）边缘距离分别小于坠落半径的，应搭设安全通道。

（3）木工加工场地、钢筋加工场地等上方有可能坠落物件或处于起重机调杆回转范围之内，应搭设双层防护棚。

（4）安全防护棚应采用双层保护方式，当采用脚手片时，层间距 600mm，铺设方向应互相垂直。

（5）各类防护棚应有单独的支撑体系，固定可靠安全。严禁用毛竹搭设，且不得悬挑在外架上。

建设各方主体事故责任及风险规避

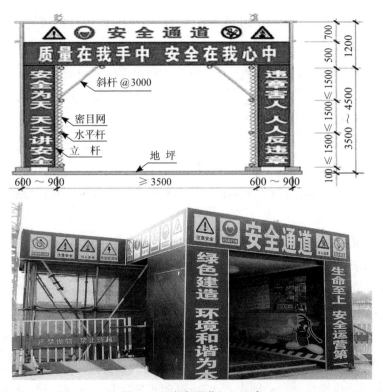

图 7-75　安全通道入口示意

（6）非通道口应设置禁行标志，禁止出入。

6. 斜道（图 7-76）

（1）人行道兼材料运输的斜道高度不大于 6m 时宜采用一字形，高度大于 6m 时宜采用之字形。

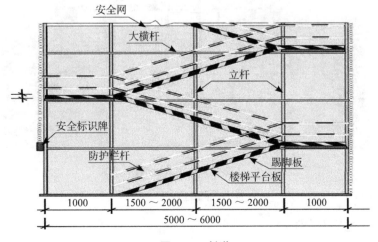

图 7-76　斜道

（2）运料斜道宽度不宜大于 1.5m，坡度采用 1:6，人行斜道宽度不宜小于 1m，坡度宜采用 1:3。

（3）拐弯处应设置平台，其宽度不应小于斜道宽度，斜道两侧及平台外围均应设置 1.2m 和 0.6m 高的双道防护栏杆及 180mm 挡脚板，防护栏杆表面刷黄黑警示色，挡脚板表面刷红白警示色。

（4）斜道宜附着外脚手架或建筑物设置，其各立面应设置剪刀撑，斜道外侧挂密目安全网封闭。

（5）斜道的基础与外脚手架基础一致，斜道的连墙件按照开口型脚手架要求设置。

（6）斜道应满铺脚手板，运料脚手架采用不少于 40mm 厚的木板，人行斜道可采用木板或毛竹片满铺，斜道还应设置防滑条，防滑条厚度为 20 ~ 30mm，间距不大于 0.3m，斜道上脚手板和防滑应保证稳定牢固。

（7）塔吊操作平台及上人通道防护。

1）塔吊在附墙部位必须搭设附墙用操作平台，平台的面积应能满足使用要求，采用钢管搭设或定型化操作平台。

2）附墙部位操作平台必须设置 1.2m 高防护栏杆并挂设安全网，栏杆内侧设置挡脚板，底部满铺脚手板。

3）塔吊设置上人通道时，通道应满铺脚手板并固定牢靠，两侧防护栏杆不低于 1.2m，栏杆内侧挂设安全网，底部安装 180mm 高踢脚板，并且只能在附着位置搭设（图 7-77）。

图 7-77 上人通道

4）塔吊上人通道不得与外脚手架相连。

7. 施工电梯平台防护

（1）施工升降机楼层卸料平台搭设前必须编制专项施工方案，对搭设高度超过 24m 的，应采取措施进行卸荷。禁止立杆由底到顶连续通长设置。

（2）楼层卸料平台应单独搭设，严禁与外架连接。每层搭设高度不应小于 2m，平台两侧均应设置 2 道防护栏杆，高 1.2m，底部设置 200mm 高挡脚板，防护栏杆和挡脚板均刷红白相间警示漆，立杆内侧满挂安全密目网。楼层卸料平台板必须厚实牢固、铺设严密，应采用 5cm 厚木板或防滑钢板。

（3）施工电梯平台出口处安装 1.8m 高立开式常闭向内开启的金属防护门，宜采用工具式防护门（图 7-78）。

图 7-78　施工电梯防护

（4）楼层卸料平台两扇防护门中间应用模板封闭，外刷蓝漆并设楼层标识。

8.悬挑架

（1）基本规定

1）悬挑脚手架搭设前，必须编制专项施工方案，方案必须包含悬挑梁平面定位布置图。分段搭设高度不宜超过 20m，超过 20m 应组织专家进行方案论证（图 7-79）。

2）悬挑脚手架的悬挑梁必须选用不小于 16 号的工字钢，悬挑梁的锚固端长度应不小于悬挑端长度的 1.25 倍，悬挑长度不应过长（图 7-80）。

3）悬挑梁锚环端应设置两道锚环（间距 20cm），锚环直径 16mm 以上。每道钢梁端部设置 ø14 以上斜拉钢丝绳，上端吊环使用 ø20 圆钢预埋。

4）工字钢、锚固螺杆、斜拉钢丝绳具体规格、型号除满足上述要求外还应依据方案及计算书最终确定。

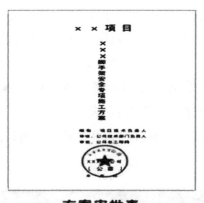

方案审批表

图 7-79　悬挑架专项施工方案

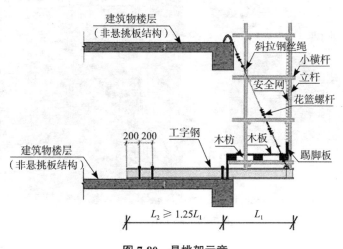

图 7-80　悬挑架示意

5）脚手架底部应按规范要求沿纵横方向设置扫地杆，悬挑梁上表面应加焊短钢筋以固定立杆，在横杆上方沿脚手架长度方向铺设木枋，并满铺模板进行防护。

6）悬挑架所有外架立杆均须坐在型钢梁上，阳角处悬挑梁宜按扇形（放射状）布置，转角附近立杆无法直接安装在悬挑型钢梁上时，应在悬挑梁上沿外架纵向铺设辅助型钢连梁（扁担梁），将外架立杆安装于辅助型钢梁上，不得存在吊脚杆（下部悬空）。

7）外立面沿整个面搭设连续剪刀撑。

8）悬挑架连墙件应按两步（每层）两跨设置。

（2）型钢梁的固定

1）型钢梁的固定：型钢梁与主体混凝土结构的固定可采用预埋螺栓固定、

钢筋拉环锚固，不得采用扣件连接。

2）当采用钢筋拉环锚固时，拉环应锚入楼板30d，并压在楼板下层钢筋下面，如不能保证钢筋的混凝土保护层厚度，也可以将拉环压在楼板下层钢筋上面，同时在拉环上部两侧各附加两根直径 14 ～ 16mm 的钢筋，并与楼板钢筋绑扎牢固，以确保拉环不会从混凝土楼板中拔出（钢筋拉环禁止采用螺纹钢）（图 7-81）。

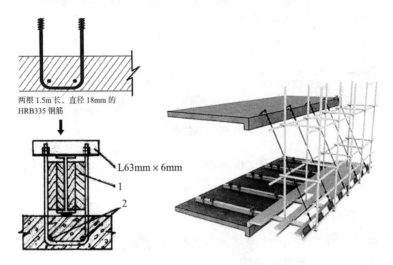

图 7-81　悬挑钢梁 U 形螺栓固定构造
1——木楔侧向楔紧；2——两根 1.5m 长直径 18mm 的 HRB335 钢筋

3）锚环在混凝土浇筑前进行预埋，螺杆丝扣用胶带进行保护。锚环处板厚小于 120mm 时，锚脚处应采取加固措施附加 2ø12，1m 长钢筋（图 7-82）。

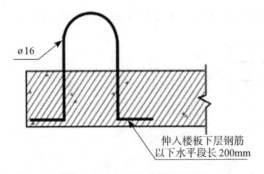

图 7-82　U 形环埋设示意

（3）悬挑架的防护（图 7-83）

1）挑架外侧必须采用合格的密目式安全网封闭围护，安全网用不小于 18 号钢丝张挂严密，且应将安全网挂在挑架立杆里侧，不得将安全网围在各杆件外侧。

图 7-83　悬挑架防护

2）挑架与建筑物间距大于 20cm 时，应铺设站人片。除挑架外侧 1.2m 高防护栏杆和 180mm 高踢脚杆外，挑架里侧遇到临边时（如大开间窗、门洞等）时，也应进行相应的防护。

3）悬挑式外脚手架底部（悬挑梁处）采用硬质防护（模板）封闭严密硬质防护（模板）底面应涂黄黑相间油漆。

4）挑架作业层和底层应采用合格的安全网或采取其他措施进行分段封闭式防护。

9. 卸料平台

（1）悬挑式卸料平台（图 7-84）

1）悬挑钢平台须经设计计算后方可制作，须编制专项方案并按专项方案制

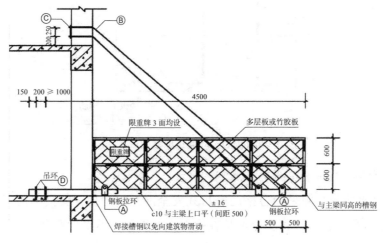

图 7-84　悬挑式卸料平台

作、安装使用。

2）悬挑卸料平台额定载重量一般不得超过 1t，有效载料面积一般不宜小于 7m² 或者超过 9m²。

3）卸料平台应采用型钢焊接成主框架，主挑梁型号不得小于 18 号槽钢（或 16 号工字钢），锚固端预埋 ø20 U 形环，不宜埋设在结构悬挑部位；

4）钢丝绳直径应根据计算确定且不小于 ø21.5，平台两边各设前后两道独立斜拉钢丝绳，分别拉接在 4 个拉结点上，斜拉钢丝绳与平台间夹角应大于 45°，绳卡数量、间距按照规范设置。

5）卸料平台应独立设置，平台的搁支点和上部拉结点，必须牢固固定于建筑结构上，严禁设置在脚手架等施工设施上。

6）卸料平台底部应用花纹钢板焊接固定，与外架之间的间隙也应封闭良好。或平台上满铺厚度不小于 5cm 的木板或模板，且必须固定牢固。平台两侧及前方用模板竖向封闭，防止杂物坠落。

7）卸料平台两侧面设置固定的防护栏杆，其立杆与主挑梁焊接固定。防护栏杆高度不低于 1.5m，下设 180mm 高挡脚板，平台两侧及前方应采用硬质材料封闭（图 7-85）。

图 7-85　卸料平台防护

8）防护栏杆表面刷黄黑相间油漆，踢脚板刷红白警示漆，间距 300 ～ 400mm（图 7-86）。

9）卸料平台应挂设限载标志牌，严禁超载。平台前段可设置长度不小于 1m 的外挑部分，并挂设安全兜网，以转运较长钢管（图 7-87）。

图 7-86　防护栏杆警示漆

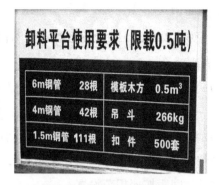

图 7-87　卸料平台限载标志

10）卸料平台每次安装后均应进行验收，并做好记录。验收合格后挂验收合格牌，并悬挂限载标志牌。

（2）落地式卸料平台（图 7-88）

1）落地式卸料平台基础应事先进行夯实或硬化处理满足承载力要求，立杆底部应设置木垫板或钢底座，并加设纵横向扫地杆，平台沿圈应满设剪刀撑。

2）落地式卸料平台搭设高度不应大于 20m。

3）钢管扣件落地式卸料平台的立杆间距、步距及搭设高度要求通过计算来确定，符合脚手架规范要求，严禁与外架和模板支撑架连接。

4）临边设防护栏杆，挂设安全警示、限载标志牌。平台板铺设严密，不留空隙。

5）落地式卸料平台每次安装后均应进行验收，并做好记录。

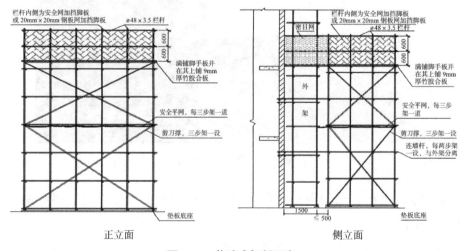

图 7-88　落地式卸料平台

7.10 临时用电安全控制要点

7.10.1 强制性条文

《施工现场临时用电安全技术规范》JGJ 46—2005

1.0.3 建筑施工现场临时用电工程专用的电源中性点直接接地的220/380V三相四线制低压电力系统,必须符合下列规定:

(1)采用三级配电系统;

(2)采用 TN-S 接零保护系统;

(3)采用二级漏电保护系统。

3.1.4 临时用电组织设计及变更时,必须履行"编制、审核、批准"程序,由电气工程技术人员组织编制,经相关部门审核及具有法人资格企业的技术负责人批准后实施。变更用电组织设计时应补充有关图纸资料。

3.1.5 临时用电工程必须经编制、审核、批准部门和使用单位共同验收,合格后方可投入使用。

3.3.4 临时用电工程定期检查应按分部、分项工程进行,对安全隐患必须及时处理,并应履行复查验收手续。

5.1.1 在施工现场专用变压器的供电的 TN-S 接零保护系统中,电气设备的金属外壳必须与保护零线连接。保护零线应由工作接地线、配电室(总配电箱)电源侧零线或总漏电保护器电源侧零线处引出(图5.1.1)。

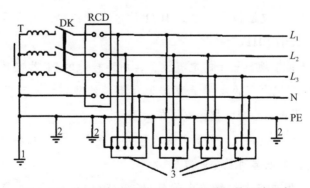

图 5.1.1　专用变压器供电时 TN-S 接零保护系统示意

1——工作接地;2——PE 线重复接地;3——电气设备金属外壳(正常不带电的外露可导电部分);L_1、L_2、L_3——相线;N——工作零线;PE——保护零线;DK——总电源隔离开关;RCD——总漏电保护器(兼有短路、过载、漏电保护功能的漏电断路器);T——变压器

5.1.2 当施工现场与外电线路共用同一供电系统时，电气设备的接地、接零保护应与原系统保持一致。不得一部分设备做保护接零，另一部分设备做保护接地。

采用 TN 系统做保护接零时，工作零线（N 线）必须通过总漏电保护器，保护零线（PE 线）必须由电源进线零线重复接地处或总漏电保护器电源侧零线处，引出形成局部 TN-S 接零保护系统（图 5.1.2）。

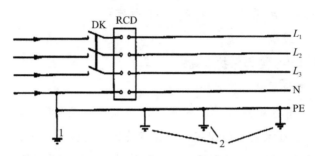

图 5.1.2　三相四线供电时局部 TN-S 接零保护系统保护零线引出示意

1——NPE 线重复接地；2——PE 线重复接地；L_1、L_2、L_3——相线；N——工作零线；PE——保护零线；DK——总电源隔离开关；RCD——总漏电保护器（兼有短路、过载、漏电保护功能的漏电断路器）

5.1.10 PE 线上严禁装设开关或熔断器，严禁通过工作电流，且严禁断线。

5.3.2 TN 系统中的保护零线除必须在配电室或总配电箱处做重复接地外，还必须在配电系统的中间处和末端处做重复接地。

在 TN 系统中，保护零线每一处重复接地装置的接地电阻值不应大于 10Ω。在工作接地电阻值允许达到 10Ω 的电力系统中，所有重复接地的等效电阻值不应大于 10Ω。

5.4.7 做防雷接地机械上的电气设备，所连接地的 PE 线必须同时做重复接地，同一台机械电气设备的重复接地和机械的防雷接地可共用同一接地体，但接地电阻应符合重复接地电阻值的要求。

6.1.6 配电柜应装设电源隔离开关及短路、过载、漏电保护电器。电源隔离开关分断时应有明显可见分断点。

6.1.8 配电柜或配电线路停电维修时，应挂接地线，并应悬挂"禁止合闸、有人工作"停电标志牌。停送电必须由专人负责。

6.2.3 发电机组电源必须与外电线路电源连锁，严禁并列运行。

6.2.7 发电机组并列运行时，必须装设同步装置，并在机组同步运行后再向负载供电。

7.2.1 电缆中必须包含全部工作芯线和用作保护零线或保护线的芯线。需要三相四线制配电的电缆线路必须采用五芯电缆。

五芯电缆必须包含淡蓝、绿/黄二种颜色绝缘芯线。淡蓝色芯线必须用作 N 线；绿/黄双色芯线必须用作 PE 线，严禁混用。

7.2.3 电缆线路应采用埋地或架空敷设，严禁沿地面明设，并应避免机械损伤和介质腐蚀。埋地电缆路径应设方位标志。

8.1.3 每台用电设备必须有各自专用的开关箱，严禁用同一个开关箱直接控制 2 台及 2 台以上用电设备（含插座）。

8.1.11 配电箱的电器安装板上必须分设 N 线端子板和 PE 线端子板。N 线端子板必须与金属电器安装板绝缘；PE 线端子板必须与金属电器安装板做电气连接。

进出线中的 N 线必须通过 N 线端子板连接；PE 线必须通过 PE 线端子板连接。

8.2.10 开关箱中漏电保护器的额定漏电动作电流不应大于 30mA，额定漏电动作时间不应大于 0.1s。

使用于潮湿或有腐蚀介质场所的漏电保护器应采用防溅型产品，其额定漏电动作电流不应大于 15mA，额定漏电动作时间不应大于 0.1s。

8.2.11 总配电箱中漏电保护器的额定漏电动作电流应大于 30mA，额定漏电动作时间应大于 0.1s，但其额定漏电动作电流与额定漏电动作时间的乘积不应大于 30mA·s。

8.2.15 配电箱、开关箱的电源进线端严禁采用插头和插座做活动连接。

8.3.4 对配电箱、开关箱进行定期维修、检查时，必须将其前一级相应的电源隔离开关分闸断电，并悬挂"禁止合闸、有人工作"停电标志牌，严禁带电作业。

9.7.3 对混凝土搅拌机、钢筋加工机械、木工机械、盾构机械等设备进行清理、检查、维修时，必须首先将其开关箱分闸断电，呈现可见电源分断点，并关门上锁。

10.2.2 下列特殊场所应使用安全特低电压照明器：

1 隧道、人防工程、高温、有导电灰尘、比较潮湿或灯具离地面高度低于 2.5m 等场所的照明，电源电压不应大于 36V；

2 潮湿和易触及带电体场所的照明，电源电压不得大于 24V；

3 特别潮湿场所、导电良好的地面、锅炉或金属容器内的照明，电源电压不得大于 12V。

10.2.5 照明变压器必须使用双绕组型安全隔离变压器，严禁使用自耦变压器。

10.3.11 对夜间影响飞机或车辆通行的在建工程及机械设备，必须设置醒目的红色信号灯，其电源应设在施工现场总电源开关的前侧，并应设置外电线路停止供电时的应急自备电源。

7.10.2 安全控制要点

1. 基本规定

（1）施工现场临时用电设备在 5 台及以上或设备总容量在 50kW 及以上者，应编制临时用电组织设计，并进行审核、审批，监理审查。

（2）施工现场临时用电必须采取 TN-S 系统，符合"三级配电两级保护"，达到"一机一闸一漏一箱"的要求；三级配电是指总配电箱、分配电箱、开关箱三级控制，实行分级配电；两级保护是指在总配电箱和开关箱中必须分别装设漏电保护器，实行至少两级保护。

（3）施工现场临时用电必须建立安全技术档案，临时用电应定期检查，应履行复查验收手续，并保存相关记录。

（4）电工必须持证上岗，安装、巡查、维修或拆除临时用电设备和线路必须由电工完成。

2. 外电防护

（1）在建工程不得在外电架空线路正下方施工、搭设作业棚、建造生活设施或堆放构件、架具、材料及其他杂物等。

（2）在建工程（含脚手架）的周边与外电架空线路的边线之间的最小安全操作距离应符合规范要求（表 7-13）。当安全距离达不到规范要求时，必须采取绝缘隔离防护措施。

在建工程（含脚手架）的周边与架空线路的边线间的最小安全操作距离 表 7-13

外电线电压导线（kV）	1	1～10	35～110	220	330～550
最小安全操作距离（m）	4.0	6.0	8.0	10.0	15.0

（3）在施工现场一般采取搭设防护架，其材料应使用木质等绝缘性材料。防护架距外电线路一般不小于 1m，必须停电搭设（拆除时也要停电）。防护架距作业面较近时，应用硬质绝缘材料封严，防止脚手架、钢筋等穿越触电（图 7-89）。

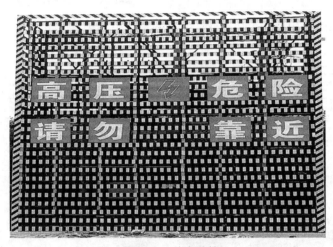

图 7-89 外电防护

（4）当架空线路在塔吊等起重机械的作业半径范围内时，其线路上方也应有防护措施，应计算考虑风荷载、雪荷载。为警示起重机作业，可在防护架上端间断设置小彩旗，夜间施工应有彩灯（或红色灯泡），其电源电压应为 36V。

3. 配电线路

（1）架空线路的挡距不得大于 35m，架空线路的线距不得小于 0.3m，靠近电杆的两导线的间距不得小于 0.5m；架空线最大弧垂与地面的最小垂直距离为 4m。

（2）电缆线路应采用埋地或架空敷设，严禁沿地面明设；埋地电缆路径应设方位标志；电缆直接埋地敷设的深度应大于 0.7m，并应在电缆周围均匀敷设不小于 50mm 厚的细沙，然后覆盖砖或混凝土板保护。

（3）埋地电缆穿越建筑物、道路、易受到机械损伤，引出地面从 2.0m 高到地下 0.2m 处，必须加设防护套管，防护套管内径不应小于电缆外径的 1.5 倍。

（4）架空敷设时，应拉设钢索，固定间隔一定距离用绝缘线将电缆附着在钢索上。

4. 接地接零

（1）在施工现场专用变压器的供电的 TN-S 接零保护系统中，电气设备的金属外壳必须与保护零线连接。保护零线应由工作接地线、配电室（总配电箱）电源侧零线或总漏电保护器电源侧零线处引出。保护零线严禁穿过漏电保护器，工作零线必须穿过漏电保护器。

（2）在同一电网中，不允许一部分用电设备采用保护接地，而另一部分设备采用保护接零；电箱中应设两块端子板（工作零线 N 与保护零线 PE），保护零线端子板与金属电箱相连，工作零线端子板与金属电箱绝缘（图 7-90）。

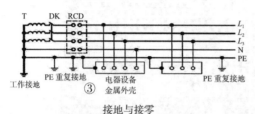

专用变压器供电时 TN-S 接零保护系统示意：
1——工作接地；2——PE 线重复接地；3——电气设备金属外壳（正常不带电的外露可导电部分）；L_1、L_2、L_3——相线；N——工作零线；PE——保护零线；DK——总电源隔离开关；RCD——总漏电保护器（兼有短路、过载、漏电保护功能的漏电断路器）；T——变压器

接地与接零

保护零线

工作零线

图 7-90　保护零线及工作零线

5. 重复接地与防雷（图 7-91）

（1）每一接地装置的接地线应采用 2 根及以上导体，在不同点与接地体做电

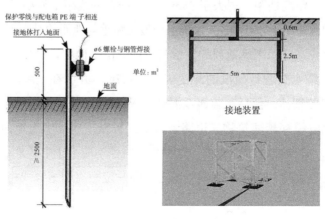

图 7-91　重复接地与防雷

气连接。垂直接地体宜采用 2.5m 长角钢、钢管或光面圆钢，不得采用螺纹钢；垂直接地体的间距一般不小于 5m，接地体顶面埋深不应小于 0.5m。

（2）接地体上的接线端子处宜采用螺栓焊接。

（3）接地线与接地端子的连接处宜采用铜鼻压接，不能直接缠绕。

（4）保护零线必须采用绿/黄双色线，不得采用其他线色取代。塔吊等大型设备的接地体引出扁钢应采用螺栓将其与标准节相连接，不得将引出扁钢焊接在标准节上破坏塔吊主体结构。

（5）工作接地电阻不大于 4Ω；重复接地电阻不大于 10Ω；防雷接地电阻不大于 30Ω。

6. 总配电室（图 7-92）

图 7-92　总配电室

（1）配电室应靠近电源，并设置在灰尘少、潮气少、无腐蚀介质及道路畅通的地方；配电室应能自然通风，并应采取防止雨雪侵入和动物进入的措施。

（2）配电柜侧面的维护通道宽度不小于 lm；配电室顶棚与地面的距离不低于 3m。

（3）配电室的建筑物和构筑物的耐火等级不低于 3 级，室内配置砂箱和可用于扑灭电气火灾的灭火器；配电室的照明分别设置正常照明和事故照明。

（4）总配电室门应朝外开，室内应配置挡鼠板、消防器材、绝缘橡胶垫、应急照明、"禁止合闸"牌、操作规程及责任公示牌等。

（5）建议采用集成式总配电室。

7. 总配电箱（图 7-93）

（1）总配电箱采用冷轧钢板制作，箱体钢板厚度为 1.5～2.0mm，箱体表面应做防腐处理。

（2）总配电箱电器安装板必须分设 N 线端子板和 PE 线端子板。N 线端子板

图 7-93　一级配电箱

必须与金属电器安装板绝缘；PE 线端子板必须与金属电器安装板做电气连接。

（3）总配电箱应设置总隔离开关以及分路隔离开关和分路漏电保护器；隔离开关应设置于电源进线端，应采用分断时具有可见分断点，并能同时断开电源所有极的隔离电器；如果采用分断时具有可见分断点的断路器，可不另设隔离开关。

（4）总配电箱中漏电保护器的额定漏电动作电流应大于 30mA，额定漏电动作时间应大于 0.1s，但其额定漏电动作电流与额定漏电动作时间的乘积不应大于 30mA·s。

8. 分配电箱（图 7-94）

（1）分配电箱应设在用电设备或负荷相对集中的区域，分配电箱与开关箱的距离不得超过 30m。

图 7-94　二级配电箱

（2）分配电箱采用冷轧钢板或阻燃绝缘材料制作，分配电箱钢板厚度不得小于1.5mm，箱体表面应做防腐处理。

（3）固定式分配电箱中心点与地面的垂直距离应为1.4～1.6m，配电箱支架应采用∟40×40×4角钢焊制。

（4）分配电箱应装设总隔离开关、分路隔离开关以及总断路器、分路断路器或总熔断器、分路熔断器。电源进线端严禁采用插头和插座做活动连接。

9. 移动式开关箱（图7-95）

图7-95　移动式开关箱

（1）开关箱应采用冷轧钢板式阻燃绝缘材料制作，开关箱箱体钢板厚度不得小于1.2mm，箱体表面应做防腐处理。配电箱支架应采用∟40×40×4角钢焊制。

（2）开关箱必须装设隔离开关、断路器或熔断器，以及漏电保护器。隔离开关应采用分断时具有可见分段点，能同时断开电源所有极的隔离电器，并应设置于电源进线端。

（3）开关箱漏电保护器的额定漏电动作电流不应大于30mA，额定漏电动作时间不应大于0.1s。

（4）使用于潮湿或有腐蚀介质场所的漏电保护器，其额定漏电动作电流不应大于15mA，额定漏电动作时间不应大于0.1s。

10. 固定式开关箱（图7-96）

（1）用于单台固定设备的开关箱宜固定在设备附近。

（2）设备开关箱箱体中心距地面垂直高度为1.4～1.6m。

（3）设备开关箱与其控制的固定用电设备的水平距离不宜超过3m。

（4）连接固定设备的电缆宜埋地，且从地下0.2m至地面以上1.5m处必须加

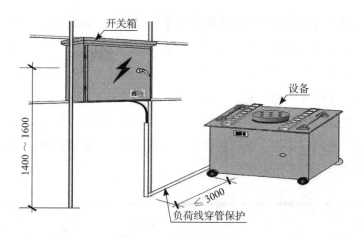

图 7-96 固定式开关箱

设防护套管，防护套管内径不应小于电缆外径的 1.5 倍。

11. 楼层分配电（图 7-97）

（1）楼层分配电时，电缆垂直敷设应利用工程中的竖井、垂直孔洞，宜靠近用电负荷中心。

（2）垂直布置的电缆每层楼固定点不得少于一处。

（3）电缆固定宜采用角钢做支架，瓷瓶做绝缘子固定。

（4）每层分配电箱电源电缆应从下一层分配电箱中总隔离开关上端头引出。

（5）楼层电缆严禁穿越脚手架引入。

12. 施工照明（图 7-98）

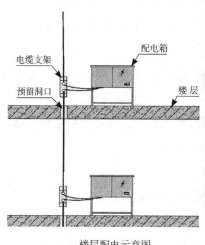

楼层配电示意图

电缆线敷设示意图

图 7-97 楼层配电

图 7-98　施工夜间照明

（1）一般场所宜选用额定电压为 220V 的照明，照明灯具宜采用冷光源，安全节能。

（2）室外 220V 灯具距离地面不得低于 3m，室内 220V 灯具距离地面不得低于 2.5m，推荐使用 LED 灯带照明。

（3）在隧道、高温、有导电灰尘、比较潮湿或者灯具离地面高度低于 2.5m 等场所的照明，电源电压不应高于 36V。

（4）特别潮湿场所、导电良好的地面、锅炉或金属容器内照明，电源电压不得高于 12V。

（5）照明灯具的金属外壳必须与 PE 线相连接，照明开关箱内必须设置隔离开关、短路与过载保护器和漏电保护器。

（6）普通灯具与易燃物距离不宜小于 300mm；聚光灯、碘钨灯等高热灯具与易燃物距离不宜小于 500mm，且不得直接照射易燃物。

（7）楼梯间或地下室设计有暗埋线管和线盒的，结构施工完成后，建议临时照明线路直接使用正式线管和线盒。

（8）地下室、户外等恶劣条件作业时，宜使用移动 LED 照明灯。

13. 电箱防护围栏（图 7-99）

（1）电箱防护围栏主框架采用 40mm 方钢焊制，方钢间距按 15cm 设置，高度 2.4m，长宽 1.5 ～ 2m，正面设置栅栏门。

（2）在防护棚正面应悬挂操作规程牌、警示牌及电工人员姓名和电话，帽头设置企业标识。

（3）防护棚内放置干粉灭火器。

图 7-99　配电箱防护

7.11 机械设备类安全控制要点

7.11.1 强制性条文

《建筑机械使用安全技术规程》JGJ 33—2012

2.0.1 特种设备操作人员应经过专业培训、考核合格取得建设行政主管部门颁发的操作证后，并经过安全技术交底后持证上岗。

2.0.2 机械必须按出厂使用说明书规定的技术性能、承载能力和使用条件，正确操作，合理使用，严禁超载、超速作业或任意扩大使用范围。

2.0.3 机械上的各种安全防护及保险装置及各种安全信息装置必须齐全有效。

2.0.21 清洁、保养、维修机械或电气装置前，必须先切断电源，等机械停稳后再进行操作。严禁带电或采用预约停送电时间的方式进行检修。

4.1.11 建筑起重机的变幅限制器、力矩限制器、起重量限制器、防坠安全器、钢丝绳防脱装置、防脱钩装置以及各种行程限位开关等安全保护装置，应完好齐全，严禁随意调整或拆除。严禁利用限制器和限位装置代替操纵机构。

4.1.14 在风速达到 9.0m/s 及以上或大雨、大雪、大雾等恶劣天气时，严禁进行建筑起重机械的安装拆卸作业。

4.5.2 桅杆式起重机专项方案必须按规定程序审批，并应经专家论证后实施。施工单位必须指定安全技术人员对桅杆式起重机的安装、使用和拆卸进行现场监督和监测。

5.1.4 作业前，必须查明施工场地内明、暗铺设的各类管线等设施，并应采用明显记号标示。严禁在离地下管线、承压管道 1m 距离以内进行大型机械作业。

5.1.10 机械回转作业时，配合人员必须在回转半径以外工作。当需在回转半径以内工作时，必须将机械停止回转并制动。

5.5.6 作业中，严禁任何人上下机械，传递物件，以及在铲斗内、拖把或机架上坐立。

5.10.20 装载机转向架未锁闭时，严禁站在前后车架之间进行检修保养。

5.13.7 夯锤下落后，在吊钩尚未降至夯锤吊环附近前，操作人员严禁提前下坑挂钩。从坑中提锤时，严禁挂钩人员站在锤上随锤提升。

7.1.23 桩孔成型后，当暂不浇注混凝土时，孔口必须及时封盖。

8.2.7 料斗提升时，人员严禁在料斗下停留或通过；当需要在料斗下方进行清理或检修时，应将料斗提升至上止点，并必须用保险销锁牢或用保险链挂牢。

10.3.1 木工圆锯机上的旋转锯片必须设置防护罩。

12.1.4 焊割现场及高空焊割作业下方，严禁堆放油类、木材、氧气瓶、乙炔瓶、保温材料等易燃、易爆物品。

12.1.9 对压力状态的压力容器和装有剧毒、易燃、易爆物品的容器，严禁进行焊接或切割作业。

《施工现场机械设备检查技术规范》JGJ 160—2016

4.1.5 柴油发电机组严禁与外电线路并列运行，且应采取电气隔离措施与外电线路互锁。当两台及以上发电机组并列运行时，必须装设同步装置，且应在机组同步后再向负载供电。

《建筑施工升降设备设施检验标准》JGJ 305—2013

3.0.7 严禁使用经检验不合格的建筑施工升降设备设施。

4.2.9 防坠装置与提升设备严禁设置在同一个附墙支撑结构上。

4.2.15 附着式脚手架架体上应有防火措施。

5.2.8 安全锁应完好有效，严禁使用超过有效标定期限的安全锁。

6.2.9 吊笼安全停靠装置应为刚性机构，且必须能承担吊笼、物料及作业人员等全部荷载。

7.2.15 严禁使用超过有效标定期限的防坠安全器。

8.2.8 钢丝绳必须设有防脱装置，该装置与滑轮及卷筒轮缘的间距不得大于钢丝绳直径的 20%。

《龙门架及井架物料提升机安全技术规范》JGJ 88—2010

5.1.5 钢丝绳在卷筒上应整齐排列，端部应与卷筒压紧装置连接牢固。当吊笼处于最低位置时，卷筒上的钢丝绳不应少于 3 圈。

5.1.7 物料提升机严禁使用摩擦式卷扬机。

6.1.1 当荷载达到额定起重量的 90% 时，起重量限制器应发出警示信号；当荷载达到额定起重量的 110% 时，起重量限制器应切断上升主电路电源。

6.1.2 当吊笼提升钢丝绳断绳时，防坠安全器应制停带有额定起重量的吊笼，且不应造成结构损坏。自升平台应采用渐进式防坠安全器。

8.3.2 当物料提升机安装高度大于或等于 30m 时，不得使用缆风绳。

9.1.1 安装、拆除物料提升机的单位应具备下列条件：

1 安装、拆除单位应具有起重机械安拆资质及安全生产许可证。

2 安装、拆除作业人员必须经专门培训，取得特种作业资格证。

11.0.2 物料提升机必须由取得特种作业操作证的人员操作。

11.0.3 物料提升机严禁载人。

《建筑施工起重吊装工程安全技术规范》JGJ 276—2012

3.0.1 起重吊装作业前，必须编制吊装作业的专项施工方案，并应进行安全技术措施交底；作业中，未经技术负责人批准，不得随意更改。

3.0.19 暂停作业时，对吊装作业中未形成稳定体系的部分，必须采取临时固定措施。

3.0.23 对临时固定的构件，必须在完成了永久固定，并经检查确认无误后，方可解除临时固定措施。

《建筑施工塔式起重机安装、使用、拆卸安全技术规程》JGJ 196—2010

2.0.3 塔式起重机安装、拆卸作业应配备下列人员：

1 持有安全生产考核合格证书的项目负责人和安全负责人、机械管理人员。

2 具有建筑施工特种作业操作资格证书的建筑起重机械安装拆卸工、起重司机、起重信号工、司索工等特种作业操作人员。

2.0.9 有下列情况之一的塔式起重机严禁使用：

1 国家明令淘汰的产品。

2 超过规定使用年限经评估不合格的产品。

3 不符合国家现行相关标准的产品。

4 没有完整安全技术档案的产品。

2.0.14 当多台塔式起重机在同一施工现场交叉作业时，应编制专项方案，并应采取防碰撞的安全措施。任意两台塔式起重机之间的最小架设距离应符合下列规定：

1 低位塔式起重机的起重臂端部与另一台塔式起重机的塔身之间的距离不得小于2m。

2 高位塔式起重机的最低位置的部件（或吊钩升至最高点或平衡重的最低部位）与低位塔式起重机中处于最高位置部件之间的垂直距离不得小于2m。

2.0.16 塔式起重机在安装前和使用过程中，发现有下列情况之一的，不得安装和使用：

1 结构件上有可见裂纹和严重锈蚀的。

2 主要受力构件存在塑性变形的。

3 连接件存在严重磨损和塑性变形的。

4 钢丝绳达到报废标准的。

5 安全装置不齐全或失效的。

3.4.12 塔式起重机的安全装置必须齐全，并应按程序进行调试合格。

3.4.13 连接件及其防松防脱件严禁用其他代用品代用。连接件及其防松防脱件应使用力矩扳手或专用工具紧固连接螺栓。

4.0.2 塔式起重机使用前，应对起重司机、起重信号工、司索工等作业人员进行安全技术交底。

4.0.3 塔式起重机的力矩限制器、重量限制器、变幅限位器、行走限位器、高度限位器等安全保护装置不得随意调整和拆除，严禁用限位装置代替操纵机构。

5.0.7 拆卸时应先降节、后拆除附着装置。

《建筑施工升降机安装、使用、拆卸安全技术规程》JGJ 215—2010

4.1.6 有下列情况之一的施工升降机不得安装使用：

1 属国家明令淘汰或禁止使用的。

2 超过由安全技术标准或制造厂家规定使用年限的。

3 经检验达不到安全技术标准规定的。

4 无完整安全技术档案的。

5 无齐全有效的安全保护装置的。

4.2.10 安装作业时必须将按钮盒或操作盒移至吊笼顶部操作。当导轨架或附墙架上有人员作业时，严禁开动施工升降机。

5.2.2 严禁施工升降机使用超过有效标定期的防坠安全器。

5.2.10 严禁用行程限位开关作为停止运行的控制开关。

5.3.9 严禁在施工升降机运行中进行保养、维修作业。

7.11.2 塔式起重机安全控制要点

（1）采用非常规起重设备、方法，且单件起吊重量在 10kN 及以上的起重吊装工程；采用起重机械进行安装的工程；起重机械安装和拆卸工程；需要编制安全专项施工方案。采用非常规起重设备、方法，且单件起吊重量在100kN及以上的起重吊装工程；起重量300kN及以上，或搭设总高度200m及以上，或搭设基础标高在200m及以上的起重机械安装和拆卸工程；应对专项方案进行专家论证（图7-100）。

（2）必须建立设备单机档案，各类起重设备生产厂家必须提供生产（制造）许可证、起重机械设备产品合格证和使用说明书（图7-101）。

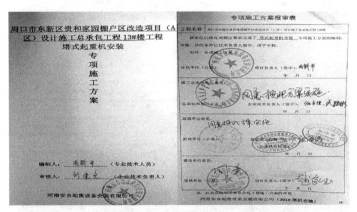

图7-100　塔吊专项施工方案

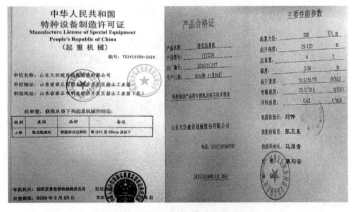

图7-101　特种设备制造许可证

（3）塔吊安拆、顶升加节、附着等关键工序作业须编制《大型设备关键工序作业规划计划》，安拆人员（持证上岗）必须严格按照安拆规划、方案和使用说明书相关规定程序进行关键工序作业，监理工程师、设备管理工程师、安全工程师必须在场监督（图7-102）。

（4）设备关键工序作业前必须根据国家和地方规定办理安拆告知手续，安装完毕后须经第三方检测合格、四方验收，使用前必须取得准用证书（图7-103）。

第7章

常见危险源安全控制要点

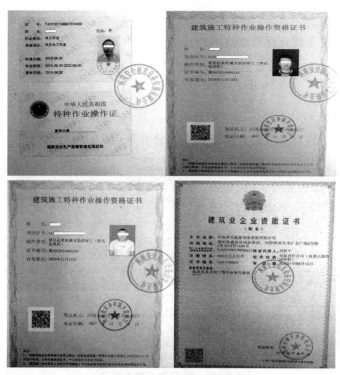

图 7-102　特种作业操作证

图 7-103　塔吊使用登记证及检测报告

建设各方主体事故责任及风险规避

7.11.3 塔式起重机基础（图 7-104）

图 7-104　塔式起重机基础

（1）基础应按国家现行标准和使用说明书所规定的要求进行设计和施工。施工单位应根据地质勘察报告确认施工现场的地基承载能力。

（2）当施工现场无法满足塔式起重机使用说明书对基础的要求时，可自行设计基础，采用下列常用的基础形式：

1）板式基础。

2）桩基承台式混凝土基础。

3）组合式基础。

（3）基础应有排水设施，不得积水。

（4）基础中的地脚螺栓等预埋件应符合使用说明书的要求。

（5）桩基或钢格构柱顶部应插入混凝土承台一定长度；钢格构柱下端应锚入混凝土桩基，且锚固长度能满足钢格构柱抗拔要求。

7.11.4 塔式起重机附着装置（图 7-105）

（1）严格按照厂家使用说明书安装附墙装置，附着拉杆支撑处建筑主体结构的强度应满足附着荷载要求，每次安装完毕并验收合格后方可继续使用。

（2）穿墙螺杆必须两头双螺帽上紧，垫片尺寸、螺栓强度符合说明书要求。

（3）附着拉杆与耳板、框梁之间连接的销轴的开口销必须打开。

（4）附着拉杆与加固位置之间的角度不宜太大或太小，以 45°～60° 为宜。

图 7-105　塔吊附着装置

（5）安装附着框架和附着支座时，各道附着装置所在平面与水平面的夹角不得超过 10°。

7.11.5　安全装置

（1）塔吊安全保护装置检查周期须满足《起重机械　检查与维护规程　第 3 部分：塔式起重机》GB/T 31052.3—2016 相关标准要求（图 7-106）。

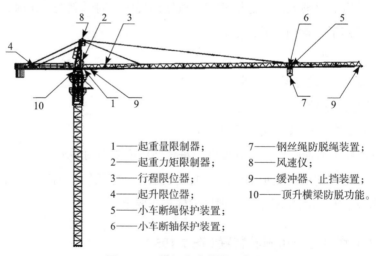

1——起重量限制器；	7——钢丝绳防脱绳装置；
2——起重力矩限制器；	8——风速仪；
3——行程限位器；	9——缓冲器、止挡装置；
4——起升限位器；	10——顶升横梁防脱功能。
5——小车断绳保护装置；	
6——小车断轴保护装置；	

图 7-106　塔机安全装置示意图

（2）其他安全装置主要包括：钢丝绳防脱槽装置、小车断绳保护装置、小车防断轴装置、起重臂终端缓冲装置、吊钩防钢丝绳脱钩装置、障碍指示灯、风速仪、司机紧急断电开关。

（3）起升高度限位器（图 7-107）检查要求：

图 7-107　起升高度限位器

1）起升高度限位器灵敏可靠，当吊钩装置顶升至起重臂下端的最小距离为800mm 处时，应能立即停止起升运动。

2）丝绳排列整齐，润滑良好，无断股现象，防脱槽装置完好。

（4）变幅限位器（图 7-108）检查要求：

图 7-108　变幅限位器

1）变幅限位器灵敏可靠，变幅限位器开关动作后应保证小车停车时其端部距缓冲装置最小距离为 200mm。

2）钢丝绳排列整齐，无断股现象，断绳保护装置完好。

（5）回转限位器（图 7-109）检查要求：

1）回转限位器灵敏可靠，回转限位开关动作时塔吊臂架旋转角度应不大于1080°；

2）回转黄油充足，运行时无颤抖现象和异常声响。

（6）起重量限制器（图 7-110）检查要求：

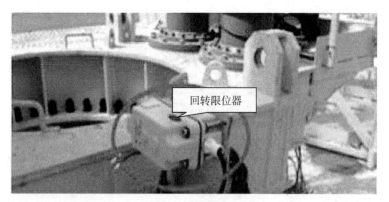

图 7-109　回转限位器

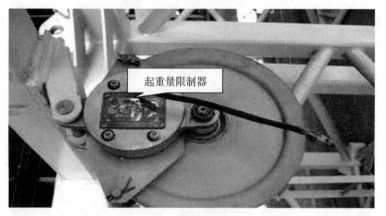

图 7-110　起重量限制器

起重量限制器灵敏可靠，综合误差不大于额定值的 ±5%。

（7）起重力矩限制器（图 7-111）检查要求：

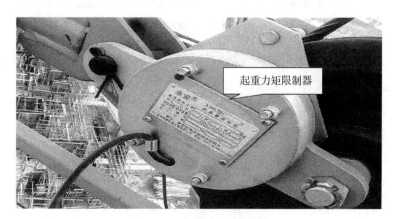

图 7-111　起重力矩限制器

建设各方主体事故责任及风险规避

1）起重力矩限制器灵敏可靠，综合误差不大于额定值的 ±5%。

2）微动开关无锈蚀，手动按下反弹灵活。

3）防护罩完好。

（8）塔机变幅小车应安装断绳保护及断轴保护装置。塔机安装高度大于 30m 应安装红色障碍灯，大于 50m 应安装风速仪。

（9）塔机吊钩应安装钢丝绳防脱钩装置，滑轮、卷筒应安装钢丝绳防脱装置。吊钩、卷筒及钢丝绳的磨损、变形等应在规定允许范围内；卷筒上钢丝绳排列整齐。

7.11.6 群塔防撞系统

塔机安全距离的基本要求如下：

（1）两台塔机之间的最小架设距离应保证处于低位塔机的起重臂端部与另一台塔机的塔身之间至少有 2m 的距离；处于高位塔机的最低位置的部件（吊钩升至最高点或平衡重的最低部位）与低位塔机中处于最高位置部件之间的垂直距离不应小于 2m。

（2）群塔作业应编制专项安全施工方案（图 7-112），安装防碰撞系统，并对司机指挥人员进行专项安全技术交底。

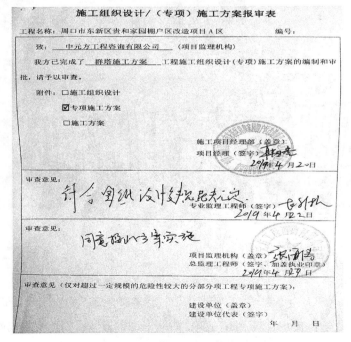

图 7-112　群塔专项施工方案

（3）防碰撞系统的基本要求：

1）实时显示塔机当前工作参数，使司机能直观了解塔机的工作状态。

2）精确实时采集小车幅度、起升高度、回转角度，将当前数据与设定数据进行比较。超出范围时切断不安全方向运动，并声光报警。

3）控制群塔的协调作业，相互间不发生碰撞事故。

7.11.7 空中走道（图 7-113）

（1）空中走道，根据塔吊到建筑物的距离，编制专项施工方案，采用地面定型化制作，塔吊自行空中吊装的安装方式。

（2）走道采用两道 16 号工字钢作为主梁，12 号槽钢为次梁，次梁间距不大于 1m，挂钩采用 12 号槽钢。

（3）走道的最大跨度不宜大于 7m，最大宽度不宜大于 900mm，铺设 3.0mm 厚花纹钢板，塔吊端采用挂钩连接，楼层端搁置长度不得小于 1m。

（4）走道安装时，塔吊端应略高，楼层端应略低，上翘度不得大于 10°。

（5）走道应接近或在附着位置处，且两侧设置格栅防护网，固定牢固。

图 7-113　空中走道

7.11.8 防攀爬措施（图 7-114）

（1）塔吊应根据当地管理部门的要求设置防攀爬措施，防止闲杂人员攀爬塔吊。

（2）框架采用 40mm×40mm 方钢，中间采用钢板网，钢丝直径或截面不小于 2mm，网孔边长不大于 20mm，中间通道门可翻转，下方上锁，上方设置插销。

图7-114　塔吊防攀爬装置

（3）防攀爬装置安装在地面以上2节标准节中间为宜。

7.11.9 连接螺栓、销轴

（1）塔机使用的连接螺栓及销轴材料应符合《塔式起重机设计规范》GB/T 13752—2017中5.2.2.2的规定。

（2）起重臂连接销轴的定位结构应能满足频繁拆装条件下安全可靠的要求。

（3）自升式塔机的小车变幅起重臂，其下弦杆连接销轴不宜采用螺栓固定轴端挡板的形式。当连接销轴轴端采用焊接挡板时，挡板的厚度和焊缝应有足够的强度，挡板和销轴应有足够的重合面积，以防止销轴在安装和工作中由于锤击力及转动可能产生的不利影响。

（4）采用高强度螺栓连接时，其连接表面应清除灰尘、油漆、油迹和锈蚀，应使用力矩扳手或专用扳手，按使用说明书要求拧紧。塔机出厂时应根据用户需要提供力矩扳手或专用扳手。

7.11.10 起重机械安全技术交底（图7-115）

（1）起重吊装方案实施前，编制人员或项目技术负责人应当向现场管理人员进行方案交底。

（2）现场管理人员应当向作业人员进行安全技术交底，并由双方和项目安全管理人员共同签字确认。

（3）项目安全管理人员签字确认前至少做到：

1）核实交底真实性；

安全技术交底记录

（四标）

中国二冶集团周口市东新区贵和家园棚户区改造项目

（A区）设计施工总承包工程项目经理部

交底记录			表格编号
制度名称	安全生产管理制度		制度编号
单位	中国二冶集团有限公司		
工程、设施（工种）名称	塔吊司机、信号工	填写日期	2019年3月8日
交底地点		交底日期	2019年3月8日
交底人		交底监督人	
接受交底人员姓名人数			
交底内容			

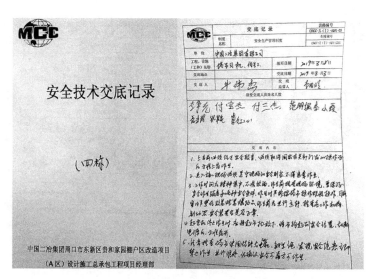

图 7-115　起重机械安全技术交底

2）确认被交底人全面覆盖；

3）确保交底内容具有针对性。

7.11.11　塔式起重机专项检查和维保（图 7-116）

塔式起重机专项检查和维保应符合现行国家标准《起重机械　检查与维护规程　第 3 部分：塔式起重机》GB/T 31052.3 相关要求。

塔式起重机月度检查表

使用单位	中国二冶	塔机登记编号	1#	塔机备案编号	豫备P0T190600048
工程名称	周口市东新区贵和家园148	设备型号	QTZ80	塔吊司机	日期 2019.9.29.

部位	序号	维护部位	作业项目	技术要求	结果
金属结构	1	基础	检查、紧固	各连接螺栓紧固、可靠，基础无下沉现象	
	2	塔身标准节	检查、紧固	1、各连接螺栓坚固、可靠 2、钢结构无变形、裂纹、脱焊等现象	良好
	3	起重臂、平衡臂、塔顶、爬升架	检查、维修	1、连接螺栓、轴、销等无松动、缺损现象 2、结构无扭曲变形，焊缝无开裂等现象 3、平台、梯子、栏杆及围圈等安全可靠 4、各连接部位涂抹钙基脂 5、有锈蚀部位必须除锈补漆	良好
	4	所有滑轮	检查	无磨损、损坏	良好
	5	附着装置	检查、调整	1、塔身轴线对水平面垂直度 4/1000 2、与建筑物的联结螺栓、轴、销等固定可靠、无松动	良好
传动结构	6	吊钩	检查、润滑	1、防脱钩装置安全、可靠 2、吊钩转动灵活、无裂纹、剥裂等现象 3、加注钙基脂润滑油	良好
	7	钢丝绳	检查、润滑	1、钢丝绳端卡扣固定可靠、无松动现象 2、钢丝绳无压扁、弯折、断股等现象 3、钢丝绳磨损不得大于直径的 7% 4、钢丝绳表面涂抹石墨润滑油	良好
	8	所有滚动轴承	检查、润滑	1、每工作 200h 适当加油（ZG-3 钙基润滑脂） 2、每半年清洗一次	良好
	9	各工作机构减速器	检查、加油	1、无异响、渗漏、密封良好 2、每工作 200h 填加齿轮油	良好
	10	各工作机构制动器	检查、清洁、整洁	1、调整制动摩擦片和制动轮间距 2、在常闭状态下接触良好，制动牢靠 3、在摩擦表面无污物，如有必须用汽油清洗	良好
顶升结构	11	液压缸及液压管路	检查	1、液压油每半年分析一次，根据污染程度更换 2、管路无开裂、老化，各连接紧固严密，无漏油现象	良好
	12	压力表、控制阀等各液压元件	检查	动作准确，作用良好、无卡堵、无渗漏，压力表显示正常	良好
	13	液压顶升系统	检查	1、每次加节前，必须试运转，应无渗漏，压力表显示在一定时间内无压降，整个系统无异常现象，操作手柄动作准确、可靠 2、顶升套架牢固可靠，无变形、焊缝无开裂	良好

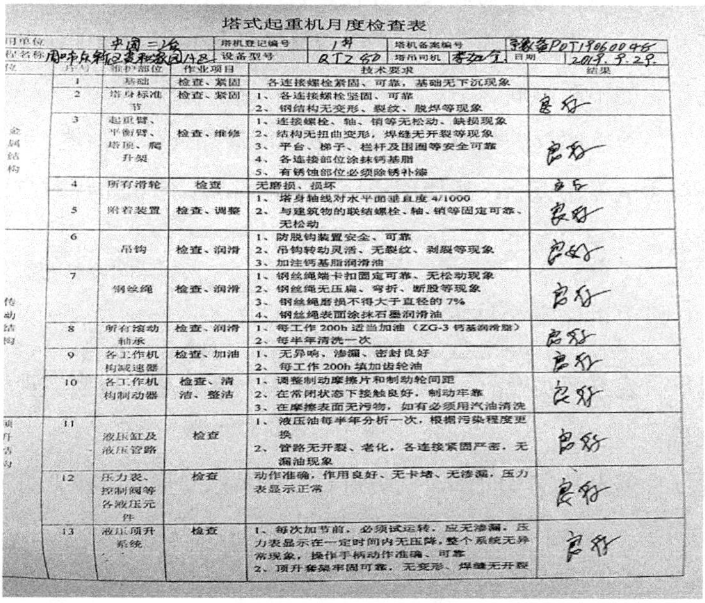

图 7-116　检查和维保

7.11.12 施工升降机安全控制要点

1.保证项目

（1）安全装置

1）应安装起重量限制器（图 7-117），并应灵敏可靠。

2）应安装渐进式防坠安全器（图 7-118）并应灵敏可靠，应在有效的标定期内使用。

图 7-117　起重量限制器

图 7-118　防坠安全器

3）对重钢丝绳应安装防松绳装置，并应灵敏可靠。

4）吊笼的控制装置应安装非自动复位型的急停开关，任何时候均可切断控制电路停止吊笼运行。

5）底架应安装吊笼和对重缓冲器，缓冲器（图 7-119）应符合规范要求。

6）SC 型施工升降机应安装一对以上安全钩。

（2）限位装置

1）应安装非自动复位型极限开关并应灵敏可靠。

图 7-119　缓冲器

2）应安装自动复位型上、下限位开关并应灵敏可靠，上、下限位开关安装位置应符合规范要求（图 7-120、图 7-121）。

3）上极限开关与上限位开关之间的安全越程不应小于 0.15m。

4）极限开关、限位开关应设置独立的触发元件。

图 7-120　下限位及下极限碰块

图 7-121　上限位及上极限碰块

5）吊笼门应安装机电连锁装置并应灵敏可靠（图 7-122）。

6）吊笼顶窗应安装电气安全开关并应灵敏可靠。

（3）防护设施

1）吊笼和对重升降通道周围应安装地面防护围栏，防护围栏的安装高度、强度应符合规范要求，围栏门应安装机电连锁装置并应灵敏可靠。

图 7-122　电连锁装置

2）地面出入通道防护棚的搭设应符合规范要求（图 7-123）。

3）停层平台两侧应设置防护栏杆、挡脚板，平台脚手板应铺满、铺平。

4）层门安装高度、强度应符合规范要求，并应定型化（图 7-124）。

图 7-123　施工电梯防护设施

图 7-124　施工电梯防护设施

（4）附墙架（图 7-125）

1）附墙架应采用配套标准产品，当附墙架不能满足施工现场要求时，应对附墙架另行设计，附墙架的设计应满足构件刚度、强度、稳定性等要求，制作应满足设计要求；

2）附墙架与建筑结构连接方式、角度应符合产品说明书要求；

螺栓连接　　　螺栓连接

图 7-125　附墙架安装

3）附墙架间距、最高附着点以上导轨架的自由高度应符合产品说明书要求。

（5）钢丝绳、滑轮与对重

1）对重钢丝绳绳数不得少于 2 根且应相互独立；

2）钢丝绳磨损、变形、锈蚀应在规范允许范围内；

3）钢丝绳的规格、固定应符合产品说明书及规范要求；

4）滑轮应安装钢丝绳防脱装置并应符合规范要求；

5）对重重量、固定应符合产品说明书要求；

6）对重除导向轮、滑靴外应设有防脱轨保护装置。

（6）安拆、验收与使用

1）安装、拆卸单位应具有起重设备安装工程专业承包资质和安全生产许可证。

2）安装、拆卸应制定专项施工方案，并经过审核、审批。

3）安装完毕应履行验收程序，验收表格应由责任人签字确认。

4）安装、拆卸作业人员及司机应持证上岗。

5）施工升降机作业前应按规定进行例行检查，并应填写检查记录。

6）实行多班作业，应按规定填写交接班记录。

2. 一般项目

（1）导轨架（图 7-126）

1）导轨架垂直度应符合规范要求。

2）标准节的质量应符合产品说明书及规范要求。

3）对重导轨应符合规范要求。

4）标准节连接螺栓使用应符合产品说明书及规范要求。

（2）基础（图 7-127）

1）基础制作、验收应符合说明书及规范要求。

2）基础设置在地下室顶板或楼面结构上，应对其支撑结构进行承载力验算。

3）基础应设有排水设施。

（3）电气安全

图 7-126　导轨架

图 7-127　基础

1）施工升降机与架空线路的安全距离和防护措施应符合规范要求。

2）电缆导向架设置应符合说明书及规范要求。

3）施工升降机在其他避雷装置保护范围外应设置避雷装置，并应符合规范要求。

（4）通信装置（图 7-128）

通信装置应安装楼层信号联络装置，并应清晰有效。

图 7-128   通信装置

（5）需要收集的技术资料

1）使用单位特种作业证书复印件。

2）安装单位特种作业证书复印件。

3）安装单位负责建筑起重机械安装（拆卸）工程专职安全生产管理人员、专业技术人员资格证书。

4）安装单位资质证书、安全生产许可证。

5）建筑起重机械产权备案证、特种设备制造许可证或工业产品生产许可证、起重机械制造监督检验证。

6）辅助起重机械资料及其特种作业人员证书。

7）使用单位与产权（出租租赁）单位签订的租赁合同。

8）安装单位与使用单位签订的安装（拆卸）合同。

9）安装单位与施工总承包单位签订的安全协议书。

10）建筑起重机械使用及维护保养制度。

11）施工升降机基础专项施工方案。

12）施工升降机安装专项施工方案。

13）施工升降机安装（拆卸）工程生产安全事故应急救援预案。

14）施工升降机拆卸专项施工方案。

15）设备维修保养合同。

16）安全防坠器检验检测报告。

17）施工升降机使用登记牌。

18）施工升降机安装（拆卸）告知资料。

19）施工升降机安装验收资料。

20）施工升降机检验检测报告。

21）施工升降机维护保养记录资料。

22）施工升降机运行记录。

23）施工升降机安装自检资料。

24）施工升降机定期自检资料。

25）施工升降机附着自检资料。

26）施工升降机附着（加节）验收资料。

7.11.13 吊篮安全控制要点

1.施工方案

（1）高处作业吊篮使用必须编制专项施工方案，或对吊篮支架支撑处结构（一般为楼板或屋面）的承载进行验算。

（2）高处作业吊篮施工前应由施工企业技术部门组织本单位施工技术、安全、质量等部门的专业技术人员对专项施工方案进行审核，经审核通过的，由施工企业技术负责人签字，加盖单位公章后报监理企业，由项目总监理工程师审批签字并加盖执业资格注册章。

2.安全装置

（1）高处作业用吊篮必须安装有效的防坠安全锁（图7-129）。

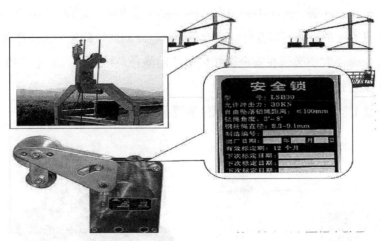

图 7-129　安全锁

（2）安全锁的标定有效日期一般不大于12个月。

（3）吊篮的防坠落装置应经法定检测机构标定后方可使用。使用过程中，使用单位应定期对其有限性和可靠性进行检测。

（4）当悬吊平台运行速度达到安全锁锁绳速度时，即能自动锁住安全绳，并在不超过200mm的距离内停住。

（5）吊篮上应设置专用安全绳及安全锁扣（图7-130），安全绳应固定在建筑物的可靠位置。

图7-130　安全绳及安全锁扣

（6）安全绳上设置供人员挂设安全带的安全锁扣，安全绳应单独固定在建筑物可靠位置上。

（7）安全绳应使用锦纶安全绳，并且整绳挂设，不得接长使用。绳索为多股绳时股数不得小于3股，绳头不得留有散丝，在接近焊接、切割、热源等场所时，应对安全绳进行保护，所有零部件应顺滑，无材料或制造缺陷无尖角或锋利边缘。

（8）安全绳径大小必须在安全锁扣标定使用绳径范围内，且安全锁扣要灵敏可靠。一个安全锁扣只能供一个人挂设。

（9）吊篮上应设上限位装置，且限位装置灵敏可靠（图7-131）。

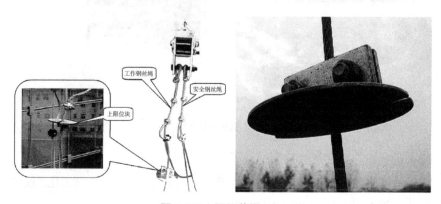

工作钢丝绳
安全钢丝绳
上限位块

图7-131　限位装置

3. 悬挂机构（图 7-132）

（1）建筑物或构筑物支撑处应能承受吊篮的全部重量，悬挂机构前支架不应支撑在建筑物女儿墙上或挑檐边缘。

（2）前梁外伸长度符合产品说明书规定。

（3）前支架与支撑面垂直，上支架应固定在前支架调节杆与悬挑梁连接的节点处。

（4）使用专用且重量符合设计规定的配重块（图 7-133）。

图 7-132　吊篮悬挂

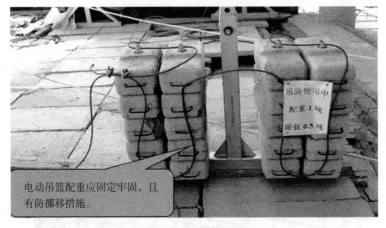

电动吊篮配重应固定牢固，且有防挪移措施。

图 7-133　吊篮配重

4. 钢丝绳

（1）工作钢丝绳与安全钢丝绳均不得有断丝、松股、硬弯、锈蚀或油污附着物。

（2）安全钢丝绳的规格、型号与工作钢丝绳相同，且应独立悬挂。

（3）电焊作业时采取相应措施保护钢丝绳。

（4）吊篮宜选用高强度、镀锌、柔度好的钢丝绳，应按作业条件和钢丝绳的破断拉力选用吊篮钢丝绳，所选用的钢丝绳对于爬升式必须符合现行行业标准《航空用钢丝绳》YB/T 5197要求；对于卷扬式必须符合现行国家标准《圆股钢丝绳》GB 8919的要求，并必须有产品性能合格证。

（5）在任何情况下承重钢丝绳的实际直径不应小于6mm。

（6）钢丝绳不得有断丝、松股、硬弯、锈蚀等缺陷或油污附着物。

（7）钢丝绳实际直径比其公称直径减少7%或更多时，即使无可见断丝，钢丝绳也予以报废。

（8）钢丝绳因腐蚀侵袭及钢材损失而引起的钢丝松弛，应对该钢丝绳予以报废。

（9）在吊篮平台悬挂处增设一根与提升机构上使用的相同型号的安全钢丝绳，安全绳应独立悬挂。

（10）正常运行时，安全钢丝绳应处于悬垂状态。

（11）电焊作业时要对吊篮设备、钢丝绳、电缆采取保护措施。不得将电焊机放置在吊篮内，电焊缆线不得与吊篮任何部位接触；电焊钳不得搭挂在吊篮上。严禁用吊篮做电焊接线回路。

5. 安装作业

（1）吊篮平台组装长度必须符合产品说明书和规范要求。

（2）吊篮各配件必须是同一厂家生产的产品。

（3）吊篮平台内最小通道宽度不小于400mm，底板有效面积不小于每人0.25m²（图7-134）。

图7-134　吊篮平台

（4）吊篮悬挂高度在 60m 及其以下的，宜选用边长不大于 7.5m 的吊篮平台；悬挂高度在 100m 及其以下的，宜选用边长不大于 5.5m 的吊篮平台；悬挂高度在 100m 以上的，宜选用边长不大于 2.5m 的吊篮平台。

7.11.14 升降作用

（1）操作吊篮升降人员应经培训合格方可操作。

（2）吊篮内的作业人员不应超过 2 人，且人货总荷载不超过载荷要求。

（3）作业时安全带应用安全锁扣分别挂在独立的安全绳上。

（4）作业人员进出吊篮时应从地面进出，当不能从地面进出时，建筑物在设计和建造时应考虑有便于吊篮安全安装和使用及工作人员的安全出入的措施。

7.11.15 交底与验收

（1）吊篮在施工现场安装完成后应进行整机检测。

（2）吊篮安装完后施工单位、监理单位应当组织有关人员进行验收。验收合格的，经施工单位项目技术负责人及项目总监理工程师签字后，方可使用。

（3）验收内容应有具体的量化数据。

（4）吊篮使用前应对作业人员进行书面的安全交底，并留存交底记录。

（5）每天班前班后必须对吊篮进行检查。

7.11.16 安全防护（图 7-135）

（1）吊篮平台四周应设置防护栏杆、底部应有挡脚板。

（2）吊篮平台四周装有固定式的安全护栏，工作面护栏高度不小于 800mm，其余面高度不小于 1100mm，护栏应能承受 1000N 的水平集中载荷。

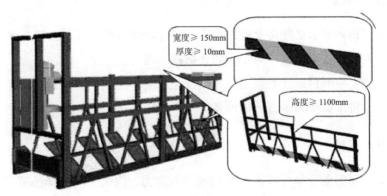

图 7-135　吊篮安全防护

（3）吊篮平台底板四周应装有高度不小于150mm的挡板，挡板与底板间隙不得大于5mm。

（4）在架空输电线安装和使用吊篮作业时，吊篮的任何部位与高压输电线的安全距离不应小于10m。如在10m范围内有高压输电线路，应按照现行行业标准《施工现场临时用电安全技术规范》JGJ 46的规定，采取隔离措施。

（5）吊篮作业应采取相关措施避免多层或立体交叉作业。

7.11.17 吊篮稳定

（1）吊篮在使用过程中应有防摆动措施（图7-136）。

图7-136 吊篮稳定措施

（2）吊篮钢丝绳在使用时应保证垂直，纵向倾斜角度不应大于8°。

（3）吊篮在工作中应与建筑物的水平距离（空隙）不应过大（建议不大于150mm），并应设置靠墙轮或导向装置或缓冲装置。

7.11.18 荷载

（1）吊篮荷载要求必须符合设计要求，吊篮内堆料及人员不应超过规定。

（2）堆料及设备不得过于集中，防止荷载不均。

（3）吊篮上应醒目地注明额定载重量及注意事项。

（4）禁止将吊篮作为垂直运输设备。

7.11.19 其他

（1）悬挑吊篮的支架支撑点处结构的承载能力，应大于所选择吊篮工况的荷载最大值。

（2）悬挂机构前支架严禁支撑在女儿墙上、女儿墙外或建筑物挑檐边缘。

（3）前梁外伸长度应符合高处作业吊篮使用说明书的规定（图7-137）。

（4）悬挑横梁前高后低，前后水平高差不应大于横梁长度的2%。

（5）配重件应稳定可靠地安放在配重架上，并应有防止随意移动的措施。严禁使用破损的配重件或其他替代物。配重件的重量应符合设计规定（图7-138）。

图 7-137　吊篮使用说明

图 7-138　吊篮配重件

（6）悬挂机构前支架应与支撑面保持垂直，脚轮不得受力（图7-139）。

（7）高处作业吊篮应设置作业人员专用的挂设安全带的安全绳及安全锁扣。

（8）安全绳应固定在建筑物可靠位置上不得与吊篮上任何部位有连接（图7-139）。

（9）吊篮应安装上限位装置，宜安装下限位装置（图7-140）。

（10）使用吊篮作业时，应排除影响吊篮正常运行的障碍。在吊篮下方可能

图 7-139　安全绳的固定

图 7-140　吊篮限位装置

造成坠落物伤害的范围，设置安全隔离区和警告标志。

（11）不得将吊篮作为垂直运输设备，不得采用吊篮运输物料。

（12）吊篮内作业人员不应超过 2 个（图 7-141）。

（13）吊篮正常工作时，人员应从地面进入吊篮，不得从建筑物顶部、窗口等处或其他孔洞处出入吊篮。

图 7-141　吊篮作业人员

（14）在吊篮内进行电焊作业时，应对吊篮设备、钢丝绳、电缆采取保护措施。不得将电焊机放置在吊篮内，电焊缆线不得与吊篮任何部位接触，电焊钳不得搭挂在吊篮上。

（15）当吊篮施工遇有雨雪、大雾、风沙及5级以上大风等恶劣天气时，应停止作业，并应将吊篮平台停放至地面，应对钢丝绳、电缆进行绑扎固定。

（16）下班后不得将吊篮停留在半空中，应将吊篮放至地面。人员离开吊篮、进行吊篮维修或每日收工后应将主电源切断，并将电气柜中各开关置于断开位置并加锁。

7.12 拆除工程安全要点

7.12.1 强制性条文

《建筑拆除工程安全技术规范》JGJ 147—2016

5.1.1 人工拆除施工应从上至下逐层拆除，并应分段进行，不得垂直交叉作业。当框架结构采用工人拆除施工时，应按楼板、次梁、主梁、结构柱的顺序依次进行。

5.1.2 当进行人工拆除作业时，水平构件上严禁人员聚集或集中堆放物料，作业人员应在稳定的结构或脚手架上操作。

5.1.3 当人工拆除建筑墙体时，严禁采用底部掏掘或推倒的方法。

5.2.2 当采用机械拆除建筑时，应从上至下逐层拆除，并应分段进行；应先拆除非承重结构，再拆除承重结构。

6.0.3 拆除工程施工前，必须对施工作业人员进行书面安全技术交底，且应有记录并签字确认。

《城市梁桥拆除工程安全技术规范》CJJ 248—2016

3.0.5 解除梁桥的预应力体系必须保证结构安全。预应力混凝土结构切割、破碎过程中，应采取预应力端头防护措施，轴线方向不得有人；无粘结预应力筋应在相应结构拆除前先行解除预应力。

6.1.3 上部结构拆除过程中应保证剩余结构的稳定。

7.12.2 安全控制要点

1. 拆除施工的一般要求

（1）拆除工程施工前，应签订施工合同和安全生产管理协议。

（2）拆除工程施工前，应编制施工组织设计、安全专项施工方案和生产安全事故应急预案。

（3）对危险性较大的拆除工程专项施工方案，应按相关规定组织专家论证。

（4）拆除工程施工应按有关规定配备专职安全生产管理人员，对各项安全技术措施进行监督、检查。

（5）拆除工程施工作业前，应对拟拆除物的实际状况、周边环境、防护措施、人员清场、施工机具及人员培训教育情况等进行检查；施工作业中，应根据作业环境变化及时调整安全防护措施，随时检查作业机具状况及物料堆放情况；施工作业后，应对场地的安全状况及环境保护措施进行检查。

（6）拆除工程施工应先切断电源、水源和气源，再拆除设备管线设施及主体结构；主体结构拆除宜先拆除非承重结构及附属设施，再拆除承重结构。

（7）拆除工程施工不得立体交叉作业。

（8）拆除工程施工中，应对拟拆除物的稳定状态进行监测；当发现事故隐患时，必须停止作业。

（9）对局部拆除影响结构安全的，应先加固后再拆除。

（10）拆除地下物，应采取保证基坑边坡及周边建筑物、构筑物的安全与稳定的措施。

（11）拆除工程作业中，发现不明物体应停止施工，并应采取相应的应急措施，保护现场及时向有关部门报告。

（12）对有限空间拆除施工，应先采取通风措施，经检测合格后再进行作业。

（13）当进入有限空间拆除作业时，应采取强制性持续通风措施，保持空气流通。严禁采用纯氧通风换气。

（14）对生产、使用、储存危险品的拟拆除物，拆除施工前应先进行残留物的检测和处理，合格后方可进行施工。

（15）拆卸的各种构件及物料应及时清理、分类存放，并应处于安全稳定状态。

2. 拆除准备工作

（1）拆除工程施工前，应掌握有关图纸和资料。

（2）拆除工程施工前，应进行现场勘查，调查了解地上、地下建筑物及设施和毗邻建筑物、构筑物等分布情况。

（3）对拆除工程施工的区域，应设置硬质封闭围挡及安全警示标志，严禁无关人员进入施工区域。

（4）拆除工程施工前，应对影响施工的管线、设施和树木等进行迁移工作。需保留的管线、设施和树木应采取相应的防护措施。

（5）拆除工程施工作业前，必须对影响作业的管线、设施和树木的挪移或防护措施等进行复查，确认安全后方可施工。

（6）当拟拆除物与毗邻建筑及道路的安全距离不能满足要求时，必须采取相应的安全防护措施。

（7）拆除工程施工前，应对所使用的机械设备和防护用具进行进场验收和检查，合格后方可作业。

3. 拆除施工的安全监理

（1）拆除工程施工组织设计和安全专项施工方案，应经审批后实施；当施工过程中发生变更情况时，应履行相应的审批和论证程序。

（2）拆除工程施工前，应对作业人员进行岗前安全教育和培训，考核合格后方可上岗作业。

（3）拆除工程施工前，必须对施工作业人员进行书面安全技术交底，且应有记录并签字确认。

（4）拆除工程施工必须按施工组织设计、安全专项施工方案实施；在拆除施工现场划定危险区域，设置警戒线和相关的安全警示标志，并应由专人监护。

（5）拆除工程使用的脚手架、安全网，必须由专业人员按专项施工方案搭设，经验收合格后方可使用。

（6）安全防护设施验收时，应按类别逐项查验，并应有验收记录。

（7）拆除工程施工作业人员应按现行行业标准《建筑施工作业劳动防护用品配备及使用标准》JGJ 184 的规定，配备相应的劳动防护用品，并应正确使用。

（8）当遇大雨、大雪、大雾或 6 级及以上风力等影响施工安全的恶劣天气时，严禁进行露天拆除作业。

（9）当日拆除施工结束后或暂停施工时，机械设备应停放在安全位置，并应采取固定措施。

（10）拆除工程施工必须建立消防管理制度。

（11）拆除工程应根据施工现场作业环境，制定相应的消防安全措施。现场消防设施应按现行国家标准《建设工程施工现场消防安全技术规范》GB 50720 的规定执行。

（12）当拆除作业遇有易燃易爆材料时，应采取有效的防火防爆措施。

（13）对管道或容器进行切割作业前，应检查并确认管道或容器内无可燃气体或爆炸性粉尘等残留物。

（14）施工现场临时用电应按现行行业标准《施工现场临时用电安全技术规范》JGJ 46的规定执行。

（15）当拆除工程施工过程中发生事故时，应及时启动生产安全事故应急预案，抢救伤员、保护现场，并应向有关部门报告。

4. 文明施工的监理措施

（1）拆除工程施工组织设计中应包括相应的文明施工、绿色施工管理内容。

（2）施工总平面布置应按设计要求进行优化，减少占用场地。

（3）拆除工程施工，应采取节水措施。

（4）拆除工程施工，应采取控制扬尘和降低噪声的措施。

（5）施工现场严禁焚烧各类废弃物。

（6）电气焊作业应采取防光污染和防火等措施。

（7）拆除工程的各类拆除物料应分类，宜回收再生利用；废弃物应及时清运出场。

（8）施工现场应设置车辆冲洗设施，运输车辆驶出施工现场前应将车轮和车身等部位清洗干净。运输渣土的车辆应采取封闭或覆盖等防扬尘、防遗撒的措施。

（9）拆除工程完成后，应将现场清理干净。裸露的场地应采取覆盖、硬化或绿化等防扬尘的措施。对临时占用的场地应及时腾退并恢复原貌。

7.13 其他工程类强制性条文

《建设工程施工现场消防安全技术规范》GB 50720—2011

3.2.1 易燃易爆危险品库房与在建工程的防火间距不应小于15m，可燃材料堆场及其加工场、固定动火作业场与在建工程的防火间距不应小于10m，其他临时用房、临时设施与在建工程的防火间距不应小于6m。

4.2.1 宿舍、办公用房的防火设计应符合下列规定：

1 建筑构件的燃烧性能等级应为 A 级。当采用金属夹芯板材时，其芯材的燃烧性能等级应为 A 级。

4.2.2 发电机房、变配电房、厨房操作间、锅炉房、可燃材料库房及易燃易爆危险品库房的防火设计应符合下列规定：

1 建筑构件的燃烧性能等级应为 A 级。

2 层数应为 1 层，建筑面积不应大于 200m²。

3 可燃材料库房单个房间的建筑面积不应超过 30m²，易燃易爆危险品库房单个房间的建筑面积不应超过 20m²。

4 房间内任一点至最近疏散门的距离不应大于 10m，房门的净宽度不应小于 0.8m。

4.3.3 既有建筑进行扩建、改建施工时，必须明确划分施工区和非施工区。施工区不得营业、使用和居住；非施工区继续营业、使用和居住时，应符合下列规定：

1 施工区和非施工区之间应采用不开设门、窗、洞口的耐火极限不低于 3.0h 的不燃烧体隔墙进行防火分隔。

2 非施工区内的消防设施应完好和有效，疏散通道应保持畅通，并应落实日常值班及消防安全管理制度。

3 施工区的消防安全应配有专人值守，发生火情应能立即处置。

4 施工单位应向居住和使用者进行消防宣传教育，告知建筑消防设施、疏散通道的位置及使用方法，同时应组织疏散演练。

5 外脚手架搭设不应影响安全疏散、消防车正常通行及灭火救援操作，外脚手架搭设长度不应超过该建筑物外立面周长的 1/2。

5.1.4 施工现场的消火栓泵应采用专用消防配电线路。专用消防配电线路应自施工现场总配电箱的总断路器上端接入，且应保持不间断供电。

5.3.5 临时用房的临时室外消防用水量不应小于表 5.3.5 的规定。

临时用房的临时室外消防用水量 表 5.3.5

临时用房的建筑面积之和	火灾延续时间（h）	消火栓用水量（L/s）	每支水枪最小流量（L/s）
1000m²< 面积≤5000m²	1	10	5
面积>5000m²		15	5

5.3.6 在建工程的临时室外消防用水量不应小于表 5.3.6 的规定。

在建工程的临时室外消防用水量   表 5.3.6

在建工程（单体）体积	火灾延续时间（h）	消火栓用水量（L/s）	每支水枪最小流量（L/s）
10000m³＜体积≤30000m³	1	15	5
体积＞30000m³	2	20	5

5.3.9 在建工程的临时室内消防用水量不应小于表 5.3.9 的规定。

在建工程的临时室内消防用水量   表 5.3.9

建筑高度、在建工程体积（单体）	火灾延续时间（h）	消火栓用水量（L/s）	每支水枪最小流量（L/s）
24m＜建筑高度≤50m 或 30000m³＜体积≤50000m³	1	10	5
建筑高度＞50m 或体积＞50000m³	2	15	5

6.2.1 用于在建工程的保温、防水、装饰及防腐等材料的燃烧性能等级应符合设计要求。

6.2.3 室内使用油漆及其有机溶剂、乙二胺、冷底子油等易挥发产生易燃气体的物资作业时，应保持良好通风，作业场所严禁明火，并应避免产生静电。

6.3.1 施工现场用火应符合下列规定：

1 焊接、切割、烘烤或加热等动火作业前，应对作业现场的可燃物进行清理；作业现场及其附近无法移走的可燃物应采用不燃材料对其覆盖或隔离。

2 裸露的可燃材料上严禁直接进行动火作业。

3 具有火灾、爆炸危险的场所严禁明火。

6.3.3 施工现场用气应符合下列规定：

1 储装气体的罐瓶及其附件应合格、完好和有效；严禁使用减压器及其他附件缺损的氧气瓶，严禁使用乙炔专用减压器、回火防止器及其他附件缺损的乙炔瓶。

《建设工程施工现场环境与卫生标准》JGJ 146—2013

4.2.1 施工现场的主要道路应进行硬化处理。裸露的场地和堆放的土方应采取覆盖、固化或绿化等措施。

4.2.5 建筑物内垃圾应采用容器或搭设专用封闭式垃圾道的方式清运，严禁凌空抛掷。

4.2.6 施工现场严禁焚烧各类废弃物。

5.1.6 施工现场生活区宿舍、休息室必须设置可开启式外窗，床铺不应超过2层，不得使用通铺。

《建筑施工作业劳动防护用品配备及使用标准》JGJ 184—2009

2.0.4 进入施工现场人员必须佩戴安全帽。作业人员必须戴安全帽、穿工作鞋和工作服；应按作业要求正确使用劳动防护用品。在2m及以上的无可靠安全防护设施的高处、悬崖和陡坡作业时，必须系挂安全带。

3.0.1 架子工、起重吊装工、信号指挥工的劳动防护用品配备应符合下列规定：

1 架子工、塔式起重机操作人员、起重吊装工应配备灵便紧口的工作服、系带防滑鞋和工作手套。

2 信号指挥工应配备专用标志服装。在自然强光环境条件作业时，应配备有色防护眼镜。

3.0.2 电工的劳动防护用品配备应符合下列规定：

1 维修电工应配备绝缘鞋、绝缘手套和灵便紧口的工作服。

2 安装电工应配备手套和防护眼镜。

3 高压电气作业时，应配备相应等级的绝缘鞋、绝缘手套和有色防护眼镜。

3.0.3 电焊工、气割工的劳动防护用品配备应符合下列规定：

1 电焊工、气割工应配备阻燃防护服、绝缘鞋、鞋盖、电焊手套和焊接防护面罩。在高处作业时，应配备安全帽与面罩连接式焊接防护面罩和阻燃安全带。

2 从事清除焊渣作业时，应配备防护眼镜。

3 从事磨削钨极作业时，应配备手套、防尘口罩和防护眼镜。

4 从事酸碱等腐蚀性作业时，应配备防腐蚀性工作服、耐酸碱胶鞋，戴耐酸碱手套、防护口罩和防护眼镜。

5 在密闭环境或通风不良的情况下，应配备送风式防护面罩。

3.0.4 锅炉、压力容器及管道安装工的劳动防护用品配备应符合下列规定：

1 锅炉及压力容器安装工、管道安装工应配备紧口工作服和保护足趾安全鞋。在强光环境条件作业时，应配备有色防护眼镜。

2 在地下或潮湿场所，应配备紧口工作服、绝缘鞋和绝缘手套。

3.0.5 油漆工在从事涂刷、喷漆作业时，应配备防静电工作服、防静电鞋、防静电手套、防毒口罩和防护眼镜；从事砂纸打磨作业时，应配备防尘口罩和密闭式防护眼镜。

3.0.6 普通工从事淋灰、筛灰作业时，应配备高腰工作鞋、鞋盖、手套和防尘口罩，应配备防护眼镜；从事抬、扛物料作业时，应配备垫肩；从事人工挖扩桩孔孔井下作业时，应配备雨靴、手套和安全绳；从事拆除工程作业时，应配备保护足趾安全鞋、手套。

3.0.10 磨石工应配备紧口工作服、绝缘胶靴、绝缘手套和防尘口罩。

3.0.14 防水工的劳动防护用品配备应符合下列规定：

1 从事涂刷作业时，应配备防静电工作服、防静电鞋和鞋盖、防护手套、防毒口罩和防护眼镜。

2 从事沥青熔化、运送作业时，应配备防烫工作服、高腰布面胶底防滑鞋和鞋盖、工作帽、耐高温长手套、防毒口罩和防护眼镜。

3.0.17 钳工、铆工、通风工的劳动防护用品配备应符合下列规定：

1 从事使用锉刀、刮刀、錾子、扁铲等工具作业时，应配备紧口工作服和防护眼镜。

2 从事剔凿作业时，应配备手套和防护眼镜；从事搬抬作业时，应配备保护足趾安全鞋和手套。

3 从事石棉、玻璃棉等含尘毒材料作业时，操作人员应配备防异物工作服、防尘口罩、风帽、风镜和薄膜手套。

3.0.19 电梯安装工、起重机械安装拆卸工从事安装、拆卸和维修作业时，应配备紧口工作服、保护足趾安全鞋和手套。

《建筑施工安全检查标准》JGJ 59—2011

4.0.1 建筑施工安全检查评定中，保证项目应全数检查。

5.0.3 当建筑施工安全检查评定的等级为不合格时，必须限期整改达到合格。

《建筑施工临时支撑结构技术规范》JGJ 300—2013

7.1.1 支撑结构严禁与起重机械设备、施工脚手架等连接。

7.1.3 支撑结构使用过程中，严禁拆除构配件。

7.7.2 支撑结构作业层上的施工荷载不得超过设计允许荷载。

《建筑施工安全技术统一规范》GB 50870—2013

5.2.1 对建筑施工临时结构应做安全技术分析，并应保证在设计规定的使用工况下保持整体稳定性。

7.2.2 建筑施工安全应急救援预案应对安全事故的风险特征进行安全技术分析，对可能引发次生灾害的风险，应有预防技术措施。

第8章

新冠疫情防控

8.1 新型冠状病毒

8.1.1 新型冠状病毒

新型冠状病毒是以前从未在人体中发现的冠状病毒新毒株。从武汉市不明原因肺炎患者下呼吸道分离出的冠状病毒为一种新型冠状病毒，世界卫生组织（WHO）将其命名为2019-nCoV。

8.1.2 新型冠状病毒传播的两个途径

1.接触传播

触摸被污染的物体表面，然后用脏手触碰嘴巴、鼻子或眼睛，这些均为新型冠状病毒可能的传播途径。

2.飞沫传播

通过咳嗽或打喷嚏在空气传播，飞沫随着空气在飘荡，如果没有防护，非常容易中招。

8.1.3 新型冠状病毒感染的肺炎临床表现

患者主要临床表现为发热、乏力，呼吸道症状以干咳为主，并逐渐出现呼吸困难，严重者表现为急性呼吸窘迫综合征、脓毒症休克、难以纠正的代谢性酸中毒和出凝血功能障碍。部分患者发病初期症状轻微，可无发热现象。

多数患者为中轻症，预后良好，少数患者病情危重，甚至死亡。

8.1.4 新型冠状病毒的易感人群

国家卫健委最新发布的《关于做好儿童和孕产妇新型冠状病毒感染的肺炎

建设各方主体事故责任及风险规避

疫情防控工作的通知》，其中明确"儿童和孕产妇是新型冠状病毒感染的肺炎的易感人群"。并提出，儿童应尽量避免外出；母亲母乳喂养时要佩戴口罩、洗净手，保持局部卫生。

8.1.5 新型冠状病毒的潜伏期

新型冠状病毒的潜伏期一般为 3 ～ 7 天，最短的有 1 天发病，最长的不超过 14 天。

8.2 密切接触者

8.2.1 密切接触者

病例的密切接触者，即与病例发病后有如下接触情形之一，但未采取有效防护者：

（1）与病例共同居住、学习、工作，或其他有密切接触的人员，如与病例近距离工作或共用同一教室或与病例在同一所房屋中生活。

（2）诊疗、护理、探视病例的医护人员、家属或其他与病例有类似近距离接触的人员，如直接治疗及护理病例、到病例所在的密闭环境中探视病人或停留，病例同病室的其他患者及其陪护人员。

（3）与病例乘坐同一交通工具并有近距离接触人员，包括在交通工具上照料护理过病人的人员；该病人的同行人员（家人、同事、朋友等）；经调查评估后发现有可能近距离接触病人的其他乘客和乘务人员。

（4）现场调查人员调查后经评估认为符合其他与密切接触者接触的人员。

8.2.2 密切接触者应对措施

密切接触者应进行隔离医学观察。

居家或集中隔离医学观察，观察期限为自最后一次与病例发生无有效防护的接触或可疑暴露后 14 天。

居家医学观察时应独立居住，尽可能减少与其他人员的接触。尽量不要外出。如果必须外出，需经医学观察管理人员批准，并要佩戴一次性外科口罩，避免去人群密集场所。

医学观察期间，应配合指定的管理人员每天早、晚各进行一次体温测量，并如实告知健康状况。

医学观察期间出现发热、咳嗽、气促等急性呼吸道感染症状者，应立即到定点医疗机构诊治。

医学观察期满时，如未出现上述症状，则解除医学观察。

8.2.3 密切接触者医学观察 14 天的原因

目前对密切接触者采取较为严格的医学观察等预防性公共卫生措施十分必要，这是一种对公众健康安全负责任的态度，也是国际社会通行的做法。参考其他冠状病毒所致疾病潜伏期、此次新型冠状病毒病例相关信息及当前防控实际，将密切接触者医学观察期定为 14 天，并对密切接触者进行医学观察。

8.2.4 如果接到疾控部门通知，作为一个密切接触者的应对措施

不用恐慌，按照要求进行居家或集中隔离医学观察。如果是在家中进行医学观察，请不要上班，不要随便外出，做好自我身体状况观察，定期接受社区医生随访，如果出现发热、咳嗽等异常临床表现，及时向当地疾病预防控制机构报告，在其指导下到指定医疗机构进行排查、诊治等。

8.3 预防措施

8.3.1 勤洗手

在咳嗽或打喷嚏后，照护病人时，制备食品之前、期间和之后，饭前、便后，手脏时，处理动物或动物排泄物后，记得洗手。手脏时，用肥皂和自来水洗；手不是特别脏，可用肥皂和水或含酒精的洗手液洗手。

8.3.2 咳嗽和打喷嚏要防护

在咳嗽或打喷嚏时，用纸巾或袖口或屈肘将口鼻完全遮住，并将用过的纸巾立刻扔进封闭式垃圾箱内。咳嗽或打喷嚏后，别忘了用肥皂和清水或含酒精洗手液清洗双手。在公共场所，不要随意用手触摸眼睛、鼻子或嘴巴，不要随意吐痰。

8.3.3 避免与特定人群接触

因被新型冠状病毒感染后大多表现为呼吸道症状，因此应避免与任何有感冒或类似流感症状的人密切接触。另外，还要避免在未加防护的情况下接触野生或

养殖动物。

8.3.4 肉类彻底煮熟后食用

注意食品安全，处理生食和熟食的切菜板及刀具要分开，处理生食和熟食之间要洗手。即使在发生疫情的地区，如果肉食在食品制备过程中予以彻底烹饪和妥善处理，也可安全食用。

8.3.5 生鲜市场采购注意防护

生鲜市场采购可通过以下方式进行预防。接触动物和动物产品后，用肥皂和清水洗手，避免触摸眼、鼻、口，避免与生病的动物和变质的肉接触，避免与市场里的流浪动物、垃圾废水接触。

8.4 正确佩戴口罩

8.4.1 口罩的选择（图 8-1）

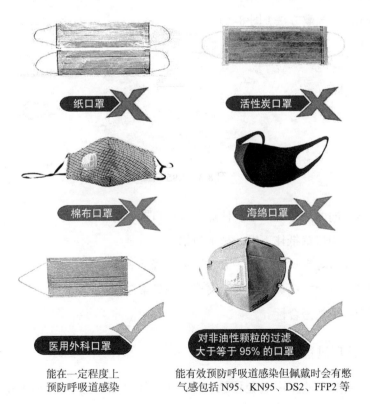

图 8-1

8.4.2 正确佩戴方法

1. 医用外科口罩佩戴方法（图 8-2）

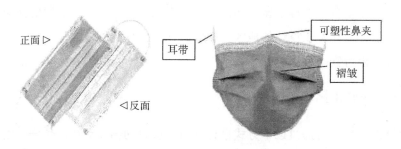

图 8-2　医用外科口罩

第一步：洗手，最好使用肥皂或消毒剂。

第二步：确认内外，鼻梁片外漏部分朝外，有金属条的一端朝上。

第三步：口、鼻、下巴罩好。

第四步：鼻梁片贴紧鼻梁。

2. N95 口罩佩戴方法（图 8-3）

图 8-3　N95 口罩

第一步：向两边拉开口罩，使鼻夹位于口罩上方。

第二步：用口罩抵住下巴，戴上口罩。

第三步：将耳带拉至耳后，调整耳带至舒适。

第四步：双手按压鼻夹，使鼻夹形状和鼻梁贴合。

第五步：检查密合性。

8.4.3 使用过程中有"3 个要点"

（1）必须要在使用中避免接触口罩外面（污染面），戴前、摘前摘后、接触外面（污染面）后要洗手。

（2）必须一次性使用，避免重复佩戴已使用过的口罩。

（3）最好每隔 4 小时更换一次。

8.5 开复工需要提前完善的工作

（1）已通过微信、电话、书面资料等方式向项目所有人员宣传学习国家和省、市、区关于新型肺炎防控相关精神及防控知识，切实提高每个员工的防范意识。

微信下发相关文件的截屏资料，项目部宣传过程影像资料。场区进出设立宣传提示等标语。

（2）已认真做好口罩、红外线测温仪、体温计、消毒液等疫情防控相关医疗物品、物资储备工作。

疫情防控物资管理台账，物资进出场及使用记录，设置废弃口罩收集桶，包括影像资料（建议防控物资继续采购）。

（3）已做好返岗人员的信息登记工作，每名返岗人员已如实填报《××市建设工程从业人员健康登记卡》

返岗人员的信息登记（信息包括但不限以下：身份证信息、来源地、现居住地、旅居史，是否有去过或者经停重疫情地区），包括健康登记卡，每日对返岗人员进行健康记录（14 天以来的健康状况，活动区域，是否接触重疫情人员），省内外必须分开登记，省外人员必须进行 14 天的监督性医学观察，做好相应记录，设立独立宿舍区、隔离区，用于员工住宿和独立隔离宿舍。返程人员餐食需要解决，建议开设独立食堂（食堂人员必须满足健康要求）或者采用有信用的大品牌餐饮供应方供应。管理人员和农民工同样管理。

（4）已提前做好办公区、生产及作业场地、宿舍和餐厅等人员集聚区域的消毒消杀工作，并每天定期消毒消杀，具备相关凭证、影像资料等。

设立独立宿舍区、隔离区，用于员工住宿和独立隔离宿舍，定期对办公区、生活区及作业场所、宿舍和餐厅进行消毒消杀工作，做好相关凭证、影像资料。

（5）已制定详细的开工复工方案，项目应成立疫情防控工作组，并加强工地值班值守，严格实施出入登记。

制定详细的开工复工方案，项目应成立疫情防控工作组，并加强工地值班值守，严格执行人员出入登记制度，包括项目人员和外来人员，外来人员必须登记详细信息。独立宿舍区、隔离区、餐厅，也必须执行出入登记制度。

（6）工地已做好疫情防控相关措施，具备开工复工条件。

生活区设立成独立宿舍区、隔离区，进出入口建立登记制度。组织复工前现场安全自查自纠工作。

8.6 疫情后复工安全教育培训记录及技术交底

疫情防控安全教育培训记录表			编号	
培训主题	复工安全教育		培训对象及人数	
培训部门或召集人	办公室	主讲人	记录整理人	
培训时间	×××× 年 ×× 月 ×× 日	地点		

教育培训内容：

一、疫情防范

1. 进入办公或现场应做好体温检测，超过 37.3℃不准进入。

2. 重点疫区返回人员须自行隔离 14 日。

3. 出门应佩戴口罩，减少面对面交流。

4. 减少会议频次，减少会议人数、压缩时间，参会人员间隔 1m 以上，会议结束及时消毒。

5. 就餐时应错峰或分散就餐，避免人员聚集和面对面就餐。

6. 定时对就餐区域实施消毒。

7. 严禁举办大型活动，减少一般活动。

8. 定期对门厅、楼道、会议室、施工电梯、楼梯等部位消毒。

9. 电脑键盘、鼠标等每日最少消毒 2 次。

二、公司安全管理规定

1. 所有进入现场施工人员必须经过安全教育培训考核合格，作业前经过安全技术交底后方可进入现场施工作业。

2. 作业人员应认真学习和掌握所在工种的安全技术操作规程及有关方面的安全知识，自觉遵守安全生产的各项规章制度，听从安全管理人员的指导。

3. 进入现场必须正确佩戴安全帽，系好帽带。高处作业必须系挂安全带，安全带必须系挂牢固，高挂低用。

4. 现场禁止吸烟，禁止酒后上岗、疲劳作业。

5. 工作中不穿拖鞋、不光背、不嬉戏打闹，严格遵守各项施工的操作规程。

6. 非专业维修工、电工不随意动用各种电气设备，造成损坏的追究责任并加倍赔偿。

7. 特种人员作业必须持证上岗，其他人员禁止特殊工种作业。

8. 随时检查工作岗位的环境和使用的工具、材料、电气机械设备，发现隐患及时处理上报，做到文明施工和各种机械设备的维修保养工作。

9. 禁止随意挪动、破坏各种安全防护设施及安全标识。

10. 遵守消防安全法规，掌握消防安全知识，不挪动消防器材，积极参加消防演练活动。

11. 不打架斗殴，不聚众闹事，不参加社会上的各种非法组织、非法活动，敢于同坏人坏事作斗争。

12. 禁止偷盗行为，一经发现严肃处理，情节严重的扭送公安机关。

13. 有事须向领导请假，上下班途中注意交通安全，自觉遵守交通法规。

三、用电安全

1. 现场一切用电设施、设备的接电必须由专业电工操作，严禁随意私拉乱接电源，以防发生触电事故。

2. 现场所有用电实行三相五线制，所有机械设备、电动工具外壳必须做保护接零。

3. 手持电动工具必须使用三芯线，做到"一机、一闸、一漏、一箱"，符合规范标准，确保安全用电。

4. 各种电动工具和使用的电焊机在使用前必须严格检查，经检查合格后方可使用。

5. 各种电源线路使用中必须做好保护及绝缘悬挂，如有电气设备、线路出现故障应立即停止作业，由专业电工进行检查、维修，排除故障后方可作业。

6. 露天使用的电气设备、配电箱必须设置防砸防雨措施。

7. 用电设备暂停使用或下班时必须拉闸断电锁好配电箱门。

四、机械安全

1. 龙门吊、天车操作人员必须经过特殊工种作业安全技术培训考核合格后持证上岗，其他机械设备操作人员必须经过专业安全技术培训考核合格后方可作业。

2. 起重吊装作业必须设置警戒区域，有专人指挥，吊物下方严禁有人。

3. 机械和电气设备操作前，必须认真检查安全防护设施、安全装置是否齐全有效，机械装置是否有损坏，排除隐患后方可运行。

4. 机械操作人员要束紧袖口，女工发辫要挽入帽内。

5. 各种机械设备不得带病或超负荷运行。发现不正常情况应停机检查，不得在运行中检查、维修、保养。

五、特殊工种作业安全

1. 电工必须持特种作业操作证上岗，严格按照安全用电技术规范作业。

2. 电气焊施工，操作人员必须持特种作业操作证上岗。作业前清理10m范围内的可燃易燃物，配备灭火器材，作业人员佩戴好个人防护用品，严格按照操作规程作业。

3. 电焊机应设单独开关箱、一次侧电源线长度不大于5m，二次侧线长度不大于30m，必须双线到位，接线端子压接牢固，电缆线不得破损裸露应做好保护或绝缘悬挂。

4. 气焊作业，氧气、乙炔要立放采取防倾倒措施，两瓶间距不小于5m，距明火作业点的距离不小于10m，氧气、乙炔压力表不得损坏，乙炔瓶必须加装回火阀。

5. 电气焊作业完毕或下班，焊机应拉闸断电锁好箱门，气瓶关闭阀门，检查现场确认无着火隐患方可离去。

6. 龙门吊司机、信号工必须持有效特种作业操作证上岗，作业前必须对作业环境、机械装置、电气装置、安全装置进行全面检查，确认无安全隐患后方可作业。

六、库房、材料安全

1. 库房内、材料存放区严禁吸烟，应配备相当数量的灭火器材，10m范围内禁止明火作业。

2. 各种材料分类码放整齐，超过安全高度的应采取可靠有效的安全防护措施。

3. 装卸工装卸时禁止抛扔，合理安排码放及装卸车，材料装完车后必须捆绑牢固，防止运输中掉落落遗失，避免造成安全事故。

4. 司机自觉遵守交通安全法规，注意交通安全，在厂内、施工现场车速每小时不大于5km，文明驾驶。

七、消防安全

1. 所有人员应认真学习和掌握消防安全相关知识，现场禁止吸烟，积极参加义务消防队和消防演练。

2. 所有消防设施、灭火器材禁止挪动，消防栓 3m 范围内禁止堆放物料，禁止占用消防通道。

3. 在日常工作中学会检查消除火灾隐患、组织扑救初起火灾、自救逃生人员疏散及消防安全宣传知识。

4. 手提式干粉灭火器使用方法：当发生火情时，手提灭火器边跑边上下抖动几次，选择上风位置接近着火点，拔出保险销，一手握住提把，一手握住喷嘴，瞄准火苗根部，用力压下压把，左右扫射将火扑灭。

八、生活区安全

1. 员工宿舍由办公室统一安排，每个人指定房间和床位，不得随意调换。

2. 宿舍内由办公室统一安排电源插座，禁止私拉乱接电源，禁止使用热得快、电磁炉、电饭锅等大功率电器及电褥子。

3. 注意防火，烟头要扔进盛有水的烟蒂桶内，禁止卧床吸烟。

4. 宿舍内被褥衣物叠放整齐，日用品有序放置，不用的物品及时清理到垃圾站。

5. 保持宿舍内清洁卫生，不随地吐痰，不乱扔垃圾乱泼脏水，不乱扔烟头。

6. 爱护宿舍内公共设施，故意损坏者加倍赔偿并予以处罚。

7. 自觉遵守宿舍管理制度，要互相尊重，休息时间不要影响他人休息。

九、思想意识安全

1. 工作中做到三不违反：不违章指挥、不违章作业、不违反劳动纪律。

做到三不伤害：不伤害自己、不伤害他人、不被别人伤害。

2. 杜绝人的不安全行为、消除物的不安全状态、克服环境不安全因素。

3. 树立"安全第一、预防为主"的思想，杜绝麻痹大意侥幸心理。

4. 要有高度的安全责任感（为自己、为亲人、为家庭、为公司）。

安全工作是一项长期不懈的工作，需要大家齐心协力才能把握安全。希望大家把"安全"二字铭记在心中，落实在行动上，遵守各项安全规章制度和安全操作规程，努力学习安全生产知识，增强安全意识，提高自我保护和应急处置能力。请大家携手并肩，共同关注安全，关爱生命，杜绝伤亡事故的发生。

参加培训教育照片、人员（签名）附后

疫情防控安全技术交底表 表 AQ-C11-1		编号	
工程名称	×× 项目经理部		
交底部位	传染病、流行病防治安全专项交底	工种	
安全技术交底内容			
详细内容： 　　1. 进场后积极与地方疾病防疫部门联系，了解当地重点传染病、流行病的预防情况及措施并建立疾病防疫合作关系。 　　2. 制定传染病、流行病防治措施。 　　3. 建立全员疾病防疫卡片定期体检，根据季节性传染病、流行病的发病情况及时接种疫苗。 　　4. 定期组织疾病防疫合作单位开展员工预防传染病、流行病的卫生教育；组织力量消除鼠、蚊、蝇等病媒昆虫。			

5. 在传染病、流行病暴发期间应提前采用防疫措施，控制其发生。坚持早发现、早报告、早隔离、早治疗、不缓报、不漏报、不瞒报。

6. 保证食品安全；饮用水符合国家规定的卫生标准。

7. 加强员工卫生管理，对生产区、辅助生产区、办公生活区经常打扫清理，杜绝病源滋生。

8. 食堂人员应体检合格并持健康证上岗。

9. 对传染病患者，应早发现、早隔离、早诊治。对患者物品及工作、生活场所应进行消毒、灭菌处理。

10. 处理疫情人员以及在生产、生活中接触病原体的其他人员，应根据国家规定采取有效的防护措施和医疗保健措施。

11. 传染病、流行病暴发时，应采取有效紧急措施切断传播途径如：

（1）限制、停止人群聚集的活动；

（2）根据情况合理安排生产；

（3）封闭被传染病病体污染的公共场所和公共饮用水源。

12. 发现传染病、流行病病情按规定及时上报。

13. 公共食堂应符合相关卫生要求，防止发生食物中毒。

技术负责人		安全员		交底时间	
接受交底人签名					

8.7 工地疫情防控工作方案

×××区建设工地新型冠状病毒肺炎

工地疫情防控工作方案（模板）

工程名称：_____

施工单位：_____

2020 年   月

<h1 style="text-align:center">疫情防控工作方案报审表</h1>

工程名称：   编号：

致：＿＿＿＿＿＿＿＿（监理单位）

＿＿＿＿＿＿＿＿（建设单位）

现报上建设工地新型冠状病毒肺炎疫情防控工作方案，已经我单位上级技术负责人审查批准，请予审查和批准。

附：建设工地新型冠状病毒肺炎疫情防控工作方案

承包单位项目部：（公章）   项目负责人：

项目技术负责人：   年　月　日

总监理工程师审查意见：

    1.同意   2.不同意   3.按以下主要内容修改补充

                                        总监理工程师：

                                        年　月　日

建设单位审查意见：

    1.同意   2.不同意   3.按以下主要内容修改补充后

                                        建设单位：（公章）

建设单位项目负责人：   年　月　日

注：本表由施工单位填写，一式三份，报送项目监理机构审查。建设、监理、施工单位各一份。

建设工地新型冠状病毒肺炎疫情防控
工作方案

为深入贯彻国家、省、市及×××区管委会关于新型冠状病毒感染的肺炎疫情防控安排部署，进一步抓好建设工地疫情防控工作，规范建设工地人员管理，防止疫情扩散蔓延，切实维护人民群众身体健康和生命安全，按照市住房和城乡建设局《关于做好建设工程项目疫情防控工作的通知》要求，根据本工程实际，制定以下疫情防控工作方案。

一、项目防疫组织机构建立

成立项目防疫领导工作小组（以下简称领导小组），全面负责统筹、协调本工程疫情防控工作。

组长：＿＿＿＿＿＿＿＿＿（建设单位项目负责人）

副组长：＿＿＿＿＿＿、＿＿＿＿＿＿（监理总监，施工单位项目经理）

成员：＿＿＿＿＿＿、＿＿＿＿＿＿、＿＿＿＿＿＿等。

领导小组下设办公室、督查组、检测组、消毒组和管控组，具体负责组织、协调、检查、督促各单位落实各项防控措施。建设单位牵头负总责，项目经理承担具体责任。

（一）办公室

办公室由建设单位牵头管理。部门职责如下：

1. 负责落实项目防疫物资专项资金；

2. 负责制定、完善项目防疫措施和制度流程；

3. 每天下午向建设行业主管部门报送《建设工程疫情检测异常人员统计表》《建设工程疫情防控工作统计表》《建设工程复工重点人员统计表》等资料；

4. 负责防疫物资采购、发放、清点工作，并填写《建设工程疫情防控物资发放台账》。

（二）督查组

督查组由监理单位负责牵头管理。部门职责如下：

1. 负责检查项目防疫物资储备情况、项目日常卫生条件；

2. 负责监督检测组、消毒组、管控组的部门职责落实情况；

3. 负责检查食堂的疫情防控措施落实情况。

（三）检测组

检测组由施工单位负责牵头管理。部门职责如下：

1. 检测组负责对出入口人员进出做体温检测、询问和登记。对体温大于等于37.3℃人员，要及时送至隔离观察宿舍进一步隔离观察，在隔离观察宿舍休息10分钟后，若体温仍大于等于37.3℃，应立即按照第六条应急管理进行处置；

2. 第一时间拦截发热人员、两周内有与确诊患者接触史、不戴口罩人员进入项目，落实出入证管理；

3. 检测组在防控室工作时必须穿戴防护眼镜、一次性乳胶手套、防护服、帽子、医用外科口罩等个人防护用品；

4. 发现异常情况立即报告领导小组。

（四）消毒组

消毒组由项目施工单位负责牵头管理，职责如下：

1. 负责对所有区域进行保洁、消毒并填写《消毒信息登记表》；

2. 发现紧急情况时，负责配合疾控部门完成消毒工作；

3. 负责保管消毒药品；

4. 负责及时向办公室提报消毒药品采购计划。

（五）管控组

管控组由项目施工单位牵头管理，所有项目参建单位参与，部门职责如下：

1. 负责对入场人员做好防疫教育并分配住宿房间、就餐时间区域、洗漱时间区域、洗澡时间区域；

2. 负责对洗漱区、就餐区、洗澡区、隔离区的组织管理，严禁使用人员在非时段进入；

3. 负责收集防疫资料并存档；

4. 负责对新进场人员进行防疫教育。

二、建设各方疫情防控主体责任

建设各方应切实履行疫情防控主体责任，确保项目复工后疫情防控管理工作顺利开展，具体职责如下：

（一）建设单位责任

1. 牵头成立项目防疫领导工作小组；

2. 牵头防疫物资准备，检查防疫物资储备、使用、发放情况；

3. 牵头编制审核项目防疫工作方案，检查防疫工作落实情况；

4. 不得在防疫物资储备不足等不具备防疫复工条件的工地强令、明示、暗示施工单位进行复工；

5. 牵头组织对项目所有人员进行全面排查；

6. 牵头组织对施工现场所有人员进行防疫教育；

7. 发现疑似病例后立即向当地卫生部门报告，立即停工并封锁场地，做好隔离，配合防疫部门做好防控工作；

8. 负责检查督促施工企业、监理单位、第三方进场检测（监测）机构等单位落实疫情防控责任；

9. 项目防疫工作落实不到位擅自复工的，立即责令施工单位停工整改，并向建设行政主管部门报告。

（二）监理单位责任

1. 负责检查施工单位防疫物资准备、使用、发放情况；

2. 审查项目防疫工作方案，核查防疫工作落实情况；

3. 对监理单位内部人员进行全面排查，检查施工单位对项目人员的排查情况；

4. 负责监督、检查施工单位对项目人员防疫教育情况；

5. 发现疑似病例后立即向建设单位报告，并配合做好相关防控工作；

6. 项目防疫准备工作不到位及施工过程中防疫工作落实不到位的，监理单位应立即责令施工单位停工整改，并及时向建设单位和建设行政主管部门报告。

（三）施工总包单位责任

1. 负责项目复工前的全面排查、复工准备和复工后疫情日常防控工作；

2. 施工单位配合做好防疫领导工作小组各项工作；

3. 负责组织落实项目各项防疫物资的储备、使用、发放；

4. 负责编制项目防疫工作方案，并按方案落实各项防疫工作措施；

5. 负责组织对本项目所有人员进行排查；

6. 负责对项目所有人员（含建设、监理等单位人员）进行防疫教育，做好项目人员出入及日常活动管理，建立可追溯台账；

7. 负责做好对项目办公区、生活区、食堂、卫生间等消毒卫生管理工作；

8. 发现疑似病例后立即做好隔离，并立即上报监理和建设单位，及时做好相应的防控工作。

（四）分包单位及其他单位相关责任

1. 负责对本单位人员进行排查；

2. 负责对本单位人员进行防疫教育，并配合总包单位做好人员出入及日常活动管理；

3. 发现疑似病例后立即做好隔离，并立即上报总包单位，及时做好相应的防控工作。

三、复工前的准备工作

（一）资料

1. 成立项目防疫领导工作小组并公示。

2. 建立疫情防控档案资料体系。资料体系应包含本工程疫情防护方案、人员实名制管理台账、疫情防护物资清单、本工程疫情防护方案所有管理记录。

3. 制定应急处理预案，包括隔离措施、应急交通车辆、送医医疗路线、定点医院联系等预案。

（二）疫情防护物资

所有疫情防护物资必须预先编制使用计划，现场物资储备必须满足本工程一周内的需要。

1. 84 消毒液、二氧化氯泡腾片、免洗抗病毒手消毒液、医用酒精。

2. 每个检测组至少配备一把手持式红外线测温枪，16L 农用手压摇背式气压防疫消毒喷雾器 2 台。

3. 个人防护用品：医用外科口罩，防护服，防护眼镜，一次性乳胶手套等（口罩、消毒液等储备不少于一周用量，如口罩数量 = 总人数 ×2×7）。

4. 防疫专用车辆（车牌号：＿＿＿＿＿＿＿＿＿）一辆。

5. 在物资储备不足一周需求或防疫物资采购遇到困难时及时上报领导小组。领导小组接到报告后应立即落实防疫物资采购渠道，若无法满足防疫物资供应，项目应及时采取全面停工或部分停工措施，直到防疫物资供应满足现场需求。

（三）疫情防控设施

1. 出入口必须配置至少一间防控室（结合保安室使用）。

2. 设置防疫教育室一间，用于疫情防控教育交底。

3. 设置隔离区。隔离观察室宿舍按照项目人数每 50 人设置 1 间（不足 50 人按 50 人计），符合属地疾病控制部门要求。

4. 厕所和餐厅设置不少于一个非触式洗手台。

5. 每个防控室门口设置不少于一个口罩回收桶。

6. 疫情公示栏一个，设置在工地出入口、办公区进出口和生活区进出口等地，用于及时张贴最新的政府公告及相关文件。

（四）卫生条件

食堂、卫生间、宿舍等关键部位，其卫生标准应符合《建筑施工现场环境与卫生标准》JGJ 146—2013 要求。

（五）疫情防控复工条件检查

项目建设单位在资料准备齐全、疫情防护物资到位、防疫防控设施完善，卫生条件符合标准后组织监理单位、施工单位共同对资料、物资、卫生条件进行验收并签字确认《建设工程疫情防控复工申请表》。由行业主管部门会同防疫部门、属地镇（街）确认达到疫情防控条件后方可复工。

四、入场排查和防疫教育

（一）入场排查

1. 全面排查常住人员包括所有作业及管理人员。所有建设、监理、施工单位人员进场前必须严格按照《人员信息登记表》进行摸排，重点摸排来自疫区人员情况，包括要求提供车票、机票等出行证明材料。

2. 人员前期行程排查主要由入场人员口述为主，由于入场人员前期行程排查困难，为了防止入场人员不如实上报，特制定建设项目员工健康情况申报卡由其本人签字，对疫区行程有隐瞒情况应承担法律责任。

3. 从疫区返场人员应进行 14 天自行居家医学隔离，身体无异常情况后再行上班。

4. 常住人员进出施工现场和生活区必须进行体温测量和登记。

（二）人员防疫安全教育

1. 入场人员必须接受疫情防控安全教育。疫情教育分批以采用观看视频、PPT 讲解、发放防控资料等形式进行，并不得少于 1 课时。

2. 防疫教育完成后由本人和授课人员签入场防疫教育记录，并发放《日常出入证》。

3. 严禁未经过入场防疫教育人员进入施工现场和生活区，在工地出入口由检测组查验出入证。

4. 入场人员必须携带出入证以备查。

5. 及时宣贯培训国家、地方疫情防控部门、建设行政主管部门等发布的最新疫情防控具体要求。

五、工地日常管理

疫情防控期间，所有人员应减少聚集时间，分批分流进行生活、生产等活动。对所有人员实行出入证管理，严禁无出入证人员进入施工场地，所有进场人员必须做好登记并形成台账。

（一）临时人员管理制度

临时入场人员在入场时必须进行体温检测、个人防护措施检查并必须严格按照《人员信息登记表》进行摸排。符合要求的发放临时出入证，在流动人员出场后收回。临时入场人员包括送菜人员，送建筑材料人员，外部检查人员等非作业往来人员。

（二）出入口管理

1. 一个工地施工现场原则上只能设置一个出入口；

2. 所有人员进出工地、办公区、生活区出入口均须测量体温；

3. 发现异常按照第六条应急管理进行处置；

4. 无出入证、未佩戴口罩等防护措施的所有人员严禁进入工地、办公区和生活区。

（三）生活区管理

1. 同一班组安排在同一宿舍或相邻宿舍，每个宿舍不得超过6个人；

2. 同一班组采取分时、分区、分批就餐、洗漱、洗澡；

3. 每天定时两次对生活区所有人员进行体温测量，发现异常及时启动应急预案。

（四）食堂管理

1. 严格执行食品采购、加工、存储等卫生标准要求，工地食堂不得违规宰杀、处置家禽和野生动物，确保食品安全；

2. 采用分地用餐、错峰用餐、食堂打包配送等方式相结合，减少人员聚集。

（五）防控消毒制度

消毒组必须对厕所、浴室、办公室等公共场所做好消毒工作，要求如下：

1. 厕所、浴室的便池、地面要早、中、晚清洗三次后使用84消毒液进行喷洒消毒；

2. 餐厅餐桌椅、空气及地面可用84消毒液在每日餐后进行喷洒或擦拭消毒处理；

3. 对餐具可煮沸半个小时进行消毒处理；

4. 每日早、晚使用雾炮机或农用手压摇背式喷雾器喷洒84消毒液对办公室、宿舍、生活区院落、办公区院落及主要出入口进行消毒；

5. 每日不少于5次喷洒医用酒精对口罩回收桶进行消毒；

6. 使用84消毒液消毒时，配置的84消毒液有效浓度不得小于500mg/L，配置使用时间不得超过半小时。

（六）会议管理

1. 要减少会议频次，尽量采用视频会议或电话会议，工作安排、部署等尽量采用线上方式进行，除疫情防控外，暂不开展培训类会议。

2. 必须召开现场会议时，应精简开会人员，缩短开会时间，会议召开前2个小时，应对会议室进行全面消毒，做好会议室通风工作。

3. 会议召开时，参会人员进入会场前应测量体温，观察身体状况，无异常后方可进入会场开会，所有参会人员全程均应佩戴口罩，与会人员间隔1m以上距离。

（七）其他相关事项管理

1. 公众场合所有人都应佩戴口罩，做好个人防护措施，尽量减少人员聚集。

2. 项目所有人员原则上不允许外出，确实有需要外出的人员必须做好出场登记和身体状况检查。

六、应急管理

（一）异常情况处置

若发现工地人员有发热、咳嗽等异常情况，应立即上报领导小组处置。领导小组接到报告后，应立即联系定点发热门诊或疾控中心，报告病患情况，根据发热门诊或疾控中心建议进行隔离或送医处置。

异常人员由发热门诊医生确诊为普通感冒或疑似病例。异常人员确诊为普通感冒时，领导小组办公室填写《建设工程疫情检测异常人员统计表》。

（二）疑似应急处置

异常人员确诊为疑似患者时，领导小组立即向当地卫生主管部门报告。工地立即停工并封锁场地。领导小组牵头项目配合防疫部门调查、统计与疑似患者14天内有过密切接触的人员名单。通知有过密切接触的人员到隔离区独立房间暂时隔离观察。对疑似患者居住、工作场所全面消毒。工地经防疫部门评估后才可复工。

（三）值守报告制度

编制并定期更新疫情防控24小时值班表并在公示栏进行公示。值班人员要做到疫情防输入、防扩散，加强应急值守，严格执行领导带班和24小时值班制度，做到迅速、准确上报有关工作信息。

七、节后安全管理

1. 加强工人安全教育培训工作

项目作业人员必须按要求进行三级安全教育，建立可追溯的台账。各作业班组施工前需按照工种和施工特点进行安全技术交底并做好记录；特种作业人员需持有效证件上岗。未经安全教育和安全技术交底的作业人员一律不得上岗。安全教育和技术交底可结合实际情况分散、分时开展。

2. 对现场重点部位开展安全检查

针对春节后复工初期各类建筑施工生产安全事故易发、多发的特点，施工项目部要联合各参建方落实安全防范措施，加大安全检查力度，深化隐患排查治理，特别是建筑起重机械、提升设备、深基坑、高边坡、高挡墙、高大支模、脚手架、施工消防等重大危险源需进行逐一排查，以及高处作业安全防护措施是否到位；现场临时用电系统是否符合规范，现场防火措施是否到位等。

3. 加强文明施工管理

项目部要实行文明施工标准化管理，制定并落实扬尘防治方案；施工现场设置连续封闭的硬质围挡，实行封闭管理；围挡公益广告设置应符合要求；施工现场裸土等易产生扬尘的物料需覆盖密闭或绿化；施工场地主要通道、进出道路及材料加工区地面需硬化；出入口车辆冲洗装置需完好并投入使用，现场喷淋、喷雾装置是否齐全完好等。

4. 复工专项安全检查

项目部联合各参建方成立安全生产检查小组，对施工现场进行一次全面安全检查，形成检查、整改记录；监理单位切实履行安全监理职责，联合建设单位组织开展安全检查，对不具备复工条件的工程不允许复工。

5. 加强作业过程安全监督

符合复工条件的项目，对工人开展教育交底后，督促工人佩戴好安全防护用品及防护口罩，安排专人进行体温监测；合理安排作业内容，尽量不安排晚上加班，对危险性较大的分部分项工程安排专人旁站监督。

八、群众举报制度

项目建立群众举报制度，充分发动群众，依靠群众对异常人员进行举报。项目公示举报热线（举报电话：_____）。领导小组在收到举报热线后必须第一时间处置并留存工作痕迹。

建筑工地各类危险源汇总

建筑施工现场安全生产风险点清单目录（房屋建筑工程类）　　附表

施工阶段	作业过程或作业活动		风险点		风险程度	风险危害	控制措施
1 施工备阶段	1.1 安全管理	安全生产责任制	1.1.1	未建立安全生产责任制并签字确认	I	违法施工	停工整改
			1.1.2	未按规定配备专职安全员	I	违法施工	停工整改
			1.1.3	未制定安全生产管理目标并目标分解	I	违规施工	停工整改
			1.1.4	未对管理人员定期安全考核	I	违规施工	停工整改
			1.1.5	未制定安全管理制度	I	违规施工	停工整改
			1.1.6	未制定安全资金保障制度，未编制安全资金使用计划及实施	I	违规施工	停工整改
		施工组织设计	1.1.7	危险性较大的分部分项工程未编制安全专项施工方案	I	违规施工	停工整改
			1.1.8	未按规定对超过一定规模危险性较大的分部分项工程的专项方案进行专家论证	I	违规施工	停工整改
			1.1.9	施工组织设计中未制定安全措施	I	违规施工	立即整改
			1.1.10	未制定安全专项方案，或安全专项方案未经审核、审批	I	违规施工	停工整改
			1.1.11	未按方案组织实施	I	违规施工	停工整改
		安全技术交底	1.1.12	未采取书面安全技术交底，未履行签字手续	I	违规施工	立即整改
			1.1.13	交底未做到分部分项，内容针对性不强	I	违规施工	立即整改
		安全检查验收	1.1.14	无定期、季节性安全检查记录	I	违规施工	立即整改
			1.1.15	事故隐患的整改未做到定人、定时间、定措施	I	违规施工	立即整改

施工阶段	作业过程或作业活动		风险点		风险程度	风险危害	控制措施
1 施工准备阶段	1.1 安全管理		1.1.16	对重大事故隐患整改通知书所列项目未按期整改和复查	I	违规施工	停工整改
			1.1.17	未组织对设备、设施等验收	I	违规施工	停工整改
		安全教育	1.1.18	施工人员未进行三级安全教育和考核	I	违规施工	立即整改
			1.1.19	未对施工人员进行日常安全教育	I	违规施工	立即整改
			1.1.20	施工管理人员、专职安全员未按规定进行年度培训考核	I	违规施工	立即整改
		应急预案	1.1.21	未制定安全生产应急预案，未建立应急救援组织、配备救援人员	I	违规施工	立即整改
			1.1.22	未配置应急救援器材，未进行应急救援演练	II	违规施工	立即整改
		分包单位安全管理	1.1.23	分包单位资质、资格、分包手续不全或失效	I	违法施工	停工整改
			1.1.24	未签订安全生产协议书，签字盖章手续不全	I	违规施工	立即整改
			1.1.25	分包单位未按规定建立安全组织机构、配备安全员	I	违法施工	停工整改
			1.1.26	未对分包单位进行安全教育、交底、检查	I	违规施工	立即整改
		持证上岗	1.1.27	项目经理、专职安全员和特种作业人员未持证上岗	I	违法施工	停工整改
		生产安全事故处理	1.1.28	生产安全事故未按规定报告	I	违法施工	停工整改
			1.1.29	生产安全事故未按规定进行调查分析、制定防范措施	I	违法施工	停工整改
			1.1.30	未依法为施工作业人员办理保险	I	违法施工	停工整改
		安全标志	1.1.31	主要施工区域、危险部位未按规定悬挂安全标志	III	违规施工	限时整改
			1.1.32	未绘制现场安全标志布置图	III	违规施工	限时整改
			1.1.33	未设置重大危险源公示牌	III	违规施工	限时整改
	1.2 临建设施	现场围挡	1.1.34	未设置封闭围挡，市区围挡高度小于2.5m，一般路段围挡高度小于1.8m	IV	违规施工	跟踪消除
			1.1.35	未达到坚固、稳定、整洁、美观要求	IV	违规施工	跟踪消除
		封闭管理	1.1.36	进出口未设置大门、门卫室	IV	违规施工	跟踪消除

续表

施工阶段	作业过程或作业活动		风险点		风险程度	风险危害	控制措施
1 施工准备阶段	1.2 临建设施	现场办公与住宿	1.1.37	地基未处理、夯实	II	坍塌	立即整改
			1.1.38	施工作业区、材料存放区与办公区、生活区未采取隔离措施	II	违规施工	立即整改
			1.1.39	宿舍、办公用房防火等级不符合有关消防安全技术规范要求	I	火灾	停工整改
			1.1.40	在建工程、伙房、库房兼作住宿	I	违法施工	停工整改
			1.1.41	活动房未组织验收	II	违规施工	立即整改
			1.1.42	食堂与厕所、垃圾站、有毒有害场所的距离不符合规范要求	III	违规施工	限时整改
			1.1.43	食堂未办理卫生许可证或未办理炊事人员健康证	I	违法施工	停工整改
			1.1.44	食堂使用的燃气罐未单独设置存放间或存放间通风条件不良	III	违规施工	限时整改
			1.1.45	食堂未配备排风、冷藏、消毒、防鼠、防蚊蝇等设施	III	违规施工	限时整改
			1.1.46	不能保证现场人员卫生饮水	III	违规施工	限时整改
2 施工阶段	2.1 文明施工扬尘治理	施工场地	2.1.1	未设置车辆冲洗设施	III	违规施工	限时整改
			2.1.2	道路不畅通、路面不平整坚实，未硬化	III	违规施工	限时整改
			2.1.3	未设置排水设施或排水不通畅、有积水	III	违规施工	限时整改
		材料管理	2.1.4	材料存放未采取防火、防锈蚀、防雨措施	III	违规施工	限时整改
			2.1.5	易燃易爆物品未分类储藏在专用库房、未采取防火措施	I	火灾	停工整改
			2.1.6	材料码放不整齐、未标明名称、规格	III	违规施工	限时整改
		现场防火	2.1.7	临时用房和作业场所的防火设计不符合规范要求	II	火灾	立即整改
			2.1.8	消防通道、消防水源的设置不符合规范要求	II	火灾	立即整改
			2.1.9	灭火器材布局、配置不合理或灭火器材失效	II	火灾	立即整改
			2.1.10	电焊、气割等作业防护措施不符合要求	II	火灾	立即整改

施工阶段	作业过程或作业活动		风险点		风险程度	风险危害	控制措施
2 施工阶段	2.1 文明施工扬尘治理	现场防火	2.1.11	未办理动火审批手续或未指定动火监护人员	II	火灾	立即整改
	2.2 临时用电	外电防护	2.2.1	外电线路与在建工程及脚手架、起重机械、场内机动车道之间的安全距离不符合规范要求且未采取防护措施	I	触电	停工整改
			2.2.2	在外电架空线路正下方施工、建造临时设施或堆放材料物品	I	触电	停工整改
			2.2.3	防护设施与外电线路的安全距离及搭设方式不符合规范要求	I	触电	停工整改
		接地与接零保护系统	2.2.4	未采用TN-S接零保护系统	II	触电	立即整改
			2.2.5	配电系统未采用同一保护系统	II	触电	立即整改
			2.2.6	保护零线引出位置不符合规范要求	II	触电	立即整改
			2.2.7	电气设备未接保护零线	II	触电	立即整改
			2.2.8	保护零线装设开关、熔断器或通过工作电流	II	触电	立即整改
			2.2.9	工作接地与重复接地的设置、安装及接地装置的材料不符合规范要求	III	触电	限时整改
			2.2.10	工作接地电阻大于4Ω，重复接地电阻大于10Ω	II	触电	立即整改
			2.2.11	施工现场起重机、物料提升机、施工升降机、脚手架防雷措施不符合规范要求	II	触电	立即整改
			2.2.12	做防雷接地机械上的电气设备，保护零线未做重复接地	III	触电	限时整改
		配电线路	2.2.13	线路及接头不能保证机械强度和绝缘强度	III	触电	限时整改
			2.2.14	线路未设短路、过载保护	III	火灾	限时整改
			2.2.15	线路截面不能满足负荷电流	III	火灾	限时整改
			2.2.16	线路的设施、材料及相序排列、挡距、与邻近线路或固定物的距离不符合规范要求	III	触电	限时整改
			2.2.17	未使用符合规范要求的电缆	III	触电	限时整改
			2.2.18	电缆沿地面明设或沿脚手架、树木等敷设或敷设不符合规范要求	III	触电	限时整改

施工阶段	作业过程或作业活动		风险点		风险程度	风险危害	控制措施
2 施工阶段	2.2 临时用电	配电箱与开关箱	2.2.19	未采用三级配电、二级漏电保护系统	III	触电	限时整改
			2.2.20	固定式设备未使用专用开关箱，未执行"一机、一闸、一漏、一箱"规定	III	触电	限时整改
			2.2.21	箱体结构、箱内电器设置不符合规范要求	III	触电	限时整改
			2.2.22	配电箱零线端子板的设置、连接不符合规范要求	III	触电	限时整改
			2.2.23	漏电保护器参数不匹配或检测不灵敏	III	触电	限时整改
			2.2.24	配电箱与开关箱电器损坏或进出线混乱	III	触电	限时整改
			2.2.25	箱体未设置系统接线图和分路标记、门、锁，未采取防雨措施	III	触电	限时整改
			2.2.26	箱体安装位置、高度及周边通道不符合规范要求	III	触电	限时整改
			2.2.27	分配电箱与开关箱、开关箱与用电设备的距离不符合规范要求	III	触电	限时整改
		配电室	2.2.28	配电室建筑耐火等级未达到三级，未配置适用于电气火灾的灭火器材	I	火灾	停工整改
			2.2.29	配电室、配电装置布设不符合规范要求	I	火灾	停工整改
			2.2.30	配电装置中的仪表、电器元件设置不符合规范要求或仪表、电器元件损坏	III	触电	限时整改
			2.2.31	备用发电机组未与外电线路进行连锁	III	触电	限时整改
			2.2.32	配电室未采取防雨雪和小动物侵入的措施，未设警示标志、工地供电平面图和系统图	III	违规施工	限时整改
		现场照明	2.2.33	现场照明不足	III	其他伤害	限时整改
			2.2.34	照明用电与动力用电混用	III	触电	限时整改
			2.2.35	特殊场所未使用36V及以下安全电压	III	触电	限时整改
			2.2.36	灯具金属外壳未接保护零线	III	触电	限时整改
			2.2.37	照明线路和安全电压线路的架设不符合规范要求	III	触电	限时整改
			2.2.38	灯具与地面、易燃物之间小于安全距离	III	火灾	限时整改

施工阶段	作业过程或作业活动		风险点		风险程度	风险危害	控制措施
2 施工阶段	2.2 临时用电	用电档案	2.2.39	总包单位与分包单位未订立临时用电管理协议	Ⅲ	触电	限时整改
			2.2.40	接地电阻、绝缘电阻和漏电保护器检测记录未填写或填写不真实	Ⅲ	触电	限时整改
			2.2.41	定期巡视检查、隐患整改记录未填写或填写不真实	Ⅲ	触电	限时整改
			2.2.42	安全技术交底、设备设施验收记录未填写或填写不真实	Ⅲ	触电	限时整改
			2.2.43	档案资料不齐全、未设专人管理	Ⅲ	触电	限时整改
	2.3 高处和临边作业	安全帽	2.3.1	施工现场人员未佩戴或未按标准正确佩戴安全帽	Ⅱ	物体打击	立即整改
			2.3.2	安全帽质量不符合现行国家相关标准的要求	Ⅱ	物体打击	立即整改
		安全网	2.3.3	脚手架架体外侧未采用密目式安全网封闭或网间连接不严	Ⅲ	高处坠落	限时整改
			2.3.4	安全网质量不符合现行国家相关标准的要求	Ⅲ	高处坠落	限时整改
		安全带	2.3.5	高处作业人员未按规定系挂安全带或安全带系挂不符合要求	Ⅱ	高处坠落	立即整改
			2.3.6	安全带质量不符合现行国家相关标准的要求	Ⅱ	高处坠落	立即整改
		临边、洞口防护	2.3.7	作业面边沿无临边防护	Ⅱ	高处坠落	立即整改
			2.3.8	临边防护设施的构造、强度不符合规范要求	Ⅱ	高处坠落	立即整改
			2.3.9	在建工程的孔、洞未采取防护措施	Ⅱ	高处坠落	立即整改
			2.3.10	防护措施、设施不符合要求或不严密	Ⅱ	高处坠落	立即整改
			2.3.11	电梯井内未按每隔两层且不大于10m设置安全平网	Ⅱ	高处坠落	立即整改
		通道口防护	2.3.12	未搭设防护棚或防护不严、不牢固	Ⅱ	物体打击	立即整改
			2.3.13	防护棚宽度长度不符合要求	Ⅱ	物体打击	立即整改
			2.3.14	防护棚的材质不符合规范要求	Ⅱ	物体打击	立即整改
			2.3.15	建筑物高度超过24m，防护棚顶未采用双层防护	Ⅱ	物体打击	立即整改

建设各方主体事故责任及风险规避

施工阶段	作业过程或作业活动		风险点		风险程度	风险危害	控制措施
2 施工阶段	2.3 高处和临边作业	攀登作业	2.3.16	移动式梯子的梯脚底部垫高使用	II	高处坠落	立即整改
			2.3.17	折梯未使用可靠拉撑装置	II	高处坠落	立即整改
			2.3.18	梯子的材质或制作质量不符合规范要求	II	高处坠落	立即整改
		悬空作业	2.3.19	悬空作业处未设置防护栏杆或其他可靠的安全设施	II	高处坠落	立即整改
			2.3.20	悬空作业人员未系挂安全带或佩带工具袋	II	高处坠落	立即整改
		移动式操作平台	2.3.21	移动式操作平台，轮子与平台的连接不牢固可靠或立柱底端距离地面超过80mm	II	高处坠落	立即整改
			2.3.22	操作平台的组装不符合设计和规范要求	II	高处坠落	立即整改
			2.3.23	操作平台四周未按规定设置防护栏杆或未设置登高扶梯	II	高处坠落	立即整改
			2.3.24	操作平台的材质不符合规范要求，台面铺板不严	II	高处坠落	立即整改
		悬挑式物料钢平台	2.3.25	悬挑式钢平台的下部支撑系统或上部拉结点，未设置在建筑结构上	II	高处坠落	立即整改
			2.3.26	斜拉杆或钢丝绳未按要求在平台两侧各设置两道	II	高处坠落	立即整改
			2.3.27	钢平台未按要求设置固定的防护栏杆或挡脚板	III	物体打击	限时整改
			2.3.28	钢平台台面铺板不严或钢平台与建筑结构之间铺板不严	III	物体打击	限时整改
	2.4 施工机具	木工、钢筋机械	2.4.1	传动部位未设置防护罩	II	机械伤害	立即整改
			2.4.2	未设置护手安全装置	II	机械伤害	立即整改
			2.4.3	未设置防护挡板安全装置	III	机械伤害	限时整改
		电焊机	2.4.4	未设置二次空载降压保护器	III	触电	限时整改
			2.4.5	电焊机未设置防雨罩或接线柱未设置防护罩	III	触电	限时整改
			2.4.6	一次线长度超过规定或未进行穿管保护	III	触电	限时整改
			2.4.7	二次线长度超过规定或绝缘层老化	III	触电	限时整改

施工阶段	作业过程或作业活动		风险点		风险程度	风险危害	控制措施
2 施工阶段	2.4 施工机具	搅拌机	2.4.8	二次线未采用防水橡皮护套铜芯软电缆	III	触电	限时整改
			2.4.9	搅拌机未设置安全挂钩或止挡装置	III	机械伤害	限时整改
			2.4.10	搅拌机离合器、制动器、钢丝绳达不到规定要求	III	机械伤害	限时整改
		气瓶	2.4.11	乙炔瓶未安装回火防止器	II	火灾	立即整改
			2.4.12	气瓶间距小于 5m 或与明火距离小于 10m 未采取隔离措施	II	火灾	立即整改
			2.4.13	气瓶未安装减压器	II	火灾	立即整改
			2.4.14	气瓶未设置防震圈和防护帽	II	火灾	立即整改
			2.4.15	气瓶存放不符合要求	II	火灾	立即整改
		翻斗车	2.4.16	翻斗车制动、转向装置不灵敏	II	车辆伤害	立即整改
			2.4.17	行车载人或违章行车	II	车辆伤害	立即整改
		潜水泵	2.4.18	负荷线未使用专用防水橡皮电缆	II	触电	立即整改
			2.4.19	负荷线有接头	II	触电	立即整改
		振捣器	2.4.20	电缆线长度超过 30m	II	触电	立即整改
			2.4.21	未使用移动式配电箱	II	触电	立即整改
			2.4.22	操作人员未穿戴绝缘防护用品	II	触电	立即整改
		桩工机械	2.4.23	安全装置不齐全或不灵敏	II	机械伤害	立即整改
			2.4.24	机械作业区域地面承载力不符合规定要求或未采取有效硬化措施	III	机械伤害	限时整改
	2.5 基坑支护及土石方工程	施工方案	2.5.1	基坑周边环境或施工条件发生变化，专项施工方案未重新进行审核、审批	I	坍塌	停工整改
			2.5.2	超过一定规模条件的基坑工程专项施工方案未按规定组织专家论证	I	坍塌	停工整改
		基坑支护	2.5.3	开挖深度较大或存在边坡塌方安全隐患未采取支护措施	I	坍塌	停工整改
			2.5.4	自然放坡的坡度不符合专项施工方案和规范要求	II	坍塌	立即整改
			2.5.5	基坑支护结构不符合设计要求	II	坍塌	立即整改
			2.5.6	支护结构水平位移达到设计报警值未采取有效控制措施	I	坍塌	停工整改

建设各方主体事故责任及风险规避

施工阶段	作业过程或作业活动		风险点		风险程度	风险危害	控制措施
2 施工阶段	2.5 基坑支护及土石方工程	降排水	2.5.7	未采取有效的降排水措施	II	坍塌	立即整改
			2.5.8	未设排水沟或排水沟设置不符合规范要求	II	坍塌	立即整改
		基坑开挖	2.5.9	提前开挖下层土方	II	坍塌	立即整改
			2.5.10	未按照要求分层、分段开挖或开挖不均衡	II	坍塌	立即整改
			2.5.11	未采取防止碰撞支护结构或工程桩的有效措施	II	坍塌	立即整改
			2.5.12	机械在软土场地作业，未采取铺设渣土、砂石等硬化措施	II	坍塌	立即整改
		坑边荷载	2.5.13	基坑边堆置土、料具等荷载超过基坑支护设计允许要求	II	坍塌	立即整改
			2.5.14	施工机械与基坑边沿的安全距离不符合设计要求	II	触电	立即整改
		安全防护	2.5.15	基坑周边未按规范要求设置防护栏杆	III	高处坠落	限时整改
			2.5.16	未设置供施工人员上下的专用梯道	III	高处坠落	限时整改
			2.5.17	降水井口未设置防护盖板或围挡	III	高处坠落	限时整改
		基坑监测	2.5.18	未按要求进行基坑工程监测	I	坍塌	停工整改
			2.5.19	基坑监测项目、时间不符合设计和规范要求	II	坍塌	立即整改
			2.5.20	未按设计要求提交监测报告	II	坍塌	立即整改
		支撑拆除	2.5.21	采用非常规拆除方式不符合国家现行相关规范要求	II	坍塌	立即整改
		作业环境	2.5.22	上下垂直作业未采取防护措施	III	高处坠落	限时整改
			2.5.23	土方机械、施工人员的安全距离不符合规范要求	III	高处坠落	限时整改
		人工挖孔桩	2.5.24	未在桩边以外或临近的边坡顶部设截水、排水设施	II	坍塌	立即整改
			2.5.25	下层土方开挖时上层护壁混凝土强度未达到设计要求	II	坍塌	立即整改
			2.5.26	桩口周边 1m 范围内堆放物料、堆土高度大于 1m	II	坍塌	立即整改
			2.5.27	护壁的厚度、混凝土强度等级、配筋不符合标准和设计的要求	I	坍塌	停工整改

附录 建筑工地各类危险源汇总

施工阶段	作业过程或作业活动		风险点		风险程度	风险危害	控制措施
2 施工阶段	2.5 基坑支护及土石方工程	人工挖孔桩	2.5.28	提升设施的基础不坚固或有沉降、架体有严重变形或锈蚀	Ⅱ	坍塌	立即整改
			2.5.29	吊绳、吊钩、电葫芦或卷扬机等的型号、规格不符合要求	Ⅱ	机械伤害	立即整改
			2.5.30	人员每日下井工作前未进行井下气体检测，或无气体检测记录	Ⅱ	中毒和窒息	立即整改
			2.5.31	桩孔在清渣、安装钢筋等井下作业时，未保持与桩孔开挖时的送风量	Ⅱ	中毒和窒息	立即整改
			2.5.32	作业人员乘坐吊桶或攀爬护壁上下	Ⅱ	高处坠落	立即整改
			2.5.33	桩孔内未设置刚性爬梯	Ⅱ	高处坠落	立即整改
		爆破施工	2.5.34	爆破时，无专人指挥，未设立警戒线	Ⅰ	物体打击、爆炸伤人等	停工整改
			2.5.35	起爆前电爆网络未经检测	Ⅰ	物体打击、爆炸伤人等	停工整改
			2.5.36	爆破器材保管、使用不当	Ⅰ	物体打击、爆炸伤人等	停工整改
			2.5.37	拆除爆破前未进行模拟试爆	Ⅰ	物体打击、爆炸伤人等	停工整改
			2.5.38	作业人员违章操作	Ⅰ	物体打击、爆炸伤人等	停工整改
	2.6 外脚手架工程	钢管脚手架	2.6.1	搭设超过规范允许高度，专项施工方案未按规定组织专家论证	Ⅰ	违规施工	停工整改
			2.6.2	立杆基础不平、不实、底部缺少底座、垫板	Ⅱ	坍塌	立即整改
			2.6.3	未按规范要求设置纵、横向扫地杆或不符合规范要求	Ⅱ	坍塌	立即整改
			2.6.4	基础未采取排水措施	Ⅱ	坍塌	立即整改
			2.6.5	架体与建筑结构拉结方式或间距不符合规范要求	Ⅱ	坍塌	立即整改
			2.6.6	立杆、纵向水平杆、横向水平杆间距超过设计或规范要求	Ⅱ	坍塌	立即整改

施工阶段	作业过程或作业活动		风险点		风险程度	风险危害	控制措施
2施工阶段	2.6外脚手架工程	钢管脚手架	2.6.7	未按规定设置纵向剪刀撑或横向斜撑	II	坍塌	立即整改
			2.6.8	承插式立杆接长未采取螺栓或销钉固定	II	坍塌	立即整改
			2.6.9	剪刀撑未沿脚手架高度连续设置或角度不符合规范要求	II	坍塌	立即整改
			2.6.10	剪刀撑斜杆的接长或剪刀撑斜杆与架体杆件固定不符合规范要求	II	坍塌	立即整改
			2.6.11	脚手板未满铺或铺设不牢、不稳	II	高处坠落	立即整改
			2.6.12	作业层未设置高度不小于180mm的挡脚板	II	物体打击	立即整改
			2.6.13	未在立杆与纵向水平杆交点处设置横向水平杆	II	坍塌	立即整改
			2.6.14	未按脚手板铺设的需要增加设置横向水平杆	II	坍塌	立即整改
			2.6.15	纵向水平杆搭接长度小于1m或固定不符合要求	II	坍塌	立即整改
			2.6.16	立杆除顶层顶步外采用搭接	II	坍塌	立即整改
			2.6.17	杆件对接扣件的布置不符合规范要求	II	坍塌	立即整改
			2.6.18	扣件紧固力矩小于40N·m或大于65N·m	II	坍塌	立即整改
			2.6.19	作业层脚手板下未采用安全平网兜底或作业层以下每隔10m未采用安全平网封闭	II	高处坠落	立即整改
			2.6.20	作业层与建筑物之间未按规定进行封闭	II	高处坠落	立即整改
			2.6.21	钢管直径、壁厚、材质不符合要求，钢管弯曲、变形、锈蚀严重	II	坍塌	立即整改
			2.6.22	未设置人员上下专用通道或不符合要求	II	高处坠落	立即整改
			2.6.23	悬挑架钢梁固定段长度小于悬挑段长度的1.25倍	I	坍塌	停工整改
			2.6.24	悬挑架钢梁外端未设置钢丝绳或钢拉杆与上一层建筑结构拉结	I	坍塌	停工整改
			2.6.25	悬挑架钢梁与建筑结构锚固措施不符合设计和规范要求	I	坍塌	停工整改

施工阶段	作业过程或作业活动		风险点		风险程度	风险危害	控制措施
2 施工阶段	2.6 外脚手架工程	钢管脚手架	2.6.26	悬挑层封闭不严实	Ⅱ	物体打击	立即整改
			2.6.27	拆除作业未按拆除顺序施工	Ⅱ	物体打击	立即整改
		附着式提升脚手架	2.6.28	脚手架提升超过规定允许高度，专项施工方案未按规定组织专家论证	Ⅰ	坍塌	停工整改
			2.6.29	未采用防坠落装置或技术性能不符合规范要求	Ⅰ	坍塌	停工整改
			2.6.30	防坠落装置与升降设备未分别独立固定在建筑结构上	Ⅰ	坍塌	停工整改
			2.6.31	防坠落装置未设置在竖向主框架处并与建筑结构附着	Ⅰ	坍塌	停工整改
			2.6.32	未安装防倾覆装置或防倾覆装置不符合规范要求	Ⅰ	坍塌	停工整改
			2.6.33	升降或使用工况，最上和最下两个防倾装置之间的最小间距不符合规范要求	Ⅰ	坍塌	停工整改
			2.6.34	未安装同步控制装置或技术性能不符合规范要求	Ⅰ	坍塌	停工整改
			2.6.35	架体高度大于5倍楼层高，宽度大于1.2m	Ⅰ	坍塌	停工整改
			2.6.36	直线布置的架体支撑跨度大于7m或折线、曲线布置的架体支撑跨度的架体外侧距离大于5.4m	Ⅰ	坍塌	停工整改
			2.6.37	架体的水平悬挑长度大于2m或大于跨度1/2，悬臂高度大于架体高度2/5或大于6m	Ⅰ	坍塌	停工整改
			2.6.38	架体全高与支撑跨度的乘积大于$110m^2$	Ⅰ	坍塌	停工整改
			2.6.39	未按竖向主框架所覆盖的每个楼层设置一道附着支座	Ⅰ	坍塌	停工整改
			2.6.40	使用工况未将竖向主框架与附着支座固定	Ⅰ	坍塌	停工整改
			2.6.41	升降工况未将防倾、导向装置设置在附着支座上	Ⅰ	坍塌	停工整改
			2.6.42	附着支座与建筑结构连接固定方式不符合规范要求	Ⅰ	坍塌	停工整改

施工阶段	作业过程或作业活动		风险点		风险程度	风险危害	控制措施
2 施工阶段	2.6 外脚手架工程	附着式提升脚手架	2.6.43	主框架及水平支撑桁架等节点未采用焊接或螺栓连接	I	坍塌	停工整改
			2.6.44	架体立杆底端未设置在水平支撑桁架上弦杆件节点处	I	坍塌	停工整改
			2.6.45	竖向主框架组装高度低于架体高度	I	坍塌	停工整改
			2.6.46	架体外立面设置的连续式剪刀撑未将竖向主框架、水平支撑桁架和架体构架连成一体	I	坍塌	停工整改
			2.6.47	两跨及以上架体升降采用手动升降设备	I	坍塌	停工整改
			2.6.48	升降工况附着支座与建筑结构连接处混凝土强度未达到设计和规范要求	I	坍塌	停工整改
			2.6.49	升降工况架体上有施工荷载或有人员停留	II	高处坠落	立即整改
			2.6.50	脚手板未满铺或铺设不严、不牢	II	高处坠落	立即整改
			2.6.51	作业层与建筑结构之间空隙封闭不严	II	高处坠落	立即整改
			2.6.52	安装、升降、拆除时未设置安全警戒区及专人监护荷载不均匀或超载	I	物体打击	停工整改
	2.7 模板工程		2.7.1	超一定规模的模板支架专项施工方案未按规定组织专家论证、未按照方案施工	I	坍塌	停工整改
			2.7.2	基础不坚实平整、承载力不符合专项施工方案要求	II	坍塌	立即整改
			2.7.3	支架底部未设置垫板或设置不符合要求	II	坍塌	立即整改
			2.7.4	未按规范要求设置扫地杆	II	坍塌	立即整改
			2.7.5	未采取排水措施	II	坍塌	立即整改
			2.7.6	支架设在楼面结构上时，未对楼面结构的承载力进行验算或楼面结构下方未采取加固措施	II	坍塌	立即整改
			2.7.7	立杆纵、横间距大于设计和规范要求	II	坍塌	立即整改
			2.7.8	水平杆步距大于设计和规范要求、未连续设置	II	坍塌	立即整改
			2.7.9	未按规范要求设置剪刀撑、专用斜杆或设置不符合规范要求	II	坍塌	立即整改

附录 建筑工地各类危险源汇总

施工阶段	作业过程或作业活动		风险点	风险程度	风险危害	控制措施
2 施工阶段	2.7 模板工程		2.7.10 模板支撑在脚手架上	Ⅱ	坍塌	立即整改
			2.7.11 支架高宽比超过规范要求未采取与建筑结构刚性连接或增加架体宽度等措施	Ⅱ	坍塌	立即整改
			2.7.12 立杆伸出顶层水平杆的长度超过规范要求	Ⅱ	坍塌	立即整改
			2.7.13 浇筑混凝土未对支架的基础沉降、架体变形采取监测措施	Ⅱ	坍塌	立即整改
			2.7.14 荷载堆放不均匀	Ⅱ	坍塌	立即整改
			2.7.15 立杆、水平杆、剪刀撑、斜杆连接不符合规范要求	Ⅱ	坍塌	立即整改
			2.7.16 杆件各连接点的紧固不符合规范要求	Ⅱ	坍塌	立即整改
			2.7.17 螺杆直径与立杆内径不匹配	Ⅱ	坍塌	立即整改
			2.7.18 螺杆旋入螺母内的长度或外伸长度不符合规范要求	Ⅱ	坍塌	立即整改
			2.7.19 钢管、构配件的规格、型号、材质不符合规范要求、杆件弯曲、变形、锈蚀严重	Ⅱ	坍塌	立即整改
			2.7.20 未按规定设置警戒区或未设置专人监护	Ⅱ	物体打击	立即整改
			2.7.21 支架拆除前未确认混凝土强度达到设计要求	Ⅱ	坍塌	立即整改
			2.7.22 拆模不到位，留下悬空模板	Ⅱ	物体打击	立即整改
	2.8 混凝土工程		2.8.1 混凝土滑槽未固定牢靠	Ⅲ	坍塌	限时整改
			2.8.2 泵送管道和脚手架、钢筋和模板相连	Ⅲ	坍塌	限时整改
			2.8.3 泵送混凝土架子搭设不牢靠	Ⅲ	坍塌	限时整改
			2.8.4 严禁使用塔吊调运泵管浇筑混凝土	Ⅱ	机械伤害	立即整改
			2.8.5 布料机固定不牢固	Ⅱ	机械伤害	立即整改
			2.8.6 振捣器使用不规范	Ⅱ	机械伤害	立即整改
	2.9 塔式起重机	基础与轨道	2.9.1 塔式起重机基础未按产品说明书及有关规定设计、检测、验收	Ⅰ	起重伤害	停工整改
			2.9.2 基础未设置排水措施	Ⅱ	起重伤害	立即整改
			2.9.3 路基箱或枕木铺设不符合产品说明书及规范要求	Ⅱ	起重伤害	立即整改

建设各方主体事故责任及风险规避

施工阶段	作业过程或作业活动		风险点		风险程度	风险危害	控制措施
2 施工阶段	2.9 塔式起重机	基础与轨道	2.9.4	轨道铺设不符合产品说明书及规范要求	Ⅱ	起重伤害	立即整改
			2.9.5	基础围挡设置不到位	Ⅱ	坍塌	立即整改
		载荷限制装置	2.9.6	未安装起重量限制器或不灵敏	Ⅰ	起重伤害	停工整改
			2.9.7	未安装力矩限制器或不灵敏	Ⅰ	起重伤害	停工整改
		行程限位装置	2.9.8	未安装起升高度限位器或不灵敏	Ⅰ	起重伤害	停工整改
			2.9.9	未安装幅度限位器或不灵敏	Ⅰ	起重伤害	停工整改
			2.9.10	回转不设集电器的塔式起重机未安装回转限位器或不灵敏	Ⅰ	起重伤害	停工整改
			2.9.11	行走式塔式起重机未安装行走限位器或不灵敏	Ⅰ	起重伤害	停工整改
		保护装置	2.9.12	小车变幅的塔式起重机未安装断绳保护及断轴保护装置	Ⅰ	起重伤害	停工整改
			2.9.13	行走及小车变幅的轨道行程末端未安装缓冲器及止挡装置或不符合规范要求	Ⅰ	起重伤害	停工整改
			2.9.14	起重臂根部绞点高度大于50m的塔式起重机未安装风速仪或不灵敏	Ⅲ	其他	限时整改
			2.9.15	塔式起重机顶部高度大于30m且高于周围建筑物未安装障碍指示灯	Ⅲ	其他	限时整改
		吊钩、滑轮、卷筒与钢丝绳	2.9.16	吊钩未安装钢丝绳防脱钩装置或不符合规范要求	Ⅰ	起重伤害	停工整改
			2.9.17	吊钩磨损、变形达到报废标准	Ⅰ	起重伤害	停工整改
			2.9.18	滑轮、卷筒未安装钢丝绳防脱装置或不符合规范要求	Ⅰ	起重伤害	停工整改
			2.9.19	滑轮及卷筒磨损达到报废标准	Ⅰ	起重伤害	停工整改
			2.9.20	钢丝绳磨损、变形、锈蚀达到报废标准	Ⅰ	起重伤害	停工整改
			2.9.21	钢丝绳的规格、固定、缠绕不符合产品说明书及规范要求	Ⅰ	起重伤害	停工整改
		附墙	2.9.22	高度超过规定未安装附着装置	Ⅰ	起重伤害	停工整改
			2.9.23	附着装置水平距离不满足产品说明书要求未进行设计计算和审批	Ⅰ	起重伤害	停工整改

施工阶段	作业过程或作业活动		风险点		风险程度	风险危害	控制措施
2 施工阶段	2.9 塔式起重机	附墙	2.9.24	安装内爬式塔式起重机的建筑承载结构未进行承载力验算	I	起重伤害	停工整改
			2.9.25	附着装置安装不符合产品说明书及规范要求	I	起重伤害	停工整改
			2.9.26	附着前和附着后塔身垂直度不符合规范要求	I	起重伤害	停工整改
		结构设施	2.9.27	主要结构件的变形、锈蚀不符合规范要求	I	起重伤害	停工整改
			2.9.28	平台、走道、梯子、护栏的设置不符合规范要求	II	高处坠落	立即整改
			2.9.29	高强螺栓、销轴、紧固件的紧固、连接不符合规范要求	I	起重伤害	停工整改
		电气安全	2.9.30	未安装避雷接地装置	II	触电	立即整改
			2.9.31	电缆使用及固定不符合规范要求	II	触电	立即整改
			2.9.32	防护措施不符合规范要求	II	触电	立即整改
		多塔作业	2.9.33	任意两台塔式起重机之间的最小架设距离不符合规范要求	I	起重伤害	停工整改
		安拆、验收与使用	2.9.34	安装、加节、拆除人员及司机、指挥未持证上岗	I	起重伤害	停工整改
			2.9.35	安装、拆卸单位未取得专业承包资质和安全生产许可证	I	起重伤害	停工整改
			2.9.36	安装、加节时塔吊未掌握好平衡	I	起重伤害	停工整改
			2.9.37	加节时套架、滚轮未按要求调整	I	起重伤害	停工整改
			2.9.38	安装、加节螺栓插销等未按要求固定	I	起重伤害	停工整改
			2.9.39	安装、加节、拆除无专人指挥监护	I	起重伤害	停工整改
			2.9.40	塔吊司机、指挥违章调运材料	II	违章作业	立即整改
	2.10 施工升降机	基础	2.10.1	基础制作、验收不符合产品说明书及规范要求	I	坍塌	停工整改
			2.10.2	基础设置在地下室顶板或楼面结构上，未对其支撑结构进行承载力验算	I	坍塌	停工整改
			2.10.3	基础未设置排水设施	II	坍塌	立即整改
		安全装置	2.10.4	未安装起重量限制器或起重量限制器不灵敏	I	起重伤害	停工整改

建设各方主体事故责任及风险规避

施工阶段	作业过程或作业活动		风险点		风险程度	风险危害	控制措施
2 施工阶段	2.10 施工升降机	安全装置	2.10.5	未安装渐进式防坠安全器或防坠安全器不灵敏	I	起重伤害	停工整改
			2.10.6	防坠安全器超过有效标定期限	I	起重伤害	停工整改
			2.10.7	对重钢丝绳未安装防松绳装置或防松绳装置不灵敏	I	起重伤害	停工整改
			2.10.8	未安装急停开关或急停开关不符合规范要求	I	起重伤害	停工整改
			2.10.9	未安装吊笼和对重缓冲器或缓冲器不符合规范要求	I	起重伤害	停工整改
			2.10.10	SC 型施工升降机未安装安全钩	I	起重伤害	停工整改
		限位装置	2.10.11	未安装极限开关或极限开关不灵敏	I	起重伤害	停工整改
			2.10.12	未安装上限位开关或上限位开关不灵敏	I	起重伤害	停工整改
			2.10.13	未安装下限位开关或下限位开关不灵敏	I	起重伤害	停工整改
			2.10.14	极限开关与上限位开关安全越程不符合规范要求	I	起重伤害	停工整改
			2.10.15	极限开关与上、下限位开关共用一个触发元件	I	起重伤害	停工整改
			2.10.16	未安装吊笼门机电连锁装置或不灵敏	I	起重伤害	停工整改
			2.10.17	未安装吊笼顶窗电气安全开关或不灵敏	I	起重伤害	停工整改
		防护设施	2.10.18	未设置地面防护围栏或设置不符合规范要求	II	其他	立即整改
			2.10.19	未安装地面防护围栏门连锁保护装置或连锁保护装置不灵敏	I	起重伤害	停工整改
			2.10.20	未设置出入口防护棚或设置不符合规范要求	II	物体打击	立即整改
			2.10.21	停层平台搭设不符合规范要求	II	高处坠落	立即整改
			2.10.22	未安装层门或层门不起作用、层门不符合规范要求	II	高处坠落	立即整改
		附墙架	2.10.23	附墙架采用非配套标准产品未进行设计计算	I	起重伤害	停工整改
			2.10.24	附墙架与建筑结构连接方式、角度不符合产品说明书要求	I	起重伤害	停工整改

附录 建筑工地各类危险源汇总

施工阶段	作业过程或作业活动		风险点		风险程度	风险危害	控制措施
2 施工阶段	2.10 施工升降机	附墙架	2.10.25	附墙架间距、最高附着点以上导轨架的自由高度超过产品说明书要求	Ⅰ	起重伤害	停工整改
		钢丝绳、滑轮与对重	2.10.26	对重钢丝绳绳数少于2根或未相对独立	Ⅰ	起重伤害	停工整改
			2.10.27	钢丝绳磨损、变形、锈蚀达到报废标准	Ⅰ	起重伤害	停工整改
			2.10.28	钢丝绳的规格、固定不符合产品说明书及规范要求	Ⅰ	起重伤害	停工整改
			2.10.29	滑轮未安装钢丝绳防脱装置或不符合规范要求	Ⅰ	起重伤害	停工整改
			2.10.30	对重重量、固定不符合产品说明书及规范要求	Ⅰ	起重伤害	停工整改
			2.10.31	对重未安装防脱轨保护装置	Ⅰ	起重伤害	停工整改
		导轨架	2.10.32	导轨架垂直度不符合规范要求	Ⅰ	起重伤害	停工整改
			2.10.33	标准节质量不符合产品说明书及规范要求	Ⅰ	起重伤害	停工整改
			2.10.34	对重导轨不符合规范要求	Ⅰ	起重伤害	停工整改
			2.10.35	标准节连接螺栓使用不符合产品说明书及规范要求	Ⅰ	起重伤害	停工整改
		电气安全	2.10.36	施工升降机与架空线路不符合规范要求距离且未采取防护措施	Ⅱ	触电	立即整改
			2.10.37	未设置电缆导向架或设置不符合规范要求	Ⅱ	触电	立即整改
			2.10.38	施工升降机在防雷保护范围以外未设置避雷装置	Ⅱ	触电	立即整改
		通信装置	2.10.39	未安装楼层信号联络装置	Ⅲ	其他	限时整改
			2.10.40	楼层联络信号不清晰	Ⅲ	其他	限时整改
		安拆、验收与使用	2.10.41	安装、拆卸单位未取得专业承包资质和安全生产许可证	Ⅰ	违法施工	停工整改
			2.10.42	安装、拆除人员及司机未持证上岗	Ⅰ	违法施工	停工整改
			2.10.43	施工升降机作业前未按规定进行例行检查，未填写检查记录	Ⅲ	其他伤害	限时整改
			2.10.44	实行多班作业未按规定填写交接班记录	Ⅲ	其他伤害	限时整改
			2.10.45	司机超载运行	Ⅰ	违章作业	停工整改

施工阶段	作业过程或作业活动		风险点		风险程度	风险危害	控制措施
2 施工阶段	2.11 物料提升机	基础与导轨架	2.11.1	基础的承载力、平整度不符合规范要求	II	坍塌	立即整改
			2.11.2	基础周边未设排水设施	II	坍塌	立即整改
			2.11.3	导轨架垂直度偏差大于导轨架高度0.15%	II	坍塌	立即整改
			2.11.4	井架停层平台通道处的结构未采取加强措施	II	坍塌	立即整改
		安全装置	2.11.5	未安装起重量限制器、防坠安全器	II	起重伤害	立即整改
			2.11.6	起重量限制器、防坠安全器不灵敏	II	起重伤害	立即整改
			2.11.7	安全停层装置不符合规范要求或未达到定型化	III	高处坠落	限时整改
			2.11.8	未安装上行程限位	II	起重伤害	立即整改
			2.11.9	上行程限位不灵敏、安全越程不符合规范要求	II	起重伤害	立即整改
			2.11.10	物料提升机安装高度超过30m，未安装渐进式防坠安全器、自动停层、语音及影像信号监控装置	III	其他伤害	限时整改
		防护设施	2.11.11	未设置防护围栏或设置不符合规范要求	II	其他伤害	立即整改
			2.11.12	未设置进料口防护棚或设置不符合规范要求	II	物体打击	立即整改
			2.11.13	停层平台两侧未设置防护栏杆、挡脚板	II	物体打击	立即整改
			2.11.14	停层平台脚手板铺设不严、不牢	II	物体打击	立即整改
			2.11.15	未安装平台门或平台门不起作用、平台门未达到定型化	II	物体打击	立即整改
			2.11.16	吊笼门不符合规范要求	II	高处坠落	立即整改
		附墙架与缆风绳	2.11.17	附墙架结构、材质、间距不符合产品说明书要求	II	起重伤害	立即整改
			2.11.18	附墙架未与建筑结构可靠连接	II	起重伤害	立即整改
			2.11.19	缆风绳设置数量、位置不符合规范要求	II	起重伤害	立即整改
			2.11.20	缆风绳未使用钢丝绳或未与地锚连接	II	起重伤害	立即整改

施工阶段	作业过程或作业活动		风险点		风险程度	风险危害	控制措施
2 施工阶段	2.11 物料提升机	附墙架与缆风绳	2.11.21	钢丝绳直径小于 8mm 或角度不符合 45°～60°	Ⅱ	起重伤害	立即整改
			2.11.22	安装高度超过 30m 的物料提升机使用缆风绳	Ⅱ	起重伤害	立即整改
			2.11.23	地锚设置不符合规范要求	Ⅱ	起重伤害	立即整改
		钢丝绳	2.11.24	钢丝绳磨损、变形、锈蚀达到报废标准	Ⅱ	起重伤害	立即整改
			2.11.25	钢丝绳绳夹设置不符合规范要求	Ⅱ	起重伤害	立即整改
			2.11.26	吊笼处于最低位置，卷筒上钢丝绳少于 3 圈	Ⅱ	起重伤害	立即整改
			2.11.27	未设置钢丝绳过路保护措施或钢丝绳拖地	Ⅱ	起重伤害	立即整改
		安拆、验收与使用	2.11.28	安装、拆卸单位未取得专业承包资质和安全生产许可证	Ⅰ	违法施工	停工整改
			2.11.29	安装、拆除人员及司机未持证上岗	Ⅰ	违法施工	停工整改
			2.11.30	物料提升机作业前未按规定进行例行检查或未填写检查记录	Ⅲ	违规施工	限时整改
			2.11.31	实行多班作业未按规定填写交接班记录	Ⅲ	违规施工	限时整改
	2.12 起重吊装	施工方案	2.12.1	超规模的起重吊装专项施工方案未按规定组织专家论证	Ⅰ	违法施工	停工整改
		起重机械	2.12.2	未安装荷载限制装置或不灵敏	Ⅱ	起重伤害	立即整改
			2.12.3	未安装行程限位装置或不灵敏	Ⅱ	起重伤害	立即整改
			2.12.4	起重拔杆组装不符合设计要求	Ⅱ	起重伤害	立即整改
		钢丝绳与地锚	2.12.5	钢丝绳磨损、断丝、变形、锈蚀达到报废标准	Ⅱ	起重伤害	立即整改
			2.12.6	钢丝绳规格不符合起重机产品说明书要求	Ⅱ	起重伤害	立即整改
			2.12.7	吊钩、卷筒、滑轮磨损达到报废标准	Ⅱ	起重伤害	立即整改
			2.12.8	吊钩、卷筒、滑轮未安装钢丝绳防脱装置	Ⅱ	起重伤害	立即整改
			2.12.9	起重拔杆的缆风绳、地锚设置不符合设计要求	Ⅱ	起重伤害	立即整改

施工阶段	作业过程或作业活动		风险点		风险程度	风险危害	控制措施
2 施工阶段	2.12 起重吊装	索具	2.12.10	索具采用编结连接时,编结部分的长度不符合规范要求	Ⅱ	起重伤害	立即整改
			2.12.11	索具采用绳夹连接时,绳夹的规格、数量及绳夹间距不符合规范要求	Ⅱ	起重伤害	立即整改
			2.12.12	索具安全系数不符合规范要求	Ⅱ	起重伤害	立即整改
			2.12.13	吊索规格不匹配或机械性能不符合设计要求	Ⅱ	起重伤害	立即整改
		作业环境	2.12.14	起重机行走作业处地面承载能力不符合产品说明书要求或未采用有效加固措施	Ⅱ	起重伤害	立即整改
			2.12.15	起重机与架空线路安全距离不符合规范要求	Ⅱ	起重伤害	立即整改
		作业人员	2.12.16	起重机司机无证操作或操作证与操作机型不符合	Ⅲ	违规施工	限时整改
			2.12.17	未设置专职信号指挥和司索人员	Ⅲ	违规施工	限时整改
		起重吊装	2.12.18	多台起重机同时起吊一个构件时,单台起重机所承受的荷载不符合专项施工方案要求	Ⅱ	违规施工	立即整改
			2.12.19	吊索系挂点不符合专项施工方案要求	Ⅱ	起重伤害	立即整改
			2.12.20	起重机作业时起重臂下有人停留或吊运重物从人的正上方通过	Ⅱ	起重伤害	立即整改
			2.12.21	起重机吊具载运人员	Ⅱ	起重伤害	立即整改
			2.12.22	吊运易散落物件不使用吊笼	Ⅱ	起重伤害	立即整改
		高处作业	2.12.23	未按规定设置高处作业平台	Ⅱ	高处坠落	立即整改
			2.12.24	未按规定设置爬梯或爬梯的强度、构造不符合规范要求	Ⅱ	高处坠落	立即整改
			2.12.25	未按规定设置安全带悬挂点	Ⅱ	高处坠落	立即整改
		构件码放	2.12.26	构件码放荷载超过作业面承载能力	Ⅱ	坍塌	限时整改
			2.12.27	构件码放高度超过规定要求	Ⅱ	坍塌	限时整改
			2.12.28	大型构件码放无稳定措施	Ⅱ	坍塌	限时整改
		警戒监护	2.12.29	未按规定设置作业警戒区	Ⅱ	物体打击	立即整改
	2.13 砌体、粉刷工程		2.13.1	施工中在架体上砍砖,把砖头打向架外,砖头飞转	Ⅱ	物体打击	立即整改

施工阶段	作业过程或作业活动		风险点		风险程度	风险危害	控制措施
2 施工阶段	2.13 砌体、粉刷工程		2.13.2	在墙顶上站立划线、刮缝、清扫墙面或柱面、检查大角垂直度等工作	Ⅱ	高处坠落	立即整改
			2.13.3	安全防护被拆除未及时恢复	Ⅱ	高处坠落	立即整改
			2.13.4	临时脚手架无三角支撑，临时施工脚手架不稳	Ⅱ	高处坠落	立即整改
	2.14 屋面及防水工程		2.14.1	防水材料未分类存放，无相关防晒、防雨、防火、防爆措施	Ⅲ	火灾	限时整改
			2.14.2	火焰喷嘴直接对人	Ⅱ	其他伤害	立即整改
			2.14.3	在大坡度屋面作业时未系挂安全带	Ⅱ	高处坠落	立即整改
	2.15 外墙工程	高处作业吊篮	2.15.1	未编制专项施工方案或未对吊篮支架支撑处结构的承载力进行验算	Ⅰ	高处坠落	停工整改
			2.15.2	未安装防坠安全锁或安全锁失灵	Ⅰ	高处坠落	停工整改
			2.15.3	防坠安全锁超过标定期限	Ⅱ	高处坠落	立即整改
			2.15.4	未设置挂设安全带专用安全绳及安全锁扣或安全绳未固定在建筑物可靠位置	Ⅰ	高处坠落	停工整改
			2.15.5	吊篮未安装上限位装置或限位装置失灵	Ⅰ	高处坠落	停工整改
			2.15.6	悬挂机构前支架支撑在建筑物女儿墙上或挑檐边缘	Ⅰ	高处坠落	停工整改
			2.15.7	前梁外伸长度不符合产品说明书规定	Ⅱ	高处坠落	立即整改
			2.15.8	前支架与支撑面不垂直或脚轮受力	Ⅱ	高处坠落	立即整改
			2.15.9	上支架未固定在前支架调节杆与悬挑梁连接的节点处	Ⅱ	高处坠落	立即整改
			2.15.10	使用破损的配重块或采用其他替代物	Ⅱ	高处坠落	立即整改
			2.15.11	配重块未固定或重量不符合设计规定	Ⅱ	高处坠落	立即整改
			2.15.12	钢丝绳有断丝、松股、硬弯、锈蚀或有油污附着物	Ⅱ	高处坠落	立即整改
			2.15.13	安全钢丝绳规格、型号与工作钢丝绳不相同或未独立悬挂	Ⅱ	高处坠落	立即整改
			2.15.14	安全钢丝绳未悬垂	Ⅱ	高处坠落	立即整改
			2.15.15	电焊作业时未对钢丝绳采取保护措施	Ⅱ	高处坠落	立即整改
			2.15.16	吊篮平台组装长度不符合产品说明书和规范要求	Ⅱ	高处坠落	立即整改

施工阶段	作业过程或作业活动		风险点		风险程度	风险危害	控制措施
2 施工阶段	2.15 外墙工程	高处作业吊篮	2.15.17	吊篮组装的构配件不是同一生产厂家的产品	II	高处坠落	立即整改
			2.15.18	吊篮内作业人员数量超过2人	II	高处坠落	立即整改
			2.15.19	吊篮内作业人员未将安全带用安全锁扣挂置在独立设置的专用安全绳上	II	高处坠落	立即整改
			2.15.20	作业人员未从地面进出吊篮	II	高处坠落	立即整改
			2.15.21	吊篮平台周边的防护栏杆或挡脚板的设置不符合规范要求	II	物体打击	立即整改
			2.15.22	多层或立体交叉作业未设置防护顶板	II	物体打击	立即整改
			2.15.23	吊篮作业未采取防摆动措施	II	高处坠落	立即整改
			2.15.24	吊篮钢丝绳不垂直或吊篮距建筑物空隙过大	II	高处坠落	立即整改
			2.15.25	施工荷载超过设计规定,荷载堆放不均匀	II	高处坠落	立即整改
		交叉作业	2.15.26	施工作业下方未设置警戒线	II	物体打击	立即整改
			2.15.27	人字梯和操作平台不符合安全要求	II	高处坠落	立即整改
			2.15.28	立体交叉作业无隔离防护措施	III	高处坠落	限时整改
	2.16 室内装饰工程		2.16.1	木制或金属制梯子不符合规范要求	III	高处坠落	限时整改
			2.16.2	拆除过程中违章操作	II	物体打击	立即整改
			2.16.3	拆除作业未设置警戒区,无专人看护	II	物体打击	立即整改
	2.17 给排水管道工程		2.17.1	沟槽两侧的建筑物、构筑物和槽壁有变形	II	坍塌	立即整改
			2.17.2	管及管件起吊未采用兜身吊带或其他专用工具,装卸和运输不稳定、不牢固	II	物体打击	立即整改
			2.17.3	使用千斤顶顶进作业时,千斤顶数量及布置不合理,其行程不同步	II	机械伤害	立即整改
			2.17.4	管件连接处不牢固,法兰连接螺丝松动	III	机械伤害	限时整改
	2.18 通风与空调工程		2.18.1	剪板机、操作卷圆机、压缝机操作不当	III	机械伤害	限时整改
			2.18.2	管道试压时,压力表失灵,易引起超压,管道破裂,高压水冲击人体致伤	III	机械伤害	限时整改

施工阶段	作业过程或作业活动		风险点		风险程度	风险危害	控制措施
2 施工阶段	2.19 钢结构工程		2.19.1	吊装前未设置爬梯	Ⅲ	高处坠落	限时整改
			2.19.2	进行超高钢柱安装时，钢柱安装就位后未按规定拉设缆风绳	Ⅲ	坍塌	限时整改
			2.19.3	吊装钢构件时，吊车起重臂下违规站人	Ⅱ	物体打击	立即整改
	2.20 建筑产业化	外挂防护架	2.20.1	桁架安装部位不符合要求	Ⅱ	高处坠落	立即整改
			2.20.2	连墙件、三角臂与预埋件连接不可靠	Ⅱ	高处坠落	立即整改
			2.20.3	桁架、三角臂、连墙件明显变形	Ⅱ	高处坠落	立即整改
			2.20.4	架体分片处距离大于200mm	Ⅱ	高处坠落	立即整改
			2.20.5	底部封闭有大于20mm的孔洞	Ⅱ	高处坠落	立即整改
			2.20.6	架体分片处底部未采用20mm厚模板下加60mm厚以上的木方作加强筋	Ⅱ	高处坠落	立即整改
			2.20.7	吊具钢丝绳规格型号不符合产品说明书要求	Ⅱ	物体打击	立即整改
			2.20.8	吊具钢丝绳有断丝、断股、松股、硬弯、锈蚀，无油污和附着物现象	Ⅱ	物体打击	立即整改
			2.20.9	吊具钢丝绳的安装部位不满足产品说明书要求	Ⅱ	物体打击	立即整改
			2.20.10	未按照规范要求设置安全平网	Ⅱ	高处坠落	立即整改
		吊装、吊运	2.20.11	运输大型、重型构件时未采取有效措施	Ⅱ	车辆伤害	立即整改
			2.20.12	升起构件后未采用结实的垫木垫牢，禁止将手伸进工作物底面	Ⅱ	起重伤害	立即整改
			2.20.13	限位保险装置失灵	Ⅱ	起重伤害	立即整改
			2.20.14	吊钩无保险装置，限位、保险装置失灵	Ⅱ	起重伤害	立即整改
			2.20.15	超载起吊或运输	Ⅱ	起重伤害	立即整改
			2.20.16	吊运物体下方站人	Ⅱ	物体打击	立即整改
			2.20.17	六级以上大风仍进行吊装作业	Ⅱ	起重伤害	立即整改
			2.20.18	吊钩表面有裂纹	Ⅱ	起重伤害	立即整改
			2.20.19	起重前未检查重力受力情况	Ⅱ	物体打击	立即整改
			2.20.20	构件摆放不符合要求	Ⅱ	其他伤害	立即整改
			2.20.21	钢丝绳的破损超过规定要求	Ⅱ	物体打击	立即整改

施工阶段	作业过程或作业活动		风险点	风险程度	风险危害	控制措施
2 施工阶段	2.20 建筑产业化	吊装、吊运	2.20.22 吊运重物捆绑不牢	Ⅱ	物体打击	立即整改
			2.20.23 信号指挥工信号不明或有误	Ⅱ	违章作业	立即整改
			2.20.24 未按"十不吊"要求作业	Ⅱ	违章作业	立即整改
			2.20.25 吊装过程中人员不得站在构件上,同时必须用信号提醒周边人员安全避让	Ⅱ	高处坠落、物体打击	立即整改

建筑施工现场安全生产风险点清单目录(市政工程类) 　　**附表 A-2**

施工阶段	作业过程或作业活动		风险点	风险程度	风险危害	控制措施
1 施工准备阶段	1.1 安全管理活动	责任制度与目标管理	1.1.1 未按标准制定安全生产责任制,或未经责任人签字确认	Ⅰ	违法施工	不得开工
			1.1.2 未制定安全生产管理目标,或未进行目标分解	Ⅰ	违法施工	不得开工
			1.1.3 未制定安全生产资金保障制度,或未编制安全资金使用计划	Ⅰ	违法施工	不得开工
			1.1.4 未建立安全生产责任制和目标考核制度,或未对项目管理人员定期进行考核	Ⅰ	违法施工	不得开工
			1.1.5 未按规定使用安全文明措施费,或未建立费用登记及核销台账,扬尘治理费用未单独列出	Ⅰ	违法施工	不得开工
		施工组织设计及专项施工方案	1.1.6 未编制施工组织设计,或未制定安全技术措施,或方案未按规定进行设计计算,或施工组织设计及专项施工方案未按规定进行审核、审批	Ⅰ	违规施工	不得开工
			1.1.7 危险性较大的分部分项工程未编制安全专项施工方案,或未按规定进行审核、审批	Ⅰ	违规施工	不得开工
			1.1.8 未按规定对超过一定规模危险性较大的分部分项工程专项施工方案进行专家论证	Ⅰ	违规施工	不得开工
			1.1.9 未按照经批准的专项方案实施	Ⅰ	违规施工	立即整改

施工阶段	作业过程或作业活动		风险点		风险程度	风险危害	控制措施
1 施工准备阶段	1.1 安全管理活动	单位资质与人员配备	1.1.10	施工单位未取得安全生产许可证,或未设置项目安全生产领导小组或项目安全专职管理机构	I	违法施工	不得开工
			1.1.11	项目经理部主要管理人员未与施工单位签订劳动合同或无社会养老保险关系,或项目经理和专职安全生产管理人员同时在两个或两个以上工程项目上担任职务	I	违法施工	不得开工
			1.1.12	未按规定配备专职安全生产管理人员,或项目经理和专职安全生产管理人员无相应执业资格	I	违法施工	不得开工
			1.1.13	特种作业人员无特种作业资格证或未在规定时间内复审	I	违法施工	立即整改
			1.1.14	使用童工	I	违法施工	立即整改
		安全技术交底	1.1.15	未按规定进行安全技术交底,或交底未履行签字手续	I	违规施工	立即整改
			1.1.16	未制定各工种安全技术操作规程,或未将操作规程挂设在作业场所显著位置	II	违规施工	限期整改
			1.1.17	未结合施工现场情况及作业特点对危险因素、施工方案、标准、操作规程及应急措施进行技术交底	I	违规施工	不得开工
		安全教育与班前活动	1.1.18	未按规定建立安全教育培训制度,企业待岗、转岗、换岗的作业人员在重新上岗前未进行安全教育培训	I	违规施工	立即整改
			1.1.19	采用新技术、新工艺、新设备、新材料技术施工时,未按规定进行安全教育培训	I	违规施工	不得开工
			1.1.20	施工人员入场时未按规定进行三级安全教育培训和考核,实习学生入场后未经安全教育培训和考核	I	违规施工	立即整改
			1.1.21	每年度进行安全教育培训次数、学时不符合规定	I	违规施工	立即整改
			1.1.22	未建立班前安全活动制度,或无安全活动记录	I	违规施工	立即整改

施工阶段	作业过程或作业活动			风险点	风险程度	风险危害	控制措施
1 施工准备阶段	1.1 安全管理活动	应急管理	1.1.23	未进行重大危险源的辨识，或无文字记录或未进行动态更新	I	违规施工	停工整改
			1.1.24	未制定安全生产事故综合应急预案、专项应急预案和现场处置方案，或应急预案不全面、无针对性	I	违规施工	立即整改
			1.1.25	未定期组织员工进行应急救援演练，或未按救援预案要求配备应急救援物资、器材及设备	I	违规施工	立即整改
		安全检查	1.1.26	企业负责人或项目经理未按规定进行带班检查或无带班检查记录	I	违规施工	立即整改
			1.1.27	未建立安全检查制度、事故隐患排查治理制度	I	违规施工	立即整改
			1.1.28	未有效开展日常、定期、季节性安全检查和安全专项整治或无检查记录	II	违规施工	立即整改
			1.1.29	重大事故隐患整改未按期整改和复查或未按要求整改到位	II	违规施工	立即整改
			1.1.30	未建立安全检查档案	II	违规施工	立即整改
		生产安全事故处理	1.1.31	未建立工伤事故报告和调查处理制度	II	违法施工	立即整改
			1.1.32	安全事故、险情发生后迟报、谎报、漏报、瞒报	II	违法施工	立即整改
			1.1.33	未按规定进行调查分析、制定防范措施	II	违法施工	立即整改
			1.1.34	未建立安全事故档案	II	违法施工	立即整改
			1.1.35	未依法为施工作业人员办理保险	II	违法施工	立即整改
		分包单位管理	1.1.36	分包单位资质等级、安全生产许可证和相关人员安全生产资格不符合要求	I	违法施工	不得开工
			1.1.37	未签订安全生产协议书	I	违法施工	不得开工
			1.1.38	未按规定建立安全机构或未配备专（兼）职安全员	I	违法施工	不得开工
			1.1.39	未对分包队伍开展安全教育或无文字记录，或未定期对分包单位开展安全检查或无检查记录	II	违规施工	立即整改
		安全标志	1.1.40	施工现场未设置安全标志布置图，未根据现场安全标志变化重新绘制布置图	II	违规施工	立即整改

施工阶段	作业过程或作业活动		风险点	风险程度	风险危害	控制措施
1 施工准备阶段	1.1 安全管理活动	安全标志	1.1.41 施工现场未设置重大危险源公示牌、危险性较大分部分项工程公示牌、作业人员危险源告知书	Ⅱ	违规施工	立即整改
			1.1.42 施工现场入口及主要施工区域、危险部位未设置相对应的安全警示标志牌，或施工现场安全警示牌移动、损坏未及时复原	Ⅱ	违规施工	立即整改
	1.2 现场临建设施	封闭管理与绿色施工	1.2.1 施工现场未设封闭围挡，或围挡高度不足（市区主要路段 2.5m、一般路段 1.8m），或基础不坚实、不牢固	Ⅱ	违规施工	立即整改
			1.2.2 施工现场进出口未设置大门和值班室，施工现场未建立门卫值守制度或未配备门卫值守人员，施工机械、外来人员出入未登记	Ⅲ	违规施工	限期整改
			1.2.3 施工便道未成环路布置或不畅通、不平整坚实，主要道路、出入口和材料加工区地面未进行硬化处理	Ⅱ	违规施工	立即整改
			1.2.4 无防扬尘措施，无扬尘治理专项方案、未成立扬尘治理领导小组	Ⅳ	其他伤害	跟踪消除
			1.2.5 无排水设施或排水不通畅，或无防止泥浆、污水、废弃物污染环境或堵塞下水（河）道的措施	Ⅲ	其他伤害	限期整改
			1.2.6 施工现场出入口处未设置车辆冲洗设施或冲洗设备数量不满足现有施工要求	Ⅱ	违规施工	立即整改
		防火管理	1.2.7 未建立消防安全管理制度，或制度内容不完善	Ⅱ	火灾	立即整改
			1.2.8 临时用房和作业场所的防火设计不符合标准要求	Ⅱ	火灾	立即整改
			1.2.9 未设置消防通道、消防水源，或设置不符合标准要求、未设置逃生诱导标志	Ⅱ	火灾	立即整改
			1.2.10 施工现场灭火器材布局、配置不合理或灭火器材失效或未划分消防责任区域	Ⅱ	火灾	立即整改

建设各方主体事故责任及风险规避

施工阶段	作业过程或作业活动		风险点		风险程度	风险危害	控制措施
1 施工准备阶段	1.2 现场临建设施	防火管理	1.2.11	动火作业未办理动火审批手续或无动火监护人，或动火人员未取得相应资格，或未定期组织火灾疏散演练或无相关记录，未进行消防专项安全检查	I	火灾、违法施工	停工整改
		现场办公与住宿	1.2.12	办公区、生活区与作业区未采取隔离措施	II	其他伤害	立即整改
			1.2.13	伙房、库房、尚未竣工的建筑物兼作宿舍使用	I	其他伤害	停工整改
			1.2.14	宿舍未设置可开启窗户，宿舍人均面积或居住人数不符合规定	II	其他伤害	立即整改
			1.2.15	宿舍内违章私拉乱接电线，使用大功率用电设备和明火	II	火灾	立即整改
			1.2.16	宿舍无冬季保暖、夏季消暑、防煤气中毒、防蚊虫叮咬等措施	III	其他伤害	限期整改
			1.2.17	住宿、办公用房使用前未按规定履行验收程序，办理验收手续	II	其他伤害	立即整改
			1.2.18	职工宿舍未实行集中管理、住宿人员信息未实行登记管理，或生活用品摆放凌乱或环境卫生较差，宿舍未按要求配备消防器材	IV	其他伤害	跟踪消除
		交通疏导	1.2.19	占用、挖掘道路未按规定设置交通疏通告示、行人绕行提示、文明施工用语等标志，上下班高峰期车流量较大区段未设置交通疏导员	II	违规施工	立即整改
			1.2.20	道路、基坑边围墙外侧未设置防止来车碰撞墩或交通警示灯	II	违规施工	立即整改
			1.2.21	基坑上车行便桥未设置限载、限速和禁止超车、停车等标志	II	违规施工	立即整改
			1.2.22	临时改道未按规定设置导向、减速设施及标志标线	II	违规施工	立即整改
		施工现场标牌	1.2.23	施工现场出入口未标有企业名称或企业标志，或未在施工现场大门口处明显位置设置公示标牌，或公示标牌内容不全面、不规范、不整齐、不统一	III	违规施工	限期整改
			1.2.24	未设置禁止标志、警示标志、指令标志、提示标志，或未配以相应的安全标语，未使用警示色	II	违规施工	立即整改

施工阶段	作业过程或作业活动			风险点	风险程度	风险危害	控制措施
2 实施阶段	2.1 物料采保		2.1.1	易燃易爆物品未分类储藏在专用库房内	Ⅱ	其他伤害	立即整改
			2.1.2	库房安全距离不符合标准要求，或未制定防火措施	Ⅱ	违规施工	立即整改
			2.1.3	进场的钢管及构配件无质量合格证、产品性能检验报告，或钢管及构配件的规格、型号、材质、产品质量不符合标准要求	Ⅱ	违规施工	立即整改
			2.1.4	未对钢管壁厚进行抽检或钢管壁厚不符合标准要求	Ⅱ	违规施工	立即整改
			2.1.5	所采用的扣件未进行复试或技术性能不符合标准要求	Ⅱ	违规施工	立即整改
			2.1.6	钢管弯曲、变形、锈蚀严重	Ⅱ	违规施工	立即整改
			2.1.7	焊缝不饱满或存在开焊	Ⅱ	违规施工	立即整改
	2.2 施工用电	外电防护	2.2.1	在外电线路正下方施工、搭设作业棚、建造生活设施或堆放材料物品	Ⅱ	违章作业	立即整改
			2.2.2	当安全距离不符合标准要求时，未采取隔离防护措施，或防护设施和外电线路架设不坚固、稳定	Ⅱ	触电	立即整改
			2.2.3	无用电施工组织设计或外电防护方案，或防护设施和绝缘隔离措施不符合规范	Ⅱ	触电	立即整改
			2.2.4	在外电线路电杆附近开挖作业时，未会同有关部门采取加固措施	Ⅱ	触电	立即整改
		接零保护与防雷	2.2.5	配电系统未采用 TN-S 接零保护系统，或同时采用不同种配电保护系统	Ⅱ	触电	立即整改
			2.2.6	保护零线线路上装设开关、熔断器，或通过工作电流，或有断线，或未单独敷设	Ⅱ	触电	立即整改
			2.2.7	保护零线材质、规格及颜色标记不符合规范，引出位置不符合规定	Ⅱ	触电	立即整改
			2.2.8	电气设备未接保护零线，设备可导电外壳未设置保护接地	Ⅱ	触电	立即整改
			2.2.9	工作接地与重复接地的设置、安装及接地装置的材料不符合规定	Ⅱ	触电	立即整改

施工阶段	作业过程或作业活动		风险点		风险程度	风险危害	控制措施
2 实施阶段	2.2 施工用电	接零保护与防雷	2.2.10	工作接地电阻大于4Ω，重复接地电阻大于10Ω	Ⅱ	触电	立即整改
			2.2.11	施工设施未采取防雷措施，或防雷装置的冲击接地电阻值大于30Ω	Ⅱ	触电	立即整改
			2.2.12	接地体采用螺纹钢替代、造假，或接地装置埋入地下深度不足	Ⅱ	触电	立即整改
			2.2.13	做防雷接地机械上的电气设备，所连接的保护零线未做重复接地	Ⅱ	触电	立即整改
		配电线路	2.2.14	线路及接头的机械强度和绝缘强度不符合标准要求	Ⅱ	触电	立即整改
			2.2.15	电缆线路未按照规范要求埋地或架空敷设，或架空线架设在树木、脚手架、金属制品及其他不合理设施上	Ⅱ	触电、物体打击	立即整改
			2.2.16	架空线路与邻近线路或固定物的距离不符合标准要求	Ⅱ	触电	立即整改
			2.2.17	线路未设短路保护和过载保护，或导线截面不能符合线路负荷电流	Ⅱ	触电、火灾	立即整改
			2.2.18	敷设的电缆不符合规定要求或过路电缆未采取任何保护措施	Ⅱ	触电、火灾	立即整改
			2.2.19	通往水上的岸电未采用绝缘物架设，或电缆线架设完后无余量	Ⅱ	触电	立即整改
			2.2.20	室内明敷主干线距离地面高度小于2.5m，室外架空线离地小于3m、一股电线出现3处以上接头或严重老化	Ⅱ	触电	立即整改
			2.2.21	架空缆线上吊挂物品	Ⅱ	触电、物体打击	立即整改
		配电箱与开关箱	2.2.22	未采用三级配电、二级保护系统	Ⅱ	触电、火灾	立即整改
			2.2.23	应设置专用开关箱的用电设备未设置专用开关箱或开关箱离地高度不符合规范要求	Ⅱ	触电	立即整改
			2.2.24	配电箱、开关箱及用电设备之间的距离不符合标准要求	Ⅱ	触电	立即整改
			2.2.25	配电箱结构、箱内电器设置及使用不符合标准要求	Ⅱ	触电	立即整改

施工阶段	作业过程或作业活动		风险点		风险程度	风险危害	控制措施
2 实施阶段	2.2 施工用电	配电箱与开关箱	2.2.26	箱体安装位置、高度及周边通道不符合标准要求；箱内有杂物，箱门未锁或无箱门	Ⅱ	触电	立即整改
			2.2.27	电器安装板上零线端子板和保护零线端子板设置不符合规定要求	Ⅱ	触电	立即整改
			2.2.28	总配电箱、开关箱未安装漏电保护器或不灵敏，或已经损坏	Ⅱ	触电	立即整改
		配电室与配电装置	2.2.29	配电室的建筑物和构筑物的耐火等级低于3级，或配电室内无有效灭火设施	Ⅱ	触电、火灾	立即整改
			2.2.30	配电室和配电装置的布设不符合标准要求	Ⅱ	触电、火灾	立即整改
			2.2.31	发电机组电源未与外电线路电源连锁，并列运行	Ⅱ	触电、火灾	立即整改
			2.2.32	发电机组并列运行时，未装设同期装置或同期装置不灵敏	Ⅱ	触电、火灾	立即整改
			2.2.33	配电装置中的仪表、电器元件设置不符合标准要求	Ⅱ	触电	立即整改
			2.2.34	配电室未采取防止小动物侵入的措施	Ⅱ	触电	立即整改
			2.2.35	配电室未设置警示标志、供电平面图和系统图	Ⅱ	触电	立即整改
		使用与维护	2.2.36	临时用电工程未定期检查、维修或无检查、维修记录	Ⅱ	触电、火灾	立即整改
			2.2.37	电工未取得特种作业资格证，临时用电工程作业人员无电工操作证，或作业时无人监护	Ⅱ	触电、违章作业	立即整改
			2.2.38	暂时停用设备的开关箱未分断电源隔离开关或未关上门锁	Ⅱ	触电、违章作业	立即整改
		电气消防安全	2.2.39	电气设备未按标准要求设置过载、短路保护装置	Ⅲ	触电、火灾	限期整改
			2.2.40	电气线路或设备与可易燃材料距离不符合标准要求	Ⅲ	触电、火灾	限期整改
			2.2.41	施工现场未配置适用于（扑灭）电气火灾的灭火器材、消防器材失效	Ⅲ	触电、火灾	限期整改

施工阶段	作业过程或作业活动		风险点		风险程度	风险危害	控制措施
2 实施阶段	2.2 施工用电	现场照明	2.2.42	照明用电与动力用电未分开设置	Ⅲ	触电、火灾	限期整改
			2.2.43	照明线路与安全电压线路的架设不符合标准要求	Ⅲ	触电	限期整改
			2.2.44	隧道、井下等特殊场所使用的安全特低压照明器不符合标准要求	Ⅲ	触电	限期整改
			2.2.45	照明未采用专用回路或专用回路未设置漏电保护装置	Ⅲ	触电	限期整改
			2.2.46	照明灯具的金属外壳未与保护零线相连接	Ⅲ	触电	限期整改
			2.2.47	灯具与地面、易燃物间的距离不符合标准要求	Ⅲ	火灾	限期整改
			2.2.48	未在标准要求的部位配备应急照明或照明灯具支座未做绝缘处理	Ⅲ	其他伤害	限期整改
	2.3 高处作业	安全帽	2.3.1	施工现场人员未佩戴安全帽，或未按规定正确佩戴安全帽，或安全帽质量不符合现行国家相关标准的要求，或安全帽超过使用年限（一般为18个月）	Ⅱ	违章作业	立即整改
		安全网	2.3.2	临边防护栏杆未张挂密目式安全立网或网间连接不紧密	Ⅱ	高处坠落	立即整改
			2.3.3	边长大于1500mm的水平洞口位置未张设安全平网	Ⅱ	高处坠落	立即整改
			2.3.4	高度超过3.2m无外脚手架的工作面外侧未张设安全平网	Ⅱ	高处坠落	立即整改
			2.3.5	脚手架与构筑物之间距离超过200mm的间隙未张设安全平网	Ⅱ	高处坠落	立即整改
			2.3.6	当需采用平网进行防护时采用密目式安全立网代替平网使用	Ⅱ	高处坠落	立即整改
			2.3.7	安全网与支撑件的拉结不牢固	Ⅱ	高处坠落	立即整改
			2.3.8	安全网质量不符合现行国家相关标准的要求	Ⅱ	高处坠落	立即整改
		安全带	2.3.9	高空作业人员未按规定系挂安全带，或安全带系挂不符合标准要求，或安全带质量不符合现行国家相关标准的要求	Ⅱ	高处坠落	立即整改

施工阶段	作业过程或作业活动		风险点		风险程度	风险危害	控制措施
2 实施阶段	2.3 高处作业	防尘口罩	2.3.10	从事钻孔、注浆、喷射混凝土、切割、打磨等扬尘作业的人员未戴防尘口罩，或防尘口罩的质量不符合现行国家相关标准的要求	Ⅱ	中毒和窒息	立即整改
		临边防护	2.3.11	高度2m以上且无外脚手架的临边作业面边缘未设置临边防护设施	Ⅱ	高处坠落	立即整改
			2.3.12	临边防护设施设置不连续、严密或临边防护上未悬挂相关警示标语标牌	Ⅱ	高处坠落	立即整改
			2.3.13	临边防护设施的承载力和构造不符合标准要求	Ⅱ	高处坠落	立即整改
			2.3.14	临边防护设施未实现定型化、工具式	Ⅱ	高处坠落	立即整改
			2.3.15	临边防护栏杆未设置防物体、火花等坠落的挡脚板或挡脚笆	Ⅱ	高处坠落	立即整改
		洞口防护	2.3.16	各类孔、洞未采取防护措施，或孔、洞围挡不严密	Ⅱ	高处坠落	立即整改
			2.3.17	洞口防护措施、设施的构造不符合标准要求，或防护设施未实现定型化、工具式	Ⅱ	高处坠落	立即整改
			2.3.18	洞口未在醒目位置设置安全警示牌，夜间应设红灯示警	Ⅱ	高处坠落	立即整改
		通道口防护	2.3.19	各类人员进出的通道口的上部未设置安全防护棚，或防护不严、不牢固	Ⅱ	高处坠落	立即整改
			2.3.20	防护棚两侧未采取封闭措施，或防护棚宽度小于通道口宽度，或防护棚长度小于高处作业坠落半径，或防护棚的材质和构造不符合标准要求	Ⅱ	高处坠落	立即整改
		攀登作业	2.3.21	直梯攀登高度超过10m，直梯攀登高度超过8m时未设置梯间平台或未合理设置扶手	Ⅱ	高处坠落	立即整改
		悬空作业	2.3.22	悬空作业所使用的索具、吊具等未经验收	Ⅱ	高处坠落	立即整改
			2.3.23	人员在未固定、无防护的构件及安装中的管道上作业或通行	Ⅱ	高处坠落	立即整改
		高空水平通道	2.3.24	梁式通道承重梁、承结结构未经设计计算，或搁置端固定不牢固	Ⅱ	高处坠落	立即整改

施工阶段	作业过程或作业活动		风险点		风险程度	风险危害	控制措施
2 实施阶段	2.3 高处作业	高空水平通道	2.3.25	通行面未牢固满铺防滑板，或未在四周按临边作业要求设置防护栏杆	II	高处坠落	立即整改
			2.3.26	当利用已安装的构件或既有的结构构件作为高空水平通道时，临空面未采取临边防护措施	II	高处坠落	立即整改
		落地式移动操作平台	2.3.27	操作平台未按规定进行设计计算	II	高处坠落、坍塌	立即整改
			2.3.28	操作平台的面积、高度超过标准规定的上限值	II	高处坠落、坍塌	立即整改
			2.3.29	立柱底端距地面距离大于80mm	II	高处坠落	立即整改
			2.3.30	操作平台未按设计和产品使用要求进行组装	II	高处坠落	立即整改
			2.3.31	平台上人员和物料的总重量超过设计允许范围	II	高处坠落、坍塌	立即整改
		悬挂式移动操作平台	2.3.32	操作平台在施工前未编制专项施工方案	II	高处坠落、坍塌	立即整改
			2.3.33	搭设完毕未办理验收手续即投入使用	II	违规施工	立即整改
			2.3.34	平台上人员和物料的总重量超过设计允许范围	II	高处坠落、坍塌	立即整改
		物料钢平台	2.3.35	未编制专项施工方案或未经设计计算	II	高处坠落、坍塌	立即整改
			2.3.36	钢平台构配件的规格和材质不符合设计要求，或物料钢平台的搭设不符合专项施工方案的要求	II	高处坠落、坍塌	立即整改
			2.3.37	搭设完毕未办理验收手续即投入使用	II	违规施工	立即整改
			2.3.38	未在明显位置设置荷载限定标牌，或平台上人员和物料的总重量不应超过设计允许范围	II	高处坠落、坍塌	立即整改
		交叉作业	2.3.39	上下立体交叉作业时，下层作业的位置未处于上层作业坠落半径之外或未设置安全防护棚	II	高处坠落	立即整改
			2.3.40	经拆除的各种部件，临时堆放处离临边边沿小于1m，堆放高度超过1m	II	高处坠落、物体打击	立即整改

施工阶段	作业过程或作业活动		风险点		风险程度	风险危害	控制措施
2 实施阶段	2.4 施工机具	手持电动工具	2.4.1	Ⅰ类手持电动工具未单独设置保护零线或未安装漏电保护装置，使用手持电动工具随意接长电源线或更换插头	Ⅱ	触电	立即整改
		钢筋机械	2.4.2	未按规定履行验收程序或未经责任人签字确认	Ⅱ	物体打击	立即整改
			2.4.3	未单独设置保护零线或未安装漏电保护装置	Ⅱ	触电	立即整改
			2.4.4	未设置作业棚，或防护棚不符合规定要求	Ⅱ	物体打击	立即整改
			2.4.5	钢筋对焊作业区未设置防火花飞溅的措施	Ⅱ	火灾	立即整改
			2.4.6	钢筋冷拉作业未按规定设置防护栏	Ⅱ	物体打击	立即整改
			2.4.7	机械传动部位未设置防护罩或防护罩损坏	Ⅱ	机械伤害	立即整改
			2.4.8	未在显著位置悬挂钢筋机械使用操作规程	Ⅲ	违规施工	限期整改
		电焊机	2.4.9	未设置二次空载降压保护器	Ⅱ	触电	立即整改
			2.4.10	一次侧电源线长度大于 5m，二次线未采用防水橡皮护套铜芯软电缆，二次线长度超过规定或绝缘老化	Ⅱ	触电	立即整改
			2.4.11	电焊机未设置防雨罩、接线柱未设置防护罩	Ⅱ	触电	立即整改
			2.4.12	交流电焊机未安装防二次侧触电保护装置	Ⅱ	触电	立即整改
		气瓶	2.4.13	未安装减压器、回火防止器或不灵敏	Ⅱ	其他伤害	立即整改
			2.4.14	气瓶未设置防震圈、防护帽，未分类存放	Ⅱ	其他伤害	立即整改
			2.4.15	乙炔瓶与氧气瓶之间的距离、气瓶与明火之间的距离不符合规定要求	Ⅱ	其他伤害	立即整改
			2.4.16	气瓶暴晒或倾倒放置	Ⅱ	其他伤害	立即整改
			2.4.17	同时使用两种气体作业时，未安装单向阀	Ⅱ	其他伤害	立即整改
		振捣器	2.4.18	振捣器作业时未使用移动式配电箱，或电缆长度超过 30m	Ⅱ	触电	立即整改

施工阶段	作业过程或作业活动		风险点		风险程度	风险危害	控制措施
2 实施阶段	2.4 施工机具	振捣器	2.4.19	操作人员未按规定穿戴绝缘手套、绝缘靴	Ⅱ	违章作业	立即整改
		桩工机械	2.4.20	桩工机械与输电线路安全距离不符合标准要求	Ⅱ	违规施工	立即整改
		运输车辆	2.4.21	运输车辆手续不齐全	Ⅱ	违章作业	立即整改
			2.4.22	司机未经专门培训、无操作证	Ⅱ	违章作业	立即整改
			2.4.23	行车时车斗内载人	Ⅱ	违章作业	立即整改
		空压机	2.4.24	固定式空压机未设置独立站房	Ⅱ	违规施工	立即整改
			2.4.25	空压机传动部位未设置防护罩，未安装压力表、安全阀或不灵敏	Ⅱ	触电	立即整改
			2.4.26	储气罐有明显锈蚀和损伤	Ⅱ	其他伤害	立即整改
			2.4.27	空压机周围无防护栏	Ⅱ	其他伤害	立即整改
		预应力张拉机具	2.4.28	张拉机械设备未定期标定校验或无校验记录	Ⅱ	违规施工	立即整改
			2.4.29	压力表与千斤顶未按规定配套使用	Ⅱ	违章作业	立即整改
			2.4.30	操作人员未进行培训	Ⅱ	违章作业	立即整改
			2.4.31	张拉时顺梁方向梁端有人员停留及未设置张拉挡板	Ⅱ	违章作业	立即整改
			2.4.32	预应力张拉时，未搭设站立操作人员和张拉设备的操作平台或平台不牢固	Ⅱ	违章作业	立即整改
		小型起重机具	2.4.33	电动葫芦未设缓冲器，或两台以上手拉葫芦同时起吊重物	Ⅱ	物体打击	立即整改
			2.4.34	滑轮、吊钩、卷筒磨损变形达到报废标准，钢丝绳磨损、断丝、变形、锈蚀达到报废标准仍旧使用	Ⅱ	物体打击	立即整改
			2.4.35	滑轮、吊钩、卷筒未设置防脱装置	Ⅱ	物体打击	立即整改
	2.5 地基与基础工程	方案与交底	2.5.1	未按规定编制专项施工方案，或方案设计文件图纸、计算书不齐全，编制内容不全或无针对性	Ⅰ	违规施工	停工整改
			2.5.2	专项施工方案未按规定进行审核、审批	Ⅰ	违规施工	停工整改
			2.5.3	超过一定规模的专项施工方案，未按规定组织专家论证	Ⅰ	违规施工	停工整改

施工阶段	作业过程或作业活动		风险点		风险程度	风险危害	控制措施
2 实施阶段	2.5 地基与基础工程	方案与交底	2.5.4	专项施工方案实施前，未进行安全技术交底，交底无针对性或无文字记录	Ⅰ	违规施工	停工整改
			2.5.5	未按照专项施工方案的要求组织施工	Ⅰ	违规施工	停工整改
			2.5.6	有通航要求的，未按规定到相关部门办理河道施工通航备案手续	Ⅰ	违规施工	停工整改
		基坑（槽）及土方工程	2.5.7	基坑开挖深度范围内有地下水时未采取有效的降排水措施	Ⅱ	淹溺、坍塌	立即整改
			2.5.8	降水时未采取防止邻近建（构）筑沉降的措施	Ⅱ	淹溺、坍塌	立即整改
			2.5.9	基坑边未沿周边地面设置截水、排水沟，或未采取截水、封堵、防倒流等措施	Ⅱ	淹溺、坍塌	立即整改
			2.5.10	放坡开挖时未对坡顶、坡面、坡脚采取降排水措施	Ⅱ	淹溺、坍塌	立即整改
			2.5.11	基坑底周边未设置排水沟和集水井或排除积水不及时	Ⅱ	淹溺、坍塌	立即整改
			2.5.12	自然边坡的坡率不符合设计和标准要求	Ⅱ	坍塌	立即整改
			2.5.13	当开挖深度较大并存在边坡塌方危险时未采取支护措施或基坑周边未设置相关警示标语标牌及夜间反光标牌	Ⅰ	坍塌	停工整改
			2.5.14	钢支撑吊装就位时，吊车及钢支撑下方站人，或钢支撑未采取有效的防坠落措施	Ⅱ	物体打击、高处坠落	立即整改
			2.5.15	锚杆（索）未按设计和标准要求进行基本试验和验收试验	Ⅱ	违规施工	立即整改
			2.5.16	支护结构的水平位移达到设计报警值时未采取有效控制措施	Ⅱ	坍塌	立即整改
			2.5.17	开挖施工对邻近建（构）筑物、设施必然造成安全影响或有特殊保护要求，但未做处理，继续施工	Ⅰ	物体打击、坍塌、淹溺	停工整改
			2.5.18	基坑达到设计使用年限继续使用；或改变现行设计方案，进行加深、扩大及改变使用条件	Ⅰ	物体打击、坍塌、淹溺	停工整改

施工阶段	作业过程或作业活动		风险点		风险程度	风险危害	控制措施
2 实施阶段	2.5 地基与基础工程	基坑（槽）及土方工程	2.5.19	邻近的工程建设包括打桩、基坑开挖降水施工影响基坑支护安全；或临水的基坑施工，未采取相应措施	I	物体打击、坍塌、淹溺	停工整改
			2.5.20	支护结构未达到设计要求提前开挖下层土方	II	坍塌	立即整改
			2.5.21	未按设计和专项施工方案的要求分层、分段、限时、限高开挖或开挖不均衡、不对称	II	违规施工	立即整改
			2.5.22	基坑开挖过程中未采取防止碰撞支护结构或工程桩的有效措施	II	坍塌	立即整改
			2.5.23	机械操作人员未取得作业资格证书	II	违章作业	立即整改
			2.5.24	弃土、料具堆放距坑（槽）边距离小于设计规定或小于1m	II	高处坠落、物体打击	立即整改
			2.5.25	基坑周边堆载超过基坑支护设计允许要求，机械设备施工与坑边距离不符合设计要求且未采取加固措施	II	高处坠落、物体打击	立即整改
			2.5.26	未编制监测方案或未按要求进行施工监测，或基坑监测项目不符合设计和标准要求，未按设计要求提交监测报告或监测报告内容不完整	II	违规施工	立即整改
			2.5.27	当监测值达到所规定的报警值时未停止施工，查明原因，采取补救措施	II	违规施工	立即整改
			2.5.28	开挖深度2m及以上的基坑周边未按标准要求设置防护栏杆或栏杆设置不符合标准要求	II	高处坠落	立即整改
			2.5.29	基坑内未设置供人员上下的专用通道或通道设置不符合标准要求	II	高处坠落	立即整改
			2.5.30	降水井口未设置防护盖板或围栏	II	高处坠落	立即整改
			2.5.31	未达到设计规定的拆除条件就进行锚杆或支撑拆除	II	违规施工	立即整改
			2.5.32	支护结构拆除或换撑条件、顺序、方式不符合设计和方案要求	II	违规施工	立即整改
			2.5.33	机械拆除作业时施工荷载大于支撑结构承载力	II	违规施工	立即整改
			2.5.34	人工拆除作业时未按规定设置防护设施	II	违规施工	立即整改

施工阶段	作业过程或作业活动		风险点		风险程度	风险危害	控制措施
2 实施阶段	2.5 地基与基础工程	基坑（槽）及土方工程	2.5.35	基坑内土方机械、施工人员的安全距离不符合标准要求	Ⅲ	违章作业	限期整改
			2.5.36	在各种管线范围内挖土作业未采取安全保护措施或未设专人监护	Ⅲ	违章作业	限期整改
			2.5.37	作业区光线不良	Ⅲ	其他伤害	限期整改
		钢围堰	2.5.38	原材料和构配件无质量合格证、产品性能检验报告，或钢板桩等定型产品无使用说明书等技术文件，或原材料和构配件的品种、规格、型号、材质不符合专项施工方案和标准要求	Ⅰ	违规施工	停工整改
			2.5.39	钢板桩或钢管桩围堰在施打前，其锁口未采取可靠的止水措施	Ⅱ	淹溺	立即整改
			2.5.40	钢吊箱在浇筑封底混凝土前，未对底板与桩护筒之间的缝隙进行封堵	Ⅱ	淹溺	立即整改
			2.5.41	钢围堰施打或下沉未采取可靠的定位系统和导向装置	Ⅱ	其他伤害	立即整改
			2.5.42	钢围堰接高或下沉作业过程中，未采取保持围堰稳定的措施或围堰处于悬浮状态	Ⅱ	物体打击	立即整改
			2.5.43	施工过程中未监测水位变化或围堰内外水头差超过设计允许范围	Ⅱ	淹溺	立即整改
			2.5.44	围堰抽水时未及时加设围檩和支撑系统	Ⅱ	淹溺	立即整改
			2.5.45	钢吊箱围堰进行围堰内抽水、体系转换作业时，封底混凝土未达到设计强度	Ⅱ	淹溺	立即整改
			2.5.46	在原材料和构配件进场、围堰结构安装完成、安全防护设施安装完毕时，未进行分阶段验收，或未形成记录	Ⅱ	违规施工	立即整改
			2.5.47	围堰施工完成、投入使用前未办理完工验收手续，完工验收未形成记录或未经责任人签字确认	Ⅱ	违规施工	立即整改
			2.5.48	未编制监测方案或未按照监测方案对围堰结构、内外部水位和相邻有影响的建（构）筑物进行监测监控，未设置变形观测基准点和观测点	Ⅱ	违规施工	立即整改

建设各方主体事故责任及风险规避

施工阶段	作业过程或作业活动		风险点	风险程度	风险危害	控制措施
2 实施阶段	2.5 地基与基础工程	钢围堰	2.5.49 监测监控未记录监测时间、工况、监测点、监测项目和报警值	II	违规施工	立即整改
			2.5.50 使用过程中未经重新设计私自加高钢围堰	II	违规施工	立即整改
			2.5.51 上部作业平台施工均布荷载、集中荷载超过设计允许范围	II	淹溺、坍塌	立即整改
			2.5.52 钢围堰内外未按规定设置上下通道，临边未按规定设置防护栏杆	III	高处坠落	限期整改
			2.5.53 通航水域围堰的临边栏杆未设置反光设施，或边角处未设置红色警示灯，未设置船舶防撞桩	III	其他伤害	限期整改
			2.5.54 围堰上未配备足够的各种类型的消防、救生器材	III	淹溺	限期整改
			2.5.55 钢管桩或钢板桩拔桩的起重设备未配置超载限制器，或强制进行拔桩	II	物体打击、机械伤害	立即整改
			2.5.56 从事钢围堰拆除作业潜水员未经专业机构培训并取得相应从业资格	II	违章作业	立即整改
		土石围堰	2.5.57 采用吸泥船吹砂筑岛时，其他船舶和无关人员进入作业区内，或有人员在承载吸泥管的浮筒上行走	II	淹溺、其他伤害	立即整改
			2.5.58 围堰施工完毕未按规定办理验收手续	II	违规施工	立即整改
			2.5.59 围堰作业区域未设置安全警戒标志或未采取隔离措施，围堰上下游100m处未按规定设置航行标志，围堰周围未设置安全警示标志，未设置夜间警示灯	III	违规施工	限期整改
			2.5.60 堰顶临边未按规定设置防护栏杆	III	高处坠落	限期整改
			2.5.61 围堰内未设置供人员上下的专用通道或通道设置不符合标准要求	III	高处坠落	限期整改
			2.5.62 围堰拆除污染水体	III	其他伤害	限期整改
			2.5.63 拆除围堰弃土应按专项施工方案的规定拆除、外运，或往河道内抛填	III	违规施工	限期整改
			2.5.64 围堰拆除后未按照当地水务相关部门要求清理河道	III	违法施工	限期整改

施工阶段	作业过程或作业活动		风险点		风险程度	风险危害	控制措施
2 实施阶段	2.5 地基与基础工程	沉井	2.5.65	钢沉井的分段、分块吊装单元未在胎架上组装、施焊，或首节钢沉井未在坚固的台座上或支垫上进行整体拼装	II	高处坠落	立即整改
			2.5.66	浮式沉井在浮运前未对底节进行水压试验，或对上部各节未进行水密性检查	II	高处坠落	立即整改
			2.5.67	浮运、就位、接高的过程中出现沉井露出水面的高度均小于1m的情况	II	高处坠落	立即整改
			2.5.68	筑岛沉井下沉时，挖土未按照自井孔中间向刃脚处分层、均匀、对称的原则进行，或先挖沉井外圈土	II	高处坠落	立即整改
			2.5.69	在刃脚或内隔墙附近开挖时，有人员停留；有底梁或支撑梁的沉井，有人员在梁下穿越；机械出土时井内站人	II	物体打击	立即整改
			2.5.70	空气幕辅助下沉的储气罐未放置在通风遮阳处或无专人操作	II	违章作业	立即整改
			2.5.71	配合水下封底的潜水人员未经专业机构培训并取得相应从业资格	II	违章作业	立即整改
			2.5.72	上部作业平台施工均布荷载、集中荷载超过设计允许范围	II	高处坠落	立即整改
			2.5.73	下沉时未进行连续观测，或未采取措施对轴线倾斜进行纠偏	II	物体打击	立即整改
			2.5.74	沉井使用过程中未对沉井结构、水位和相邻有影响的建（构）筑物进行监测监控	II	违规施工	立即整改
			2.5.75	筑岛沉井施工期间未采取防护措施保证筑岛岛体的稳定	II	物体打击	立即整改
			2.5.76	临边未按规定设置防护栏杆	III	高处坠落	限期整改
			2.5.77	钢围堰内外未按规定设置上下通道，或各井室内未悬挂钢梯和安全绳	III	高处坠落	限期整改
			2.5.78	船舶停泊处水中沉井未设置船舶靠泊系揽桩，或船舶系缆于沉井结构上	III	高处坠落	限期整改
			2.5.79	水中沉井上未配备足够的各种类型的消防、救生器材	III	高处坠落	限期整改

建设各方主体事故责任及风险规避

施工阶段	作业过程或作业活动		风险点		风险程度	风险危害	控制措施
2 实施阶段	2.5 地基与基础工程	人工挖孔桩	2.5.80	未在桩边以外或临近的边坡顶部设截水、排水设施	Ⅱ	淹溺	立即整改
			2.5.81	桩基开挖深度范围内有地下水时未采取有效的降排水措施	Ⅱ	淹溺	立即整改
			2.5.82	桩孔内边抽水边开挖	Ⅱ	淹溺、坍塌	立即整改
			2.5.83	桩孔开挖时临近边坡尚未完成支护	Ⅱ	坍塌	立即整改
			2.5.84	挖孔桩开挖最小净距及跳挖间隔桩数不符合标准和设计要求	Ⅱ	坍塌	立即整改
			2.5.85	采用混凝土护壁时，每循环进尺不符合专项施工方案的规定或大于1m	Ⅱ	违规施工	立即整改
			2.5.86	下层土方开挖时上层护壁混凝土强度未达到设计要求	Ⅱ	违规施工	立即整改
			2.5.87	桩孔浇筑混凝土时相邻桩孔进行开挖	Ⅱ	坍塌、物体打击	立即整改
			2.5.88	未根据周边环境监测数据和地质条件的变化动态调整开挖步序	Ⅱ	坍塌	立即整改
			2.5.89	桩口周边1m范围内堆放物料，桩口堆土高度大于1.0m	Ⅱ	物体打击	立即整改
			2.5.90	吊绳磨损超标	Ⅱ	物体打击	立即整改
			2.5.91	卷筒无自动卡紧保险装置或钢丝绳防脱装置	Ⅱ	物体打击	立即整改
			2.5.92	提升桶未采用钢制桶或吊耳及连接不牢固可靠	Ⅱ	物体打击	立即整改
			2.5.93	施工期间提升设施无每日检查与维护记录	Ⅱ	违规施工	立即整改
			2.5.94	挖孔桩施工过程中未按要求配备有毒有害气体检测仪，人员每日下井工作前未进行井下气体检测，或无气体检测记录	Ⅱ	中毒和窒息	立即整改
			2.5.95	当桩孔开挖深度超过5m或有特殊要求时未采用机械送风，或送风量小于25L/s	Ⅱ	中毒和窒息	立即整改
			2.5.96	桩孔在清渣、安装钢筋等井下作业时，未保持与桩孔开挖时的送风量	Ⅱ	中毒和窒息	立即整改

施工阶段	作业过程或作业活动		风险点		风险程度	风险危害	控制措施
2 实施阶段		人工挖孔桩	2.5.97	井身超过2m时,桩孔内未设置刚性爬梯	Ⅱ	高处坠落	立即整改
	2.6 脚手架与作业平台	钢管满堂脚手架	2.6.1	未采取排水措施,或排水设施不完善,排水不畅通	Ⅱ	坍塌	立即整改
			2.6.2	立杆底部未设置底座、垫板,或垫板的规格不符合标准要求	Ⅱ	坍塌	立即整改
			2.6.3	底座松动或立杆悬空	Ⅱ	坍塌	立即整改
			2.6.4	当脚手架搭设在既有结构上时,未对既有结构的承载力进行验算,或未采取加固措施	Ⅱ	违规施工	立即整改
			2.6.5	水平杆和扫地杆未连续贯通设置,杆件接长不符合要求	Ⅱ	坍塌	立即整改
			2.6.6	架体搭设不牢或杆件节点紧固不符合要求	Ⅱ	坍塌	立即整改
			2.6.7	脚手架底部扫地杆离地间距超过标准要求	Ⅱ	坍塌	立即整改
			2.6.8	架体四周与中间未按标准要求设置竖向剪刀撑或专用斜撑杆	Ⅱ	坍塌	立即整改
			2.6.9	未按标准要求设置水平剪刀撑或水平斜撑杆	Ⅱ	坍塌	立即整改
			2.6.10	架体高宽比超过标准要求时未采取与结构拉结或其他可靠的稳定措施	Ⅱ	坍塌	立即整改
			2.6.11	脚手板材质、规格不符合标准要求	Ⅱ	高处坠落	立即整改
			2.6.12	作业层脚手板未铺满或铺设不牢、不稳	Ⅱ	高处坠落	立即整改
			2.6.13	采用工具式钢脚手板时,脚手板两端挂钩未通过自锁装置与作业层横向水平杆锁紧	Ⅱ	高处坠落	立即整改
			2.6.14	采用木脚手板、竹串片脚手板、竹笆脚手板时,脚手板两端未与水平杆绑牢,或脚手板探头长度大于150mm	Ⅱ	高处坠落	立即整改
			2.6.15	在脚手架搭设完毕、投入使用前,未办理完工验收手续	Ⅱ	违规施工	立即整改
			2.6.16	完工验收未形成记录,或未经责任人签字确认	Ⅱ	违规施工	立即整改

施工阶段	作业过程或作业活动		风险点		风险程度	风险危害	控制措施
2 实施阶段	2.6 脚手架与作业平台	钢管满堂脚手架	2.6.17	架体作业层栏杆设置不符合标准要求	II	高处坠落	立即整改
			2.6.18	作业层未在外立杆内侧设置高度不低于180mm的挡脚板	II	高处坠落	立即整改
			2.6.19	作业层脚手板下未采用安全平网兜底，或作业层以下每隔10m未采用安全平网封闭	II	高处坠落	立即整改
			2.6.20	作业层外侧未采用阻燃密目安全网进行封闭或网间连接不严密	II	高处坠落	立即整改
			2.6.21	作业层施工均布荷载超过设计允许范围，或荷载堆放不均匀	II	坍塌	立即整改
			2.6.22	未设置人员上下专用通道，或通道设置不符合要求	III	高处坠落	限时整改
	2.5 地基与基础工程	高处作业吊篮	2.6.23	特殊结构施工的非标准吊篮未进行设计计算	I	违规施工	停工整改
			2.6.24	专项施工方案实施前，未进行安全技术交底，交底无针对性或无文字记录	I	违规施工	立即整改
			2.6.25	未安装防坠安全锁或不灵敏，或使用中的防坠安全锁超过标定期限	I	违规施工	立即整改
			2.6.26	未设置挂设安全带专用安全绳及安全锁扣或安全绳未固定在结构物可靠位置	I	违规施工	立即整改
			2.6.27	未安装上限位装置或不灵敏	I	违规施工	立即整改
			2.6.28	悬挂机构前支架支撑在非承重结构上	II	违规施工	立即整改
			2.6.29	悬挂机构的荷载由预埋件承受时，预埋件的安全系数小于3	II	违规施工	立即整改
			2.6.30	前梁外伸长度和中梁长度配比、使用高度不符合产品说明书或吊篮设计要求	II	违规施工	立即整改
			2.6.31	前支架与支撑面不垂直或脚轮受力	II	违规施工	立即整改
			2.6.32	上支架未固定在前支架调节杆与悬挑梁连接的节点处	II	违规施工	立即整改
			2.6.33	使用破损的配重块或采用其他替代物	II	违规施工	立即整改
			2.6.34	配重块未固定，重量不符合使用说明书或吊篮设计要求	II	违规施工	立即整改

施工阶段	作业过程或作业活动		风险点		风险程度	风险危害	控制措施
2 实施阶段	2.6 脚手架与作业平台	高处作业吊篮	2.6.35	钢丝绳磨损、断丝、变形、锈蚀达到报废标准	Ⅱ	违规施工	立即整改
			2.6.36	安全钢丝绳未独立悬挂或其规格、型号与工作钢丝绳不相同	Ⅱ	违规施工	立即整改
			2.6.37	钢丝绳端部绳夹设置不符合相关标准要求	Ⅱ	违规施工	立即整改
			2.6.38	悬吊平台出现焊缝开裂、螺栓铆钉松动、变形过大等现象	Ⅱ	违规施工	立即整改
			2.6.39	悬吊平台的组装长度不符合产品说明书或吊篮设计要求	Ⅱ	违规施工	立即整改
			2.6.40	悬吊平台无导向装置或缓冲装置	Ⅱ	违规施工	立即整改
			2.6.41	安装、拆卸人员未取得特种作业资格证书	Ⅱ	违规施工	立即整改
			2.6.42	吊篮组装采用的构配件不是同一生产厂家的产品	Ⅱ	违规施工	立即整改
			2.6.43	吊篮拆卸分解后的构配件放置在结构物边缘	Ⅱ	违规施工	立即整改
			2.6.44	未对拆卸后构配件采取防止坠落的措施，或将其从高处抛下	Ⅱ	违规施工	立即整改
			2.6.45	吊篮维修、拆卸作业时未设置警戒区及警示牌	Ⅱ	违规施工	立即整改
			2.6.46	吊篮内作业人员未将安全带用安全锁扣挂置在独立设置的专用安全绳上	Ⅱ	违章作业	立即整改
			2.6.47	吊篮下方站人	Ⅱ	物体打击	立即整改
			2.6.48	未履行收验程序或未经责任人签字确认	Ⅱ	违规施工	立即整改
			2.6.49	每天班前班后未进行检查并留有文字记录	Ⅱ	违规施工	立即整改
			2.6.50	吊篮悬吊平台面未牢固满铺防滑板	Ⅱ	高处坠落	立即整改
			2.6.51	操作人员穿拖鞋或易滑鞋作业	Ⅱ	违章作业	立即整改
			2.6.52	吊篮平台周边未按临边作业要求设置防护栏杆、挡脚板	Ⅱ	高处坠落	立即整改
			2.6.53	多层或立体交叉作业未设置防护顶板	Ⅱ	物体打击	立即整改

施工阶段	作业过程或作业活动		风险点		风险程度	风险危害	控制措施
2 实施阶段	2.6 脚手架与作业平台	高处作业吊篮	2.6.54	施工荷载超过使用说明书或吊篮设计要求	II	违规施工	立即整改
			2.6.55	荷载堆放不均匀	II	违章作业	立即整改
		栈桥与作业平台	2.6.56	所采用的常备式定型钢构件的质量不符合相关使用手册的要求	I	违规施工	停工整改
			2.6.57	常备式定型钢构件无使用说明书等技术文件	I	违规施工	立即整改
			2.6.58	主体结构构件、连接件，有显著的变形、超标的挠度或严重锈蚀剥皮	I	违规施工	停工整改
			2.6.59	采用钢管桩立柱时，钢管桩的入土（岩）深度不符合设计要求	I	违规施工	立即整改
			2.6.60	立柱柱身垂直度偏差大于立柱高度的1/500或大于50mm	II	违规施工	立即整改
			2.6.61	型钢纵梁或横梁在支撑位置未设置支撑加劲肋	II	违规施工	立即整改
			2.6.62	型钢纵梁间未设置横向连接系将同跨内全部纵梁连接成整体	II	违规施工	立即整改
			2.6.63	桁架梁的相邻桁片间未按规定设置通长横向连接系将同跨内全部纵梁连接成整体	II	违规施工	立即整改
			2.6.64	当桁架梁支撑位置不在其主节点上时，或当支座处剪力较大时，未按专项施工方案的要求对桁架支座处腹杆进行加强	II	违规施工	立即整改
			2.6.65	纵梁未在支撑位置设置侧向限位装置	II	违规施工	立即整改
			2.6.66	纵梁两端未按专项施工方案的要求设置止推挡块	II	违规施工	立即整改
			2.6.67	车辆和人员行走区域的面板未满铺，或未与下部结构连接牢固	II	高处坠落	立即整改
			2.6.68	悬臂面板未采取有效的加固措施	II	高处坠落	立即整改
			2.6.69	使用过程中未对各部位螺栓或销钉的紧固程度和焊缝完整性进行例行检查，或未形成检查记录	II	违规施工	立即整改
			2.6.70	栈桥与平台上的机动设备未严格按规定的车速行驶	II	违章作业	立即整改

施工阶段	作业过程或作业活动		风险点		风险程度	风险危害	控制措施
2 施工实阶段	2.5 地基与基础工程	栈桥与作业平台	2.6.71	进入栈桥与平台上的施工机械或物料堆置的荷载超过设计规定	Ⅱ	违章作业	立即整改
			2.6.72	栈桥与平台入口处未悬挂使用规则	Ⅱ	违规施工	立即整改
			2.6.73	栈桥与平台未设置行车限速、防人员触电及落水等安全警示标志	Ⅱ	违规施工	立即整改
			2.6.74	非许可的设备、设施与栈桥和平台连接	Ⅱ	违规施工	立即整改
			2.6.75	当遇海水或其他腐蚀性环境时，栈桥与平台不应超过一年未进行安全评估	Ⅱ	违规施工	立即整改
			2.6.76	栈桥与平台现场使用单位未对其安全技术记录资料建立安全技术档案	Ⅱ	违规施工	立即整改
			2.6.77	栈桥和平台下部净空低于最大洪水位，或净空未考虑安全高度	Ⅱ	违规施工	立即整改
			2.6.78	长距离栈桥未设置会车、调头区域	Ⅲ	车辆伤害	限时整改
			2.6.79	栈桥和平台在施工前未设置变形观测基准点和观测点	Ⅲ	违规施工	限时整改
			2.6.80	栈桥和平台在使用过程中未对水位和各部位的变形进行监测或未形成检测记录	Ⅲ	违规施工	限时整改
			2.6.81	栈桥与平台周边未按规定设置栏杆、挡脚板和安全立网	Ⅲ	违规施工	限时整改
			2.6.82	通航水域栈桥与平台的临边栏杆未设置反光设施，或边角处应设置红色警示灯	Ⅲ	违规施工	限时整改
			2.6.83	通过栈桥的电缆未采取良好的绝缘措施，或未在栈桥的一侧设置固定电缆的支架	Ⅲ	违规施工	限时整改
			2.6.84	船舶停泊处水中栈桥与平台未设置船舶靠泊系桩，或船舶系缆于栈桥与平台结构上	Ⅲ	违规施工	限时整改
			2.6.85	通航水域的栈桥与平台未设置确保结构不会被船舶碰撞的防撞桩	Ⅲ	违规施工	限时整改
			2.6.86	栈桥与平台上未配备足够的、各种类型的消防、救生器材	Ⅲ	违规施工	限时整改

建设各方主体事故责任及风险规避

施工阶段	作业过程或作业活动		风险点		风险程度	风险危害	控制措施
2 实施阶段施工	2.7 模板工程及支撑系统	钢管满堂模板支撑架	2.7.1	焊缝不饱满或存在开焊	I	违规施工	立即整改
			2.7.2	立杆底部未按照专项施工方案和标准的要求设置垫板或混凝土垫层	II	违规施工	立即整改
			2.7.3	底座松动或立杆悬空,排水设施不完善,或排水不畅通	II	违规施工	立即整改
			2.7.4	立杆垂直度不满足标准要求	II	违规施工	立即整改
			2.7.5	顶部未采用可调托撑传力,或伸出长度不得超过规范要求	II	违规施工	立即整改
			2.7.6	支撑架与起重设备、混凝土输送管、作业脚手架、物料周转平台等设施相连接	II	违规施工	立即整改
			2.7.7	支撑架扫地杆离地间距超过标准要求	II	违规施工	立即整改
			2.7.8	立杆伸出顶层水平杆中心线至支撑点的长度超过标准要求	II	违规施工	立即整改
			2.7.9	未按照方案设置竖向剪刀撑或水平剪刀撑、专用斜撑杆	II	违规施工	立即整改
			2.7.10	剪刀撑或专用斜撑杆的设置位置、数量、间距不符合标准和专项施工方案要求	II	违规施工	立即整改
			2.7.11	支撑架高宽比超过标准要求时,未按标准要求将架体与既有结构连接或采用增加架体宽度的加强措施	II	违规施工	立即整改
			2.7.12	当需要进行预压时,未按标准要求对基础和架体实施预压	II	违规施工	立即整改
			2.7.13	在支撑架搭设完毕、浇筑混凝土前,未办理完工验收手续,或完工验收未形成记录,或未经责任人签字确认	II	违规施工	立即整改
			2.7.14	混凝土浇筑顺序不符合标准和安全专项施工方案的要求	II	违规施工	立即整改
			2.7.15	作业层施工均布荷载或集中荷载超过设计允许范围	II	违规施工	立即整改
			2.7.16	支撑架未按有关规定监测监控措施,或未在架体搭设、钢筋安装、混凝土浇捣过程中及混凝土终凝前后对基础沉降、模板支撑体系的位移进行监测监控	II	违规施工	立即整改

施工阶段	作业过程或作业活动		风险点		风险程度	风险危害	控制措施
2 实施阶段	2.7 模板工程及支撑系统	钢管满堂模板支撑架	2.7.17	监测监控未记录监测点、监测时间、工况、监测项目和报警值	Ⅱ	违规施工	立即整改
			2.7.18	节点组装时，扣件的扭紧力矩小于40N·m，碗扣节点未通过上碗扣和限位销锁紧水平杆，承插型盘扣式节点的插销未楔紧	Ⅱ	违规施工	立即整改
			2.7.19	相邻立杆接头在同一步距内或同跨内	Ⅱ	违规施工	立即整改
			2.7.20	扣件式钢管脚手架的纵向水平杆搭接长度小于1m或固定不符合标准要求	Ⅱ	违规施工	立即整改
			2.7.21	扣件式钢管脚手架立杆采用搭接接长	Ⅱ	违规施工	立即整改
			2.7.22	剪刀撑杆件的接长不符合标准要求	Ⅱ	违规施工	立即整改
			2.7.23	专用斜撑杆的两端未固定在纵、横向水平杆与立杆交会的节点处	Ⅱ	违规施工	立即整改
			2.7.24	钢管扣件剪刀撑杆件的连接点距离架体主节点大于150mm	Ⅱ	违规施工	立即整改
			2.7.25	架体与连墙件的连接点距离架体主节点大于300mm	Ⅱ	违规施工	立即整改
			2.7.26	无外脚手架时架体顶面四周未设置作业平台	Ⅱ	违规施工	立即整改
			2.7.27	作业平台宽度、脚手板、挡脚板、安全立网、防护栏杆的设置不符合标准要求	Ⅱ	违规施工	立即整改
			2.7.28	未设置供人员上下的专用通道或上下通道不符合规范要求	Ⅱ	违规施工	立即整改
			2.7.29	通道设置不符合标准要求或未与既有结构进行可靠连接	Ⅱ	违规施工	立即整改
			2.7.30	车行门洞通道未按标准要求设置顶部全封闭硬防护	Ⅱ	违规施工	立即整改
			2.7.31	门洞未按标准要求设置导向、限高、限宽、减速、防撞设施及标识	Ⅱ	违规施工	立即整改
			2.7.32	当支撑架可能受水流影响时未采取防冲（撞）击的安全措施	Ⅱ	违规施工	立即整改
			2.7.33	螺杆插入立杆内的长度小于150mm，或顶部伸出长度超过规范	Ⅱ	违规施工	立即整改

施工阶段	作业过程或作业活动		风险点		风险程度	风险危害	控制措施
2 实施阶段	2.7 模板工程及支撑系统	钢管满堂模板支撑架	2.7.34	支撑架拆除前未确认混凝土达到拆模强度要求	Ⅱ	违规施工	立即整改
			2.7.35	支撑架拆除未填写拆模申请单并履行拆模审批手续	Ⅱ	违规施工	立即整改
			2.7.36	预应力混凝土结构的支撑架在建立预应力前拆除	Ⅱ	违规施工	立即整改
			2.7.37	拆除作业未按分层、分段、由上至下的顺序进行	Ⅱ	违规施工	立即整改
			2.7.38	支撑架拆除未按规定设置警戒区或未设专人监护	Ⅱ	违规施工	立即整改
		梁柱式模板支撑架	2.7.39	所采用的常备式定型钢构件的质量不符合相关使用手册的要求	Ⅰ	违规施工	立即整改
			2.7.40	常备式定型钢构件无使用说明书等技术文件	Ⅱ	违章作业	立即整改
			2.7.41	主体结构构件、连接件有显著的变形、超标的挠度或严重锈蚀剥皮	Ⅱ	违规施工	立即整改
			2.7.42	地基承载力无检测报告，或承载力特征值不符合专项方案的要求，软弱地基未按相关标准的规定进行处理	Ⅰ	违规施工	停工整改
			2.7.43	立柱柱头和柱脚未按照专项施工方案的要求作加强处理，或与上部横梁、下部基础紧密不接触、连接不牢固	Ⅱ	违规施工	立即整改
			2.7.44	型钢纵梁间未设置横向连接系将同跨内全部纵梁连接成整体	Ⅱ	违规施工	立即整改
			2.7.45	桁架梁的相邻桁片间未设置通长横向连接系将同跨内全部纵梁连接成整体	Ⅱ	违规施工	立即整改
			2.7.46	贝雷梁两端及支撑位置均应设置通长横向连接系，或通长横向连接系的间距大于9m	Ⅱ	违规施工	立即整改
			2.7.47	横梁端部未设置用于纵横梁移除的加长段	Ⅱ	违规施工	立即整改
			2.7.48	基础和架体未按相关规定进行预压	Ⅱ	违规施工	立即整改
			2.7.49	作业层施工均布荷载或集中荷载超过设计允许范围	Ⅱ	违规施工	立即整改
			2.7.50	当浇筑混凝土时，未对混凝土的堆积高度进行控制	Ⅱ	违规施工	立即整改

附录 建筑工地各类危险源汇总

施工阶段	作业过程或作业活动		风险点		风险程度	风险危害	控制措施
2 实施阶段	2.7 模板工程及支撑系统	梁柱式模板支撑架	2.7.51	支撑架未应按有关规定监测监控措施，或未在架体搭设、钢筋安装、混凝土浇捣过程中及混凝土终凝前后对基础沉降、模板支撑体系的位移进行监测监控	II	违规施工	立即整改
			2.7.52	监测监控未记录监测点、监测时间、工况、监测项目和报警值	II	违规施工	立即整改
			2.7.53	立柱与基础或立柱与顶部横梁连接部位接触不紧密，或柱头、柱脚的加强构造不符合专项方案的要求	II	违规施工	立即整改
			2.7.54	立柱的竖向连接不牢固、紧密，或相邻立柱接头在同一断面	II	违规施工	立即整改
			2.7.55	连接系、支撑件与纵梁、横梁、立柱间的连接不牢固，焊接质量与专项施工方案规定的焊缝等级不匹配	II	违规施工	立即整改
			2.7.56	两根及以上型钢构成的组合梁，未采用垫板、加劲肋将型钢连接成整体	II	违规施工	立即整改
			2.7.57	桁架梁未在支撑位置设置侧向限位装置	II	违规施工	立即整改
			2.7.58	倾斜设置的纵梁或横梁支座处未按专项施工方案的要求采取防滑移固定措施	II	违规施工	立即整改
			2.7.59	架体顶面四周未设置操作平台	II	高处坠落	立即整改
			2.7.60	平台面未牢固满铺脚手板	II	高处坠落	立即整改
			2.7.61	平台外侧未按临边作业要求设置防护栏杆	II	高处坠落	立即整改
			2.7.62	未设置供人员上下的专用通道	II	高处坠落	立即整改
			2.7.63	通道设置不符合标准要求或未与既有结构进行可靠连接	II	高处坠落	立即整改
			2.7.64	支撑架四周的安全区域、围栏、警示标志不符合标准要求	II	违规施工	立即整改
			2.7.65	车行门洞通道未设置顶部全封闭硬防护	II	物体打击	立即整改
			2.7.66	门洞未按规定设置导向、限高、限宽、减速、防撞设施及标识	II	违规施工	立即整改

施工阶段	作业过程或作业活动		风险点		风险程度	风险危害	控制措施
2 实施阶段	2.7 模板工程及支撑系统	梁柱式模板支撑架	2.7.67	当支撑架可能受河水影响时，未采取防冲（撞）击的安全措施	Ⅱ	违规施工	立即整改
			2.7.68	起重设备、混凝土输送管、脚手架、物料周转平台等设施与支撑架相连接	Ⅱ	违规施工	立即整改
			2.7.69	架体拆除前未进行拆除安全技术交底，或交底无针对性或无文字记录	Ⅱ	违规施工	立即整改
			2.7.70	支撑架拆除前未确认混凝土达到拆模强度要求	Ⅱ	违规施工	立即整改
			2.7.71	预应力混凝土结构的支撑架在建立预应力前拆除	Ⅱ	违规施工	立即整改
			2.7.72	支撑架落架未按专项施工方案规定的顺序分阶段循环进行	Ⅱ	违规施工	立即整改
			2.7.73	支撑架拆除未按规定设置警戒区或未设专人监护	Ⅱ	违规施工	立即整改
		移动模架	2.7.74	未按规定编制专项施工方案，或未对临时拼装支架或吊架进行设计计算，或方案编制内容不全或无针对性	Ⅰ	违规施工	停工整改
			2.7.75	超过一定规模的移动模架专项施工方案，未按规定组织专家论证	Ⅰ	违规施工	停工整改
			2.7.76	专项施工方案未按规定进行审核、审批的，或专项施工方案实施前，未进行安全技术交底，或交底无针对性或无文字记录	Ⅰ	违规施工	停工整改
			2.7.77	定型移动模架产品无设计制造资质证书、设备出厂合格证	Ⅰ	违规施工	停工整改
			2.7.78	定型移动模架无设计及安装技术文件资料，或无操作手册等技术文件	Ⅰ	违规施工	停工整改
			2.7.79	非定型移动模架所用的承重构配件和连接件无质量合格证、材质证明，其品种、规格、型号、材质不符合有关标准的要求	Ⅰ	违规施工	停工整改
			2.7.80	所采用的液压或卷扬等装置无产品合格证	Ⅰ	违规施工	停工整改
			2.7.81	构配件有显著的变形、锈蚀及外观缺陷	Ⅱ	坍塌	立即整改

施工阶段	作业过程或作业活动		风险点		风险程度	风险危害	控制措施
2 实施阶段	2.7 模板工程及支撑系统	移动模架	2.7.82	定型移动模架产品及所用构配件与所施工的混凝土梁的各项要求不相适应	I	违规施工	停工整改
			2.7.83	临时拼装支架地基基础不牢固或架体结构不满足牢固可靠、构造合理的要求	II	坍塌	立即整改
			2.7.84	采用对拉连接的托架安装前，未对精轧螺纹钢筋、夹具及连接器进行外观检查或未进行力学试验	II	违规施工	立即整改
			2.7.85	移动模架拼装完成后未对电路、液压系统的运行情况进行检查	II	违规施工	立即整改
			2.7.86	移动模架组装后首次使用前未组织、设计制造和安装单位进行共同检查验收	II	违规施工	立即整改
			2.7.87	过孔前后未对模架的关键部位和支撑系统进行全面检查	II	违规施工	立即整改
			2.7.88	移动模架在梁体初张拉完成前进行过孔操作	II	违章作业	立即整改
			2.7.89	模架打开过孔前未确认电路、油路运行正常，或未解除所有影响移位的约束	II	违章作业	立即整改
			2.7.90	模架纵向移动时两侧的承重主梁不同步	II	违章作业	立即整改
			2.7.91	模架横向开启及合拢过程中，左右两侧模架或同侧移动模架前后端不同步	II	违章作业	立即整改
			2.7.92	移动模架无可靠的纵向过孔限位和制动装置	II	违章作业	立即整改
			2.7.93	移动模架过孔后未及时将外模系统合拢，或未将支腿吊架、主梁、横联及时连接	II	违章作业	立即整改
			2.7.94	移动模架安装完成以及纵移定位后，支撑主梁的油缸未处于锁定状态	II	违章作业	立即整改
			2.7.95	移动模架在过孔时的抗倾覆稳定系数小于 1.5	II	违章作业	立即整改
			2.7.96	移动模架使用前，未在显著位置悬挂移动模架安全使用规程	III	违规施工	限期整改

建设各方主体事故责任及风险规避

施工阶段	作业过程或作业活动		风险点		风险程度	风险危害	控制措施
2 实施阶段	2.7 模板工程及支撑系统	移动模架	2.7.97	移动模架移动过孔时,未对模架的运行状态进行监控	II	违章作业	立即整改
			2.7.98	混凝土浇筑未按照由悬臂端向已浇筑梁端的顺序进行,或左右两侧腹板及翼缘混凝土下料不对称	II	违章作业	立即整改
			2.7.99	风力达到6级以上时,未停止移动模架作业,或未将所有支腿均置于锚固和锁定状态,或外模板未闭合	II	违章作业	立即整改
			2.7.100	移动模架上部两侧未设置人行道和栏杆,或未在两个端头设置栏杆,或栏杆外未挂设安全网	II	高处坠落	立即整改
			2.7.101	设置的操作平台未按规定设置脚手板、栏杆、挡脚板和安全立网	II	高处坠落	立即整改
			2.7.102	跨(临)铁路、道路、航道的移动模架下部未设置能防止穿透的防护棚	II	物体打击	立即整改
			2.7.103	起重设备、混凝土输送管、上下通道等设施与移动模架相连接	II	物体打击 高处坠落 坍塌	立即整改
			2.7.104	移动模架未配备风速仪、避雷针和防风锚定设施	II	违规施工	立即整改
			2.7.105	未设置人员上下的专用通道,或通道设置不满足标准要求或未与墩身做可靠连接	II	高处坠落 物体打击	立即整改
			2.7.106	支撑架拆除前,未设置围栏和警戒标志或未派专人监护的	II	物体打击	立即整改
			2.7.107	移动模架拆除在带电的状态下进行	II	触电	立即整改
			2.7.108	移动模架拆除未按对称方式进行	II	坍塌	立即整改
			2.7.109	拆除主梁等连接设备前,未采取增设缆风绳、临时支撑等措施	III	坍塌	限时整改
			2.7.110	拆下的构件堆放不稳定	IV	物体打击	跟踪消除
		悬臂施工挂篮	2.7.111	挂篮所用的承重构配件和连接件无质量合格证、材质证明	I	违规施工	停工整改
			2.7.112	挂篮所采用的钢吊带或吊杆(含销轴)应无无损探伤检测记录	I	违规施工	停工整改
			2.7.113	挂篮所采用的液压或卷扬等装置无产品合格证	II	违规施工	立即整改

施工阶段	作业过程或作业活动		风险点		风险程度	风险危害	控制措施
2 实施阶段	2.7 模板工程及支撑系统	悬臂施工挂篮	2.7.114	主体结构构件、连接件有显著的变形、超标的挠度或严重锈蚀剥皮	Ⅱ	高处坠落	立即整改
			2.7.115	挂篮各部件加工完成后未进行试拼装，或无拼装记录	Ⅱ	违规施工	立即整改
			2.7.116	挂篮采用螺栓连接进行拼装时对螺栓孔进行切割扩孔	Ⅱ	违规施工	立即整改
			2.7.117	挂篮制作完成后未经厂家自检合格并出具合格证	Ⅱ	违规施工	立即整改
			2.7.118	挂篮焊接各部位焊缝有焊接缺陷	Ⅱ	高处坠落	立即整改
			2.7.119	挂篮螺栓连接或销接连接不紧密、可靠	Ⅱ	高处坠落	立即整改
			2.7.120	挂篮的总重量超出设计规定的限重范围	Ⅱ	违规施工	立即整改
			2.7.121	连续梁墩顶梁段采用挂篮进行悬浇施工时，未按设计规定设置墩梁临时固结装置	Ⅱ	违规施工	立即整改
			2.7.122	采用挂篮浇筑主梁0号段及相邻梁段浇筑施工时，采用的支架系统不牢固可靠或构造不合理	Ⅱ	违规施工	立即整改
			2.7.123	辅助支架搭设材料及构件的质量不符合相关标准的技术要求	Ⅱ	违规施工	立即整改
			2.7.124	挂篮悬臂端最大变形应超过20mm	Ⅱ	违规施工	立即整改
			2.7.125	采用精轧螺纹钢筋作为吊杆时，未使用双螺帽锁紧	Ⅱ	违规施工	立即整改
			2.7.126	挂篮的行走装置、锚固装置未按方案设计规定的位置和方式进行设置	Ⅱ	违规施工	立即整改
			2.7.127	挂篮在梁段混凝土浇筑及走行时的抗倾覆安全系数、自锚固系统的安全系数、斜拉水平限位系统的安全系数以及上下水平限位的安全系数，任何一项小于2.0	Ⅰ	违规施工	停工整改
			2.7.128	滑道或轨道未设置限位器或限位器设置不牢固	Ⅱ	违规施工	立即整改
			2.7.129	挂篮移动前未解除所有吊挂系统和模板系统的约束，或未完成悬吊系统的转换	Ⅱ	违规施工	立即整改

建设各方主体事故责任及风险规避

施工阶段	作业过程或作业活动		风险点		风险程度	风险危害	控制措施
2 实施阶段	2.7 模板工程及支撑系统	悬臂施工挂篮	2.7.130	挂篮移动前，未完成锚固体系的可靠转换，或未设置保险措施	Ⅱ	违规施工	立即整改
			2.7.131	墩两侧挂篮移动不对称或不平稳	Ⅱ	违规施工	立即整改
			2.7.132	挂篮行走速度超过 0.1m/min	Ⅱ	违章作业	立即整改
			2.7.133	挂篮移动过程中未设置防倾覆装置	Ⅱ	违规施工	立即整改
			2.7.134	挂篮行走到位后未及时锚固	Ⅱ	违规施工	立即整改
			2.7.135	挂篮设备进场时未对各构件规格、型号、尺寸、数量、外观质量和配件及专用工具的配备进行检查验收	Ⅱ	违规施工	立即整改
			2.7.136	挂篮现场组拼后，未按规定的荷载进行模拟荷载试验	Ⅱ	违规施工	立即整改
			2.7.137	挂篮行走到位固定后浇筑混凝土前未检查锚固系统、悬挂系统和模板系统	Ⅱ	违规施工	立即整改
			2.7.138	挂篮使用中，千斤顶、滑道、手拉葫芦、钢丝绳、保险绳、后锚固筋及连接器等未处于完好的状态	Ⅱ	违规施工	立即整改
			2.7.139	挂篮浇筑作业面上的施工荷载超过挂篮设计规定	Ⅰ	违规施工	停工整改
			2.7.140	挂篮使用过程中未对挂篮各部位的变形进行监测，或未形成监测记录	Ⅱ	违规施工	立即整改
			2.7.141	在精轧螺纹钢筋吊杆上进行电焊、搭火作业	Ⅱ	违章作业	立即整改
			2.7.142	挂篮行走过程中，构件上站人	Ⅱ	违章作业	立即整改
			2.7.143	雨雪天或风力超过挂篮设计移动风力时进行挂篮移动	Ⅱ	违章作业	立即整改
			2.7.144	挂篮临边作业处未设置操作平台，或操作平台不稳固	Ⅱ	高处坠落	立即整改
			2.7.145	操作平台未按规定设置栏杆、挡脚板和安全立网	Ⅱ	高处坠落	立即整改
			2.7.146	上下操作平台间未设置梯道，梯道设置不牢固或不畅通	Ⅱ	高处坠落	立即整改
			2.7.147	跨（临）铁路、道路、航道的挂篮下部未设置能防止穿透的防护棚	Ⅱ	物体打击	立即整改

施工阶段	作业过程或作业活动			风险点	风险程度	风险危害	控制措施
2 实施阶段	2.7 模板工程及支撑系统	悬臂施工挂篮	2.7.148	起重设备、混凝土输送管、脚手架、物料周转平台等设施与挂篮相连接	II	物体打击高处坠落坍塌	立即整改
			2.7.149	挂篮后移过程中未设专人统一指挥	II	违规施工	立即整改
			2.7.150	拆除作业未按照先拆除模板和吊挂系统后拆除主桁受力系统的顺序进行	II	违规施工	立即整改
			2.7.151	模板系统和吊挂系统拆除时未完成体系转换	II	违规施工	立即整改
			2.7.152	两悬臂端挂篮后移和拆除未按照对称同步的顺序进行	II	违规施工	立即整改
			2.7.153	挂篮拆除过程中前端堆放物料	II	违规施工	立即整改
		大模板	2.7.154	未按规定编制专项施工方案，或未编制设计文件，或未对大模板及体系、设施进行设计计算	I	违规施工	停工整改
			2.7.155	设计文件中图纸或计算书不齐全，或专项施工方案未按规定进行审核、审批	I	违规施工	停工整改
			2.7.156	专项施工方案未按规定组织专家论证	I	违规施工	停工整改
			2.7.157	专项施工方案实施前，未进行安全技术交底，或交底无针对性或无文字记录	I	违规施工	停工整改
			2.7.158	大模板的主承载结构与已浇筑结构连接构造不符合专项施工方案的规定，或传力不明确、不可靠	I	违规施工	停工整改
			2.7.159	主承载结构水平布置间距不符合专项施工方案的规定，或未与对拉螺栓孔位对应	I	违规施工	停工整改
			2.7.160	主承载结构未按起吊单元采用纵向连系梁将平面架体连成整体	II	违规施工	立即整改
			2.7.161	支架系统外侧及底部未设置安全平网兜底	II	高处坠落	立即整改
			2.7.162	支撑系统的面板垂直度调节范围不满足调整模板竖放自稳角的需要	II	违规施工	立即整改
			2.7.163	支撑件未支在主肋或背楞上	II	违规施工	立即整改
			2.7.164	承力座未支撑在刚性结构上，或未与支撑结构可靠固定	II	违规施工	立即整改

建设各方主体事故责任及风险规避

施工阶段	作业过程或作业活动		风险点		风险程度	风险危害	控制措施
2 实施阶段	2.7 模板工程及支撑系统	大模板	2.7.165	装配式吊环与大模板采用螺栓连接时未采用双螺母	Ⅱ	违规施工	立即整改
			2.7.166	大模板吊装时未清除操作平台上的堆料和未固定的零散件，或未撤离作业人员	Ⅱ	物体打击	立即整改
			2.7.167	大模板拆除后竖向放置时，模板与垂线的夹角小于风荷载作用下的自稳角或未采取确保模板放置稳定的措施	Ⅱ	物体打击	立即整改
			2.7.168	进场的大模板构配件无质量合格证、产品性能检验报告	Ⅰ	违规施工	停工整改
			2.7.169	大模板构配件的品种、规格、型号、材质不符合有关标准的要求	Ⅰ	违规施工	停工整改
			2.7.170	钢结构杆件有显著的弯曲、锈蚀和焊接缺陷	Ⅱ	违规施工	立即整改
			2.7.171	大模板每次安装完毕未按规定进行验收，验收未形成记录，或未经责任人签字确认	Ⅱ	违规施工	立即整改
			2.7.172	模板顶部及离地高度大于2m的对拉螺栓操作部位未设置操作平台	Ⅱ	高处坠落	立即整改
			2.7.173	操作平台面未牢固满铺脚手板	Ⅱ	高处坠落	立即整改
			2.7.174	操作平台外围未按临边作业要求设置防护栏杆	Ⅱ	高处坠落	立即整改
			2.7.175	模板上未设置上下平台的爬梯，或爬梯安装不牢固或通行不畅通	Ⅱ	高处坠落	立即整改
		滑动模板	2.7.176	未按规定编制专项施工方案，或方案编制内容不全或无针对性	Ⅰ	违规施工	停工整改
			2.7.177	专项方案未按规定进行审核、审批，或专项施工方案未按规定组织专家论证	Ⅰ	违规施工	停工整改
			2.7.178	模板及紧固件的强度和刚度不足，或模板与围圈的连接不牢固	Ⅱ	坍塌	立即整改
			2.7.179	围圈刚度不足，或围圈与提升架立柱连接不牢固	Ⅱ	坍塌	立即整改
			2.7.180	固定式围圈接头未采用等刚度型钢连接，或连接螺栓每边少于2个	Ⅱ	违规施工	立即整改

施工阶段	作业过程或作业活动		风险点		风险程度	风险危害	控制措施
2 实施阶段	2.7 模板工程及支撑系统	滑动模板	2.7.181	在使用荷载作用下两个提升架之间围圈的垂直与水平方向的变形大于跨度的 1/500	Ⅱ	违规施工	立即整改
			2.7.182	当操作平台的桁架或梁支撑于围圈上时，未在支撑处设置支托或支架	Ⅱ	违规施工	立即整改
			2.7.183	提升架刚度不足，或横梁与立柱未采取刚性连接	Ⅱ	违规施工	立即整改
			2.7.184	操作平台未与提升架或围圈连成整体，或连接不牢固	Ⅱ	违规施工	立即整改
			2.7.185	操作平台的桁片间应按滑模设计要求设置水平和垂直支撑	Ⅱ	违规施工	立即整改
			2.7.186	吊脚手架钢吊杆的直径小于 16mm，或吊杆螺帽未采用双螺帽	Ⅱ	违规施工	立即整改
			2.7.187	操作平台上的随升井架等垂直运输设备与操作平台连接不牢固	Ⅱ	违规施工	立即整改
			2.7.188	支撑杆和千斤顶的数量、分区布置不符合滑模设计要求	Ⅱ	违规施工	立即整改
			2.7.189	支撑杆的直径、规格与所使用千斤顶的要求不适应	Ⅱ	违规施工	立即整改
			2.7.190	每次接长的支撑杆数量超过总数的 1/4，或支撑杆两相邻接头高差小于 1m	Ⅱ	违规施工	立即整改
			2.7.191	当钢管支撑杆设置在结构体外时未采取加固措施	Ⅱ	违规施工	立即整改
			2.7.192	工具式支撑杆的螺纹接头未拧紧到位	Ⅱ	违规施工	立即整改
			2.7.193	支撑杆轴线与千斤顶轴线不一致，或偏斜度偏差超过 2‰	Ⅱ	违规施工	立即整改
			2.7.194	千斤顶通过支撑杆接头后未及时按标准要求采取加固措施	Ⅱ	违规施工	立即整改
			2.7.195	工具式支撑杆分批拔出时的数量超过总数的 1/4	Ⅱ	违规施工	立即整改
			2.7.196	正常滑升前未按专项施工方案和标准要求进行预滑升试验	Ⅱ	违规施工	立即整改
			2.7.197	操作平台上施工荷载不均匀，或超过设计允许范围	Ⅱ	违规施工	立即整改

施工阶段	作业过程或作业活动		风险点		风险程度	风险危害	控制措施
2 实施阶段	2.7 模板工程及支撑系统	滑动模板	2.7.198	混凝土输送管等设施与滑模装置相连接	II	违章作业	立即整改
			2.7.199	模板滑升速度不符合滑模设计和标准要求	II	违章作业	立即整改
			2.7.200	模板空滑时未对支撑杆采取防失稳的加固措施	II	违规施工	立即整改
			2.7.201	滑升过程中操作平台未处于水平状态	II	违规施工	立即整改
			2.7.202	混凝土浇筑未执行均匀对称交圈制度	II	违规施工	立即整改
			2.7.203	每次浇灌的厚度大于200mm	II	违规施工	立即整改
			2.7.204	操作平台和吊脚手架的外侧未按临边作业要求设置安全防护栏杆、挡脚板、安全立网	II	高处坠落	立即整改
			2.7.205	操作平台和吊脚手架的走道未牢固满铺脚手板	II	高处坠落	立即整改
			2.7.206	操作平台和吊脚手架的底部未兜设安全平网	II	高处坠落	立即整改
			2.7.207	上下操作平台及脚手架间未设置专用通行梯道；梯道不牢固，或通行不畅通	II	高处坠落	立即整改
			2.7.208	周围未按标准要求设立危险警戒区，警戒区内的出入口未按标准要求设置安全防护棚	II	物体打击	立即整改
			2.7.209	支撑杆的拆除未采取防坠措施	II	物体打击 高处坠落	立即整改
			2.7.210	滑模装置拆除时，未按规定设置警戒区或未指定专人负责统一指挥	II	违规施工	立即整改
		液压爬升模板	2.7.211	未编制专项施工方案或未进行设计计算	I	违规施工	停工整改
			2.7.212	专项施工方案未按规定进行审核、审批	I	违规施工	停工整改
			2.7.213	专项施工方案未按规定组织专家论证	I	违规施工	停工整改
			2.7.214	锥形承载接头的安装位置与爬模设计规定的定位中心超过 ±5mm	II	违规施工	立即整改
			2.7.215	挂钩连接座未采用专用承载螺栓固定，或未与建筑物表面有效接触	II	违规施工	立即整改

施工阶段	作业过程或作业活动		风险点		风险程度	风险危害	控制措施
2 实施阶段	2.7 模板工程及支撑系统	液压爬升模板	2.7.216	锥体螺母长度小于承载螺栓外径的3倍	Ⅱ	违规施工	立即整改
			2.7.217	预埋件和承载螺栓拧入锥体螺母的深度不同时大于承载螺栓外径的1.5倍	Ⅱ	违规施工	立即整改
			2.7.218	承载螺栓螺杆露出螺母小于3扣，或垫板尺寸小于100mm×100mm×10mm	Ⅱ	违规施工	立即整改
			2.7.219	承载螺栓未与锥体螺母扭紧	Ⅱ	违规施工	立即整改
			2.7.220	导轨的垂直度大于5/1000或30mm，或工作状态中的最大挠度大于5mm	Ⅱ	违规施工	立即整改
			2.7.221	防倾装置的导向间隙大于5mm	Ⅱ	违规施工	立即整改
			2.7.222	防坠装置不灵敏可靠，或下坠制动距离大于50mm	Ⅱ	违规施工	立即整改
			2.7.223	液压系统超载时不能启动溢流阀保护功能	Ⅱ	违规施工	立即整改
			2.7.224	油缸油管破裂时不能启动液压锁保护功能	Ⅱ	违规施工	立即整改
			2.7.225	油缸不同步时不能单独升降某个油缸	Ⅱ	违规施工	立即整改
			2.7.226	导轨的梯挡与油缸行程不匹配，或不满足与防坠爬升器相互运动的要求	Ⅱ	违规施工	立即整改
			2.7.227	导轨顶部不能与挂钩连接座可靠挂接，或中部未穿入架体防倾调节支腿中	Ⅱ	违规施工	立即整改
			2.7.228	上、下防坠爬升器的定位销、限位器、导向板、承力块等组装件转动不灵活，或定位不正确	Ⅱ	违规施工	立即整改
			2.7.229	防坠爬升器换向不可靠，或不能确保棘爪支撑在导轨的梯挡上	Ⅱ	违规施工	立即整改
			2.7.230	油缸机位间距不满足爬模设计及标准的规定	Ⅱ	违规施工	立即整改
			2.7.231	油缸选用的额定荷载小于工作荷载的2倍	Ⅱ	违规施工	立即整改
			2.7.232	爬模装置爬升时，承载体受力处混凝土的强度未达到10MPa，或不满足设计要求	Ⅱ	违规施工	立即整改

施工阶段	作业过程或作业活动		风险点	风险程度	风险危害	控制措施
2 实施阶段	2.7 模板工程及支撑系统	液压爬升模板	2.7.233 架体爬升前，未解除下层附墙连接装置及相邻分段架体之间、架体与构筑物之间的连接	Ⅱ	违规施工	立即整改
			2.7.234 架体爬升前，未清除操作平台上的堆料	Ⅱ	物打击体	立即整改
			2.7.235 防坠爬升器的工作状态与导轨或架体的爬升状态不一致	Ⅱ	违规施工	立即整改
			2.7.236 导轨爬升前，导轨锁定销键和导轨底部调节支腿未处于松开状态	Ⅱ	违规施工	立即整改
			2.7.237 架体爬升前，架体防倾调节支腿未退出，或挂钩锁定销应处于拔出状态	Ⅱ	违规施工	立即整改
			2.7.238 架体爬升到位后，挂钩连接座未及时插入承力销和挂钩锁定销，或未及时将防倾调节支腿紧密顶撑在混凝土结构上	Ⅱ	违规施工	立即整改
			2.7.239 架体爬升到位后，未及时建立下层附墙连接装置及相邻分段架体之间、架体与构筑物之间的连接	Ⅱ	违规施工	立即整改
			2.7.240 架体爬升过程未设专人检查防坠爬升器，确保棘爪处于正常工作状态	Ⅱ	违规施工	立即整改
			2.7.241 附墙装置、爬升装置、防倾和防坠装置以及架体结构的主要构配件进场未按规定进行验收	Ⅱ	违规施工	立即整改
			2.7.242 未提供至少两个机位的出厂前爬模装置的安装试验、爬升性能试验和承载试验检验报告	Ⅱ	违规施工	立即整改
			2.7.243 爬模装置安装完毕未按规定进行整体验收，验收内容和指标未按标准要求进行量化	Ⅱ	违规施工	立即整改
			2.7.244 架体每次爬升前未组织安全检查，或未按标准要求形成安全检查记录	Ⅱ	违规施工	立即整改
			2.7.245 上架体高度、宽度不满足结构施工操作需要	Ⅱ	违规施工	立即整改
			2.7.246 下架体高度和宽度不满足爬模装置操作需要或模板工程施工操作需要	Ⅱ	违规施工	立即整改

施工阶段	作业过程或作业活动		风险点		风险程度	风险危害	控制措施
2 实施阶段	2.7 模板工程及支撑系统	液压爬升模板	2.7.247	上架体和下架体未采用纵向连系梁将平面架体连成整体	Ⅱ	违规施工	立即整改
			2.7.248	架体主框架水平支撑跨度大于6m	Ⅱ	违规施工	立即整改
			2.7.249	架体的水平悬臂长度大于水平支撑跨度的1/3或3m	Ⅱ	违规施工	立即整改
			2.7.250	在爬升和使用工况下，架体竖向悬臂高度大于7.2m	Ⅱ	违规施工	立即整改
			2.7.251	上下操作平台间未设置专用通行梯道；梯道不牢固，或通行不畅通	Ⅱ	高处坠落	立即整改
			2.7.252	上下操作平台未牢固满铺脚手板	Ⅱ	高处坠落	立即整改
			2.7.253	上、下架体全高范围及吊平台底部未按临边作业要求设置安全防护栏杆、挡脚板、安全立网	Ⅱ	高处坠落	立即整改
			2.7.254	操作层未在外侧设置高度不低于180mm的挡脚板	Ⅱ	高处坠落	立即整改
			2.7.255	下操作平台及吊平台与结构表面之间未设置翻板和兜网	Ⅱ	高处坠落	立即整改
			2.7.256	操作平台上应按消防要求设置消防设施	Ⅱ	火灾	立即整改
			2.7.257	爬模操作人员未经培训或未定岗定责	Ⅱ	违章作业	立即整改
			2.7.258	操作平台上施工荷载不均匀，或超过设计允许范围	Ⅱ	坍塌 高处坠落	立即整改
			2.7.259	爬模装置安装、爬升、拆除时未设置安全警戒或未设置专人监护	Ⅱ	违规施工	立即整改
			2.7.260	操作平台与地面之间无可靠的通信联络，或未统一指挥	Ⅱ	违规施工	立即整改
	2.8 起重吊装工程	塔式起重机	2.8.1	未按规定编制专项施工方案，或未对地基基础进行设计计算，或方案编制内容不全或无针对性	Ⅰ	违规施工	停工整改
			2.8.2	多塔作业未制定专项施工方案，或专项施工方案未按规定进行审核、审批，未按要求向设备监管部门备案、安拆告知、使用登记	Ⅰ	违规施工	停工整改
			2.8.3	高度200m及以上内爬塔吊的拆除方案未按规定组织专家论证	Ⅰ	违规施工	停工整改

施工阶段	作业过程或作业活动		风险点		风险程度	风险危害	控制措施
2 实施阶段	2.8 起重吊装工程	塔式起重机	2.8.4	专项施工方案实施前未进行安全技术交底，交底无针对性或无文字记录	I	违规施工	停工整改
			2.8.5	未安装起重量限制器或不灵敏	I	起重伤害	立即整改
			2.8.6	未安装起重力矩限制器或不灵敏	I	起重伤害	立即整改
			2.8.7	未安装起升高度限位器或不灵敏；安全越程不符合标准要求	I	起重伤害	立即整改
			2.8.8	小车变幅的塔式起重机未安装小车行程限位开关或不灵敏	I	起重伤害	立即整改
			2.8.9	动臂变幅的塔式起重机未安装臂架幅度限位开关或不灵敏	I	起重伤害	立即整改
			2.8.10	回转部分不设集电器的塔式起重机未安装回转限位器或不灵敏	I	起重伤害	立即整改
			2.8.11	行走式塔式起重机未安装行走限位器或不灵敏	I	起重伤害	立即整改
			2.8.12	小车变幅的塔式起重机未安装断绳保护装置或未安装断轴保护装置	II	起重伤害	立即整改
			2.8.13	塔机行走和小车变幅轨道行程末端未按标准要求安装缓冲器和止挡装置	II	起重伤害	立即整改
			2.8.14	塔式起重机顶高度大于30m且高于周围建筑物时，未按规定安装红色障碍指示灯	II	起重伤害	立即整改
			2.8.15	起重臂根部绞点高度大于50m的塔式起重机未安装风速仪或不灵敏	II	起重伤害	立即整改
			2.8.16	吊钩规格、型号不符合产品说明书要求或磨损、变形达到报废标准	II	起重伤害	立即整改
			2.8.17	滑轮、卷筒磨损达到报废标准	I	起重伤害	立即整改
			2.8.18	吊钩、滑轮、卷筒未设置钢丝绳防脱装置或装置失效	I	起重伤害	立即整改
			2.8.19	钢丝绳磨损、断丝、变形、锈蚀达到报废标准	I	起重伤害	立即整改
			2.8.20	钢丝绳的规格、型号不符合产品说明书要求或穿绕不正确	I	起重伤害	立即整改
			2.8.21	钢丝绳端部固接方式不符合标准要求	I	起重伤害	立即整改
			2.8.22	当吊钩处于最低位置时，卷筒上钢丝绳少于3圈	II	起重伤害	立即整改

施工阶段	作业过程或作业活动		风险点		风险程度	风险危害	控制措施
2 实施阶段	2.8 起重吊装工程	塔式起重机	2.8.23	卷筒上钢丝绳尾端固定方式不符合产品说明书要求或未设置安全可靠的固定装置	I	起重伤害	立即整改
			2.8.24	索具安全系数不符合标准要求	I	起重伤害	立即整改
			2.8.25	索具端部固接方式不符合标准要求	I	起重伤害	立即整改
			2.8.26	当塔式起重机高度超过产品说明书规定时未安装附着装置	I	起重伤害	立即整改
			2.8.27	附着装置水平距离不符合说明书要求时未进行设计计算和审批	I	违规施工	停工整改
			2.8.28	附着前、附着后塔身垂直度不符合标准要求	II	起重伤害	立即整改
			2.8.29	未对采用内爬式起重机的构筑物承载结构进行承载力验算	I	违规施工	停工整改
			2.8.30	无制造许可证、产品合格证、备案证明和产品说明书	I	违规施工	停工整改
			2.8.31	安装、拆卸单位未取得起重设备安装工程专业承包资质和安全生产许可证	I	违规施工	停工整改
			2.8.32	安装、拆卸作业人员未取得特种作业资格证书	II	违章作业	立即整改
			2.8.33	恶劣气候条件下进行塔式起重机安拆，6级及以上大风天气塔吊作业、塔式起重机安装（拆卸）前未按规定办理告知手续、未经特种设备检测单位检测合格即投入使用	II	违规施工	立即整改
			2.8.34	起重司机、信号工、司索工未取得特种作业资格证书	II	违章作业	立即整改
			2.8.35	行走式塔式起重机停止作业时未锁紧夹轨器	II	违章作业	立即整改
			2.8.36	多台塔式起重机作业时，两台塔式起重机之间的最小架设距离不符合标准要求	II	机械伤害	立即整改
			2.8.37	采用吊具载运人员	II	违章作业	立即整改
			2.8.38	基础未设置防水、排水措施	II	违规施工	立即整改
			2.8.39	行走式塔式起重机的轨道、路基箱、枕木、道钉、压板等铺设不符合产品说明书及标准要求	I	违规施工	停工整改

施工阶段	作业过程或作业活动		风险点		风险程度	风险危害	控制措施
2 实施阶段	2.8 起重吊装工程	塔式起重机	2.8.40	受力结构件变形、锈蚀不符合相关标准要求	Ⅰ	违规施工	立即整改
			2.8.41	平台、起重臂走道、梯子、护栏、护圈设置不符合产品说明书及标准要求	Ⅰ	违规施工	立即整改
			2.8.42	高强螺栓、销轴、紧固件的紧固、连接不符合产品说明书及相关标准要求	Ⅰ	违规施工	立即整改
			2.8.43	电缆使用及固定不符合相关标准要求	Ⅱ	违规施工	立即整改
			2.8.44	未设置非自动复位型紧急断电开关或不灵敏	Ⅱ	触电	立即整改
			2.8.45	未按标准要求设置避雷装置	Ⅱ	触电、其他伤害	立即整改
			2.8.46	塔式起重机与架空线路的安全距离不符合标准要求时，未采取防护措施	Ⅱ	触电、其他伤害	立即整改
		门式起重机	2.8.47	未安装起重量限制器或不灵敏	Ⅰ	起重伤害	立即整改
			2.8.48	未安装起升高度限位器或不灵敏，或安全越程不符合标准要求	Ⅰ	起重伤害	立即整改
			2.8.49	未安装运行行程限位器或不灵敏	Ⅰ	起重伤害	立即整改
			2.8.50	同轨运行的门式起重机之间未按标准要求安装防碰撞装置	Ⅱ	机械伤害	立即整改
			2.8.51	门式起重机和小车行走轨道行程末端未按标准要求安装缓冲器和止挡装置	Ⅰ	起重伤害	立即整改
			2.8.52	起升高度大于 12m 时未安装风速风级报警器或不灵敏	Ⅰ	起重伤害	立即整改
			2.8.53	在主梁一侧落钩的单梁起重机未设置防倾覆安全钩或失效	Ⅰ	起重伤害	立即整改
			2.8.54	未安装连锁保护安全装置或不灵敏	Ⅰ	起重伤害	立即整改
			2.8.55	未安装有效的抗风防滑装置或不牢固	Ⅰ	起重伤害	立即整改
			2.8.56	吊钩规格、型号不符合产品说明书要求或磨损、变形达到报废标准	Ⅰ	起重伤害	立即整改
			2.8.57	滑轮、卷筒磨损达到报废标准	Ⅰ	起重伤害	立即整改
			2.8.58	吊钩、滑轮、卷筒未设置钢丝绳防脱装置或装置失效	Ⅰ	起重伤害	立即整改
			2.8.59	钢丝绳磨损、断丝、变形、锈蚀达到报废标准	Ⅰ	起重伤害	立即整改

施工阶段	作业过程或作业活动		风险点		风险程度	风险危害	控制措施
2 实施阶段	2.8 起重吊装工程	门式起重机	2.8.60	钢丝绳的规格、型号不符合产品说明书要求或穿绕不正确	I	起重伤害	立即整改
			2.8.61	当吊钩处于最低位置时,卷筒上钢丝绳少于3圈	II	起重伤害	立即整改
			2.8.62	卷筒上钢丝绳尾端固定方式不符合产品说明书要求或未设置安全可靠的固定装置	II	违规施工	立即整改
			2.8.63	索具安全系数不符合标准要求	I	违规施工	立即整改
			2.8.64	索具端部固接方式不符合标准要求	II	违规施工	立即整改
			2.8.65	地基未经验算或承载力不符合产品说明书规定	I	违规施工	立即整改
			2.8.66	基础不坚实稳固或未设置防水、排水设施	II	违规施工	立即整改
			2.8.67	基础与轨道的固定方式不符合产品说明书及标准要求或固定不牢固	II	违规施工	立即整改
			2.8.68	轨道铺设跨距偏差、弯曲偏差、接头处高低偏差、左右错位偏差不符合产品说明书及标准要求	II	违规施工	立即整改
			2.8.69	轨道有明显扭度或接头处间隙过大	II	起重伤害、物体打击	立即整改
			2.8.70	轨顶面或侧面磨损量过大	II	起重伤害、物体打击	立即整改
			2.8.71	路基箱、枕木、道钉、压板等设施不符合产品说明书及标准要求	II	违规施工	立即整改
			2.8.72	当门式起重机支撑在既有结构上时,未对既有结构的承载力进行确认或验算	II	违规施工	立即整改
			2.8.73	无制造许可证、产品合格证、备案证明和产品说明书	I	违规施工	停工整改
			2.8.74	安装、拆卸单位未取得起重设备安装工程专业承包资质和安全生产许可证	I	违规施工	停工整改
			2.8.75	安装、拆卸作业人员未取得特种作业资格证书	I	违章作业	立即整改
			2.8.76	中途停止安装时未对已安装或尚未拆除部分采取固定措施	II	违规施工	立即整改

施工阶段	作业过程或作业活动		风险点		风险程度	风险危害	控制措施
2 实施阶段	2.8 起重吊装工程	门式起重机	2.8.77	起重司机、信号工、司索工未取得特种作业资格证书	I	违章作业	立即整改
			2.8.78	使用期间未按规定形成交接班检查、日常检查和周期检查记录	II	违规施工	立即整改
			2.8.79	起重机停止作业时,未锁紧夹轨器	II	违规施工	立即整改
			2.8.80	未在明显位置设置主要性能标志和安全警示标志	III	违规施工	限时整改
			2.8.81	未按规定安装警示灯,或警示灯失效	III	违规施工	限时整改
			2.8.82	安拆及使用场地安全区域位置未设置围栏或警戒线	II	违规施工	立即整改
			2.8.83	门式起重机主要受力结构件有明显变形、开焊、裂缝及严重锈蚀等现象	II	物体打击 机械伤害	立即整改
			2.8.84	高强螺栓、销轴、紧固件的紧固、连接不符合产品说明书及标准要求	II	违规施工	立即整改
			2.8.85	未安装非自动复位型急停开关或不灵敏	II	违规施工	立即整改
			2.8.86	门式起重机在其他防雷保护范围以外未设置避雷装置,避雷装置不符合相关标准要求	II	触电	立即整改
			2.8.87	金属结构和所有电气设备系统金属外壳未进行可靠接地	II	触电	立即整改
			2.8.88	门式起重机与架空线路的安全距离不符合标准要求时,未采取防护措施	II	触电	立即整改
			2.8.89	工作电缆拖地、泡水或无保护措施	II	触电	立即整改
		架桥机	2.8.90	当架桥机采用非定型产品时,未进行专门的设计计算或确认	I	违规施工	停工整改
			2.8.91	工作高度超过 10m、城市道桥单跨跨度大于 20m 或单根预制梁重量大于 600kN 的架桥机专项施工方案,施工单位未按规定组织专家论证	I	违规施工	停工整改
			2.8.92	主要受力结构件有明显变形、开焊、裂缝及严重锈蚀等现象	II	物体打击 机械伤害	立即整改
			2.8.93	高强螺栓、销轴、紧固件的紧固、连接不符合产品说明书及标准要求	II	违规施工	立即整改
			2.8.94	吊钩、滑轮、卷筒达到报废标准	I	起重伤害	立即整改

附录 建筑工地各类危险源汇总

施工阶段	作业过程或作业活动		风险点		风险程度	风险危害	控制措施
2 实施阶段	2.8 起重吊装工程	架桥机	2.8.95	吊钩、滑轮、卷筒未安装完好可靠的钢丝绳防脱装置	I	起重伤害	立即整改
			2.8.96	钢丝绳达到报废标准	I	起重伤害	立即整改
			2.8.97	当吊钩处于最低位置时，卷筒上钢丝绳少于3圈	II	违规施工	立即整改
			2.8.98	车轮、传动齿轮达到报废标准	II	起重伤害	立即整改
			2.8.99	未设置起升高度限制器和行程限位器或不灵敏	I	起重伤害	立即整改
			2.8.100	运行机构未设缓冲装置，端部止挡装置不牢固可靠	I	起重伤害	立即整改
			2.8.101	未设置起重量限制器或不灵敏	I	起重伤害	立即整改
			2.8.102	未设置支腿机械锁定装置或不灵敏	I	起重伤害	立即整改
			2.8.103	未设置安全制动器或不灵敏	I	起重伤害	立即整改
			2.8.104	未设置超速开关或不灵敏	I	起重伤害	立即整改
			2.8.105	未设置锚定装置或未按标准要求进行有效锚定	I	起重伤害	立即整改
			2.8.106	未设置抗风防滑装置或不灵敏	I	起重伤害	立即整改
			2.8.107	未按标准要求设置连锁保护装置或不灵敏	I	起重伤害	立即整改
			2.8.108	未设置可正常使用的风速仪和防护罩	II	违规施工	立即整改
			2.8.109	安装、拆卸作业人员未取得特种作业资格证书	I	违章作业	立即整改
			2.8.110	恶劣天气条件进行架桥机安、拆工作	II	违章作业	立即整改
			2.8.111	未对架桥机主梁和横移轨道进行调平或无自锁功能	II	违章作业	立即整改
			2.8.112	架桥机轨道上枕木、道钉、压板等设施不符合标准要求	II	违规施工	立即整改
			2.8.113	当遇特殊情况中断安装、拆卸作业时，未切断电源或未将已安拆部分进行临时固定	II	违规施工	立即整改
			2.8.114	架桥机主机对位后，无可靠的制动措施	II	违规施工	立即整改
			2.8.115	运梁车司机未经专业培训或未取得相应资格证	II	违章作业	立即整改

施工阶段	作业过程或作业活动		风险点		风险程度	风险危害	控制措施
2 实施 阶段	2.8 起重 吊装 工程	架桥机	2.8.116	运梁时无专人负责指挥	Ⅱ	违章作业	立即整改
			2.8.117	运送 T 梁时，未按规定对 T 梁采取有效固定措施	Ⅱ	违规施工	立即整改
			2.8.118	运梁车制动器不灵敏	Ⅱ	违规施工	立即整改
			2.8.119	运梁车载重运行时未匀速前进或速度过快	Ⅱ	违章作业	立即整改
			2.8.120	架桥机操作人员无相应特种作业资格证	Ⅱ	违章作业	立即整改
			2.8.121	待架梁的自重和外形尺寸超出架桥机作业能力覆盖范围	Ⅱ	违规施工	立即整改
			2.8.122	两端同时起吊梁体，单端起吊后梁体倾斜度超过梁体设计规定	Ⅱ	违规施工	立即整改
			2.8.123	吊梁小车与运梁车驮梁小车行走不同步	Ⅱ	物体打击 车辆伤害	立即整改
			2.8.124	T 梁梁体架设后未及时对梁体两侧进行有效支撑	Ⅱ	物体打击	立即整改
			2.8.125	架桥机调试完成后未按规定进行试吊	Ⅱ	违规施工	立即整改
			2.8.126	未制定周期检查计划或未进行定期检查	Ⅱ	违规施工	立即整改
			2.8.127	架桥机停止使用一个月以上，使用前未按规定进行检查	Ⅱ	违规施工	立即整改
			2.8.128	无预防性的维护计划或无维护记录	Ⅲ	违规施工	限时整改
			2.8.129	未在操作处、承载支腿处等可方便控制的位置设置非自动复位型紧急断电开关或不灵敏	Ⅱ	违规施工	立即整改
			2.8.130	架桥机在其他防雷保护范围以外未设置避雷装置，避雷装置不符合相关标准要求	Ⅱ	其他伤害	立即整改
			2.8.131	金属结构和所有电气设备系统金属外壳未进行可靠接地	Ⅱ	触电	立即整改
			2.8.132	架桥机与架空线路的安全距离不符合标准要求时，未采取防护措施	Ⅱ	触电	立即整改
			2.8.133	架桥机上的电线未敷设于线槽或金属管中或未穿金属软管	Ⅱ	触电	立即整改
			2.8.134	作业面照明亮度不够	Ⅱ	违规施工	立即整改

施工阶段	作业过程或作业活动		风险点		风险程度	风险危害	控制措施
2 实施阶段	2.8 起重吊装工程	架桥机	2.8.135	照明回路未单独供电或未设短路保护	Ⅱ	触电	立即整改
			2.8.136	电气绝缘电阻小于相关标准要求	Ⅱ	触电	立即整改
			2.8.137	架梁时未安装吊篮、步板、梯子等安全防护设施	Ⅱ	违规施工	立即整改
			2.8.138	横向连接、湿接缝施工未安装工作平台或吊篮	Ⅱ	违规施工	立即整改
			2.8.139	架桥机位于通车道路、河道上方时，架桥机下方未设置防护棚；防护棚设置不符合规定	Ⅱ	物体打击	立即整改
			2.8.140	水上施工时未设置防护和救生设施	Ⅱ	淹溺	立即整改
			2.8.141	每一跨预制梁架设完毕后未及时按临边作业要求搭设桥梁两边的防护栏杆	Ⅱ	高处坠落	立即整改
			2.8.142	同跨预制梁间未设置安全兜网	Ⅱ	高处坠落	立即整改
		施工升降机	2.8.143	未安装起重量限制器或不灵敏	Ⅰ	起重伤害	立即整改
			2.8.144	未安装渐进式防坠安全器或不灵敏	Ⅰ	起重伤害	立即整改
			2.8.145	防坠器使用超过有效的标定期限	Ⅰ	起重伤害	立即整改
			2.8.146	对重钢丝绳未安装防松绳装置或不灵敏	Ⅰ	起重伤害	立即整改
			2.8.147	SC施工升降机未按规定安装安全钩	Ⅱ	物体打击	立即整改
			2.8.148	未安装非自动复位型极限开关或不灵敏	Ⅰ	起重伤害	立即整改
			2.8.149	未安装自动复位型上、下限位开关或不灵敏	Ⅰ	起重伤害	立即整改
			2.8.150	上极限开关与上限位开关安全越程不符合标准要求	Ⅰ	起重伤害	立即整改
			2.8.151	极限开关、限位开关共用一个触发元件，或越程距离小于50m	Ⅰ	起重伤害	立即整改
			2.8.152	吊笼和对重升降通道周围未设置防护围栏，围栏高度小于1.8m	Ⅱ	高处坠落	立即整改
			2.8.153	围栏门、吊笼门未安装机电连锁装置或不灵敏	Ⅱ	违规施工	立即整改
			2.8.154	停层平台两侧未设置防护栏杆、挡脚板，设置不符合临边作业防护要求	Ⅱ	高处坠落	立即整改
			2.8.155	停层平台面脚手板未满铺或未牢固固定	Ⅱ	高处坠落	立即整改

建设各方主体事故责任及风险规避

施工阶段	作业过程或作业活动		风险点		风险程度	风险危害	控制措施
2 实施阶段	2.8 起重吊装工程	施工升降机	2.8.156	层门高度不符合标准要求，或层门安装不牢固或承载力不足	II	高处坠落	立即整改
			2.8.157	地面进出口未设置防护棚，设置不符合标准要求	II	物体打击	立即整改
			2.8.158	附墙架采用非配套标准产品时未进行设计计算	II	违规施工	立即整改
			2.8.159	附墙架与结构物连接方式、角度不符合产品说明书要求或连接不牢固	II	违规施工	立即整改
			2.8.160	附墙架间距、最高附着点以上导轨架的自由高度超过产品说明书要求	II	违章作业	立即整改
			2.8.161	对重钢丝绳数少于2根或未相对独立	II	起重伤害	立即整改
			2.8.162	钢丝绳磨损、断丝、变形、锈蚀达到报废标准	I	起重伤害	立即整改
			2.8.163	钢丝绳的规格、型号不符合产品说明书要求或穿绕不正确	II	违章作业	立即整改
			2.8.164	对重重量、固定不符合产品说明书要求	I	起重伤害	立即整改
			2.8.165	对重未设置防脱轨保护装置	I	起重伤害	立即整改
			2.8.166	无制造许可证、产品合格证、备案证明和产品说明书	I	违规施工	立即整改
			2.8.167	安装、拆卸单位未取得设备安装工程专业承包资质和安全生产许可证	I	违规施工	停工整改
			2.8.168	安装、拆卸作业人员未取得特种作业资格证书	I	违章作业	立即整改
			2.8.169	司机未取得特种作业资格证书	I	违章作业	立即整改
			2.8.170	施工升降机未安装信号联络装置，信号联络不清晰	I	违规施工	立即整改
			2.8.171	未按规定周期和方法进行超载试验	II	违规施工	立即整改
			2.8.172	导轨架垂直度不符合产品使用说明书及规定要求	II	违规施工	立即整改
			2.8.173	标准节质量不符合产品说明书及相关标准要求	II	违规施工	立即整改
			2.8.174	对重导轨不符合规定要求	II	违规施工	立即整改
			2.8.175	标准节连接螺栓使用不符合产品说明书及标准要求	II	违规施工	立即整改

施工阶段	作业过程或作业活动		风险点		风险程度	风险危害	控制措施
2 实施阶段	2.8 起重吊装工程	施工升降机	2.8.176	基础形式、材料、尺寸不符合产品说明书及标准要求，未按标准进行验收	Ⅱ	违规施工	立即整改
			2.8.177	基础设置在既有结构上未对其支撑结构进行承载力验算	Ⅱ	违规施工	立即整改
			2.8.178	未设置防水、排水设施	Ⅱ	违规施工	立即整改
			2.8.179	未安装非自动复位型急停开关或不灵敏	Ⅱ	违规施工	立即整改
			2.8.180	施工升降机在其他避雷装置保护范围以外未设置避雷装置，避雷装置不符合相关标准要求	Ⅱ	违规施工	立即整改
			2.8.181	金属结构和所有电气设备系统金属外壳未进行可靠接地	Ⅱ	触电	立即整改
			2.8.182	施工升降机与架空线路的安全距离不符合标准要求时，未采取防护措施	Ⅱ	触电	立即整改
			2.8.183	未设置电缆导向架或设置不符合说明书及标准要求	Ⅱ	违规施工	立即整改
			2.8.184	吊笼顶窗未安装电气安全开关或不灵敏	Ⅱ	违规施工	立即整改
		物料提升机	2.8.185	未安装起重量限制器或不灵敏	Ⅰ	起重伤害	立即整改
			2.8.186	未安装防坠安全器或不灵敏	Ⅰ	起重伤害	立即整改
			2.8.187	未设置刚性停靠装置或承载力不足，或未达到定型化	Ⅰ	起重伤害	立即整改
			2.8.188	未安装上限位开关或不灵敏，或安全越程小于 3m	Ⅰ	违规施工	立即整改
			2.8.189	底架未安装吊笼和对重缓冲器或缓冲器不符合标准要求	Ⅰ	违规施工	立即整改
			2.8.190	未安装通信装置，或不具备语音和影像显示功能或信号不清晰	Ⅱ	违规施工	立即整改
			2.8.191	安装高度超过 30m 未安装渐进式防坠安全器和自动停靠装置	Ⅱ	违规施工	立即整改
			2.8.192	地面进料口未设置防护围栏，或围栏高度小于 1.8m	Ⅱ	高处坠落	立即整改
			2.8.193	停层平台两侧未设置防护栏杆、挡脚板，设置不符合临边作业防护要求	Ⅱ	高处坠落	立即整改

施工阶段	作业过程或作业活动		风险点		风险程度	风险危害	控制措施
2 实施阶段	2.8 起重吊装工程	物料提升机	2.8.194	停层平台面脚手板未满铺或未牢固固定	Ⅱ	高处坠落	立即整改
			2.8.195	未安装平台门或平台门不起作用，或未实现定型化	Ⅱ	高处坠落	立即整改
			2.8.196	平台门高度不符合标准要求	Ⅱ	高处坠落	立即整改
			2.8.197	平台门安装不牢固或承载力不足	Ⅱ	高处坠落	立即整改
			2.8.198	地面进料口未设置防护棚，或设置不符合标准要求	Ⅱ	物体打击	立即整改
			2.8.199	未设置卷扬机操作棚，或未实现定型化	Ⅱ	物体打击	立即整改
			2.8.200	附墙架结构形式、材质、间距、最高附着点以上导轨架的自由高度不符合产品说明书要求	Ⅱ	违规施工	立即整改
			2.8.201	附墙架与导轨架、建筑结构未采用刚性连接或连接不牢靠	Ⅱ	违规施工	立即整改
			2.8.202	缆风绳设置数量、位置、直径、角度不符合标准和产品说明书要求	Ⅱ	违规施工	立即整改
			2.8.203	缆风绳与地锚连接不牢固	Ⅱ	违规施工	立即整改
			2.8.204	安装高度在30m及以上时未设置附墙架	Ⅱ	违规施工	立即整改
			2.8.205	地锚设置不符合标准要求	Ⅱ	违规施工	立即整改
			2.8.206	钢丝绳磨损、断丝、变形、锈蚀达到报废标准	Ⅰ	起重伤害	立即整改
			2.8.207	钢丝绳绳夹设置不符合相关标准要求	Ⅰ	起重伤害	立即整改
			2.8.208	当吊笼处于最低位置时，卷筒上钢丝绳少于3圈	Ⅰ	违规施工	立即整改
			2.8.209	未设置钢丝绳过路保护措施或钢丝绳拖地	Ⅰ	违规施工	立即整改
			2.8.210	主要结构件有明显变形、严重锈蚀，或焊缝有明显可见裂纹	Ⅱ	违规施工	立即整改
			2.8.211	结构件安装不符合产品说明书要求，连接螺栓不齐全或不紧固	Ⅱ	违规施工	立即整改
			2.8.212	导轨架垂直度偏差大于导轨架高度的0.15%	Ⅱ	违规施工	立即整改

施工阶段	作业过程或作业活动		风险点		风险程度	风险危害	控制措施
2 实施阶段	2.8 起重吊装工程	物料提升机	2.8.213	井架停靠平台通道处的结构未采取加强措施	Ⅱ	违规施工	立即整改
			2.8.214	卷扬机、曳引机安装不牢固	Ⅱ	起重伤害	立即整改
			2.8.215	卷筒与导向轮底部导向轮的距离小于20倍卷筒宽度未设置排绳器	Ⅱ	违规施工	立即整改
			2.8.216	钢丝绳在卷筒上排列不整齐或端部与卷筒压紧装置连接不牢固	Ⅱ	违规施工	立即整改
			2.8.217	滑轮与导轨架、吊笼未采用刚性连接	Ⅱ	违规施工	立即整改
			2.8.218	滑轮与钢丝绳不匹配	Ⅱ	违规施工	立即整改
			2.8.219	滑轮、卷筒磨损达到报废标准	Ⅱ	违规施工	立即整改
			2.8.220	滑轮、卷筒未设置钢丝绳防脱装置或不符合标准要求	Ⅱ	违规施工	立即整改
			2.8.221	当曳引钢丝绳为2根及以上时，未设置曳引力自动平衡装置	Ⅱ	违规施工	立即整改
			2.8.222	无制造许可证、产品合格证、备案证明和产品说明书	Ⅰ	违规施工	立即整改
			2.8.223	安装、拆卸单位未取得专业承包资质和安全生产许可证	Ⅰ	违规施工	停工整改
			2.8.224	安装、拆卸作业人员及司机未取得特种作业资格证书	Ⅰ	违章作业	立即整改
			2.8.225	利用物料提升机载运人员	Ⅱ	违规施工	立即整改
			2.8.226	每日作业结束后未将吊笼返回最底层停放	Ⅱ	违规施工	立即整改
			2.8.227	基础未设置防水、排水措施	Ⅱ	违规施工	立即整改
			2.8.228	30m及以上物料提升机的基础未进行设计计算	Ⅰ	违规施工	停工整改
			2.8.229	吊笼内净高度小于2m	Ⅱ	违规施工	立即整改
			2.8.230	吊笼未设置吊笼门，或未实现定型化	Ⅱ	违规施工	立即整改
			2.8.231	吊笼门开启高度低于1.8m	Ⅱ	高处坠落	立即整改
			2.8.232	吊笼门及两侧立面未沿全高度封闭	Ⅱ	高处坠落	立即整改
			2.8.233	吊笼未设置防护顶板	Ⅱ	高处坠落	立即整改
			2.8.234	吊笼底板固定不牢固	Ⅱ	高处坠落	立即整改
			2.8.235	吊笼底板承载力不符合标准要求或底板有明显变形、锈蚀、破损	Ⅱ	违规施工	立即整改

建设各方主体事故责任及风险规避

施工阶段	作业过程或作业活动		风险点		风险程度	风险危害	控制措施
2 实施阶段	2.8 起重吊装工程	物料提升机	2.8.236	吊笼未设置有效的滚动导靴	Ⅱ	违规施工	立即整改
			2.8.237	未设置非自动复位型急停开关，或急停开关不灵敏	Ⅱ	违规施工	立即整改
			2.8.238	物料提升机在其他避雷装置保护范围以外未设置避雷装置，或避雷接地装置不符合标准要求	Ⅱ	违规施工	立即整改
			2.8.239	金属结构和所有电气设备系统金属外壳未进行可靠接地	Ⅱ	触电	立即整改
			2.8.240	工作照明开关未与主电源开关相互独立	Ⅱ	触电	立即整改
			2.8.241	动力设备的控制开关采用倒顺开关	Ⅱ	违章作业	立即整改
		缆索起重机	2.8.242	未按规定编制专项施工方案，或编制内容不全	Ⅰ	违规施工	停工整改
			2.8.243	缆索起重机系统未编制完整的设计文件或未对受力结构、构件和附属设施进行设计计算，设计文件中图纸或计算书不齐全	Ⅰ	违规施工	停工整改
			2.8.244	起重量300kN及以上的缆索起重机安装工程的专项施工方案，未按规定组织专家论证	Ⅰ	违规施工	停工整改
			2.8.245	承重结构构配件和连接件无质量合格证、材质证明，其品种、规格、型号、材质不符合方案设计和相关标准要求	Ⅰ	违规施工	停工整改
			2.8.246	未按相关标准对主要受力钢丝绳进行力学性能抽检	Ⅱ	违规施工	立即整改
			2.8.247	索鞍、跑车与吊点、铰座未交由专业工厂加工制作或无出厂合格证和无损探伤监测记录	Ⅰ	违规施工	停工整改
			2.8.248	索鞍、跑车与吊点、铰座无无损探伤检测记录	Ⅰ	违规施工	停工整改
			2.8.249	缆索起重机所采用的液压或卷扬装置无产品合格证	Ⅰ	违规施工	停工整改
			2.8.250	索塔塔架构配件有明显变形、锈蚀及外观缺陷	Ⅱ	违规施工	立即整改

施工阶段	作业过程或作业活动		风险点		风险程度	风险危害	控制措施
2 实施阶段	2.8 起重吊装工程	缆索起重机	2.8.251	钢丝绳磨损、断丝、变形、锈蚀达到报废标准	Ⅱ	违规施工	立即整改
			2.8.252	吊钩、卷筒、滑轮磨损达到报废标准	Ⅱ	违规施工	立即整改
			2.8.253	地基承载力无检测报告，或承载力特征值不符合方案设计要求	Ⅰ	违规施工	停工整改
			2.8.254	基础周围未设置防水、排水措施	Ⅱ	违规施工	立即整改
			2.8.255	主索鞍在横向未设支撑装置	Ⅱ	违规施工	立即整改
			2.8.256	索鞍横移或塔架整体横移时未进行专项设计或未采取有效措施	Ⅱ	违规施工	立即整改
			2.8.257	索塔的纵横向未按方案设计要求设置风缆及地锚	Ⅱ	违规施工	立即整改
			2.8.258	塔架顶部未按相关标准要求设置避雷装置	Ⅱ	违规施工	立即整改
			2.8.259	锚碇未抽取有代表性的结构进行锚固试验	Ⅱ	违规施工	立即整改
			2.8.260	锚碇抗滑移及抗拔安全系数小于2，或抗倾覆安全系数小于1.5	Ⅱ	违规施工	立即整改
			2.8.261	锚碇布置在水中时，无防碰撞、防冲刷措施和缆索抗震措施	Ⅱ	违规施工	立即整改
			2.8.262	扣塔上索鞍顶面高程低于拱肋扣点高程	Ⅱ	违规施工	立即整改
			2.8.263	吊装拱肋未按方案设计要求设置扣索和风缆	Ⅱ	违规施工	立即整改
			2.8.264	扣索位置或扣索合力位置与所扣挂拱肋不在同一竖直面内	Ⅱ	违规施工	立即整改
			2.8.265	风缆及地锚不符合方案设计要求，或不满足吊装段挂扣稳定要求	Ⅱ	违规施工	立即整改
			2.8.266	提前拆除固定风缆	Ⅱ	违规施工	立即整改
			2.8.267	在河流中设置拱肋稳定缆风索时，未按方案设计要求采取可靠防护措施或减振措施	Ⅱ	违规施工	立即整改
			2.8.268	跑车走行轮槽与主索钢丝绳不吻合，或走行轮轮径不满足主索钢丝绳受力及耐久性要求	Ⅱ	违规施工	立即整改
			2.8.269	吊点上下挂架及滑车组连接不牢固稳妥	Ⅱ	违规施工	立即整改

施工阶段	作业过程或作业活动		风险点		风险程度	风险危害	控制措施
2 实施阶段	2.8 起重吊装工程	缆索起重机	2.8.270	未按标准要求安装起重量限制器或不灵敏	I	违规施工	停工整改
			2.8.271	未设置垂直起吊和水平运输行程限位器或不灵敏	I	违规施工	停工整改
			2.8.272	缆索起重机无制造许可证、产品合格证、备案证明和使用说明书	I	违规施工	停工整改
			2.8.273	缆索起重机安装、改造、拆卸、维修单位未取得专业承包资质和安全生产许可证	I	违规施工	停工整改
			2.8.274	安装、拆卸特种作业人员未取得特种作业资格证书	I	违规施工	立即整改
			2.8.275	塔架高度、主跨和边跨长度、主索初始垂度、主索初始安装张力、跨中最大载重下的垂跨比、初始塔偏不符合方案设计规定	I	违规施工	停工整改
			2.8.276	构件螺栓连接时对螺栓孔进行切割扩孔	II	违规施工	立即整改
			2.8.277	焊接各部位焊缝有显著焊接缺陷	II	违规施工	立即整改
			2.8.278	螺栓连接或销接处不紧密	II	违规施工	立即整改
			2.8.279	锚碇、塔架施工完成后未按照相关标准要求进行专项验收	II	违规施工	立即整改
			2.8.280	安装完成后未履行验收程序或未经责任人签字确认	II	违规施工	立即整改
			2.8.281	塔架拆除未维持塔架框架结构，或未及时调整缆风绳高度	II	违规施工	立即整改
			2.8.282	卷扬机底座不平稳，或地龙锚固不可靠	III	违规施工	限时整改
			2.8.283	吊钩、滑轮、卷筒未设置钢丝绳防脱装置或装置失效	II	违规施工	立即整改
			2.8.284	滑轮轮径或绳槽半径与钢丝绳绳径不匹配	II	违规施工	立即整改
			2.8.285	缆索钢丝绳的规格、型号不符合产品说明书要求或端部固接方式不符合标准要求	II	违规施工	立即整改
			2.8.286	卷筒上钢丝绳尾端未按规定设置安全可靠的固定装置	II	违规施工	立即整改

施工阶段	作业过程或作业活动		风险点		风险程度	风险危害	控制措施
2 实施阶段	2.8 起重吊装工程	缆索起重机	2.8.287	钢丝绳全部放出时，卷筒上钢丝绳少于3圈	Ⅱ	违规施工	立即整改
			2.8.288	索具安全系数不符合标准要求	Ⅱ	违规施工	立即整改
			2.8.289	索具端部固接方式不符合标准要求	Ⅱ	违规施工	立即整改
			2.8.290	安装完成后未按设计荷载进行静载、动载试吊	Ⅱ	违规施工	立即整改
			2.8.291	起重司机、信号工、司索工未取得特种作业资格证书	Ⅱ	违章作业	立即整改
			2.8.292	缆索起重机使用过程中未对缆索起重机各部位进行监测，或监测记录不全	Ⅱ	违规施工	立即整改
			2.8.293	吊装施工中主塔和扣塔塔顶最大偏位超过设计值或标准允许值	Ⅱ	违规施工	立即整改
			2.8.294	缆索起重机使用期间未按规定形成交接班检查、日常检查和周期检查记录	Ⅱ	违规施工	立即整改
			2.8.295	除正常检修和维护保养外，使用缆索起重机载运人员	Ⅱ	违章作业	立即整改
			2.8.296	超过一定规模的缆索起重机未配备集中监控系统	Ⅱ	违规施工	立即整改
			2.8.297	人员上下操作或检查未设置专用通道，通道设置不符合标准要求	Ⅱ	违规施工	立即整改
			2.8.298	缆索起重机塔顶或其他操作部位未设置操作平台	Ⅱ	高处坠落	立即整改
			2.8.299	操作平台周边未设置防护栏杆、挡脚板，设置不符合临边作业防护要求	Ⅱ	高处坠落	立即整改
			2.8.300	操作平台面脚手板未满铺或未牢固固定	Ⅱ	高处坠落	立即整改
			2.8.301	跨（临）铁路、道路、航道的缆索起重机下未设置可靠的防护棚	Ⅱ	物体打击	立即整改
		起重吊装	2.8.302	未按规定编制专项施工方案；方案编制内容不全或无针对性	Ⅰ	违规施工	停工整改
			2.8.303	专项施工方案未按规定进行审核、审批	Ⅰ	违规施工	停工整改
			2.8.304	超过一定规模的起重吊装及安装拆卸工程专项施工方案未按规定组织专家论证	Ⅰ	违规施工	停工整改

建设各方主体事故责任及风险规避

施工阶段	作业过程或作业活动		风险点		风险程度	风险危害	控制措施
2 实施阶段	2.8 起重吊装工程	起重吊装	2.8.305	专项施工方案实施前，未进行安全技术交底；交底无针对性或无文字记录	I	违规施工	停工整改
			2.8.306	起重机无制造许可证、产品合格证、备案证明和安装使用说明书	I	违规施工	停工整改
			2.8.307	起重拔杆组装不符合设计要求	I	违规施工	立即整改
			2.8.308	起重拔杆组装后未履行验收程序或验收表无责任人签字	II	违规施工	立即整改
			2.8.309	未安装荷载限制装置或不灵敏	I	违规施工	停工整改
			2.8.310	未安装行程限位装置或不灵敏	I	违规施工	停工整改
			2.8.311	钢丝绳磨损、断丝、变形、锈蚀达到报废标准	II	违规施工	立即整改
			2.8.312	钢丝绳的规格、型号不符合产品说明书要求或穿绕不正确	II	违规施工	立即整改
			2.8.313	吊钩、卷筒、滑轮磨损达到报废标准	II	违规施工	立即整改
			2.8.314	吊钩、卷筒、滑轮未设置钢丝绳防脱装置	II	违规施工	立即整改
			2.8.315	起重机行走、作业处地面承载能力不符合产品说明书要求时未采取有效加固措施	I	违规施工	立即整改
			2.8.316	当起重机支撑在既有结构上时，未对既有结构的承载力进行确认或验算	I	违规施工	立即整改
			2.8.317	地面铺垫措施达不到要求，或支腿伸展不到位	II	违规施工	立即整改
			2.8.318	起重机与架空线路安全距离不符合标准要求	II	触电	立即整改
			2.8.319	起重机械安装、拆卸单位未取得专业承包资质和安全生产许可证	I	违规施工	停工整改
			2.8.320	安装拆卸工、起重司机、信号工、司索工未取得特种作业资格证书	II	违规施工	立即整改
			2.8.321	起重机司机操作证与操作机型不符	II	违章作业	立即整改
			2.8.322	未设专职信号指挥和司索人员	II	违章作业	立即整改
			2.8.323	大型吊装作业时无专人监护	II	违规施工	立即整改
			2.8.324	起重机超载作业	II	违章作业	立即整改

施工阶段	作业过程或作业活动		风险点		风险程度	风险危害	控制措施
2 实施阶段	2.8 起重吊装工程	起重吊装	2.8.325	双机起吊作业时，单机荷载超过额定起重量的 80%	Ⅱ	违章作业	立即整改
			2.8.326	起重机作业时起重臂下有人停留或吊运重物从人的正上方通过	Ⅱ	物体打击	立即整改
			2.8.327	起重机采用吊具载运人员或被吊物体上有人、浮置物、悬挂物件	Ⅱ	违章作业	立即整改
			2.8.328	吊运易洒落物件或吊运气瓶时未使用专用吊笼	Ⅱ	违章作业	立即整改
			2.8.329	吊装重量不明、埋于地下或粘结在地面的物件	Ⅱ	违章作业	立即整改
			2.8.330	进行斜拉、斜吊	Ⅱ	违章作业	立即整改
			2.8.331	起重机主钩、副钩同时作业	Ⅱ	违章作业	立即整改
			2.8.332	双机同步提升时，未采取同步措施	Ⅱ	违章作业	立即整改
			2.8.333	起重机在松软不平的地面起吊时同时进行两个动作	Ⅱ	违章作业	立即整改
			2.8.334	在满负荷或接近满负荷时降落臂杆或同时进行两个动作	Ⅱ	违章作业	立即整改
			2.8.335	起重机回转未停稳时进行反向动作	Ⅱ	违章作业	立即整改
			2.8.336	未按规定设置高处作业操作平台；平台承载力不足或固定不牢固	Ⅱ	违规施工	立即整改
			2.8.337	操作平台外围未按临边作业要求设置防护栏杆	Ⅱ	高处坠落	立即整改
			2.8.338	操作平台面未牢固满铺脚手板	Ⅱ	高处坠落	立即整改
			2.8.339	未设置爬梯或爬梯的承载力、构造不符合标准要求	Ⅱ	高处坠落	立即整改
			2.8.340	高处作业人员未按规定系挂安全带，或悬挂点不牢固	Ⅱ	高处坠落	立即整改
			2.8.341	构件码放荷载超过作业面承载能力	Ⅱ	坍塌、物体打击	立即整改
			2.8.342	构件码放高度超过规定要求	Ⅱ	坍塌、物体打击	立即整改
			2.8.343	大型构件码放无稳定措施	Ⅱ	物体打击	立即整改
			2.8.344	未按规定设置作业警戒区	Ⅱ	违规施工	立即整改
			2.8.345	警戒区未设专人监护	Ⅱ	违规施工	立即整改